■视光师培养系列教程

眼镜材料与质量检测

第二版

主 编 杨晓莉

教学资源

南京大学出版社

图书在版编目(CIP)数据

眼镜材料与质量检测 / 杨晓莉主编.—2 版. —南京：
南京大学出版社，2018.8(2023.5 重印)
视光师培养系列教材
ISBN 978 - 7 - 305 - 20882 - 9

Ⅰ. ①眼… Ⅱ. ①杨… Ⅲ. ①眼镜—材料—质量检验
—技术培训—教材 Ⅳ. ①TS959.6

中国版本图书馆 CIP 数据核字(2018)第 197655 号

出版发行 南京大学出版社
社　　址　南京市汉口路 22 号　　　邮　　编　210093
出 版 人　金鑫荣

书　　名　眼镜材料与质量检测
主　　编　杨晓莉
责任编辑　贾　辉　吴　汀　　　　编辑热线　025 - 83686531

照　　排　南京开卷文化传媒有限公司
印　　刷　南京鸿图印务有限公司
开　　本　787 mm×1092 mm　1/16　印张 13.5　字数 337 千
版　　次　2023 年 5 月第 2 版第 2 次印刷
ISBN 978 - 7 - 305 - 20882 - 9
定　　价　39.00 元

网　　址:http://www.njupco.com
官方微博:http://weibo.com/njupco
官方微信号:njupress
销售咨询热线:(025)83594756

编 委 会

第二版前言

本书为金陵科技学院立项建设精品教材,由金陵科技学院、江苏万新光学有限公司资助完成。

我国大约有 3 亿人配戴眼镜,眼镜的年销售量超过 1 亿副,市场巨大,但是这些眼镜的合格率却不高。造成眼镜质量低劣的原因很多,主要是眼镜市场行为不规范、眼镜行业的法律、法规不完善,从业人员素质较低,职业教育或培训尚未形成或普及等。

本次改版将部分内容进行了修订更新,并增加了一些电子资源,读者可通过微信扫二维码进行学习。全书共分 8 章,主要包括眼镜镜片质量检测、眼镜镜架质量检测、配装眼镜质量检测、防辐射镜片质量检测、太阳镜质量检测、隐形眼镜质量检测、光致变色镜片质量检测、ISO9000 系列标准。在系统介绍基础知识的基础上,分析了现有眼镜产品的质量问题,着重对眼镜产品的质量检测方法、国内外相关标准等进行解析,内容力求简明、适用。

本书根据拓宽专业口径,为适应材料科学与工程专业(视光材料方向)的教学而编写。能满足材料专业(视光材料方向)本科教学用书需要,同时也可作为眼视光专业本、专科教材、眼镜质检员培训教材。

在编写本书的过程中,参考了大量的国内外资料,得到了许多专家和学者的大力支持,听取了多方面的宝贵意见和建议。但由于编写时间仓促、水平有限,错误和不足之处在所难免,敬请各位读者批评斧正。

编　者
2018 年 7 月

目　录

第一章　眼镜镜片质量检测 …………………………………………………… 1

　　第一节　眼镜镜片基础知识 ………………………………………………… 1

　　第二节　眼镜镜片市场分析 ………………………………………………… 11

　　第三节　眼镜镜片质量问题及检测方法 …………………………………… 14

　　第四节　眼镜镜片标准解析 ………………………………………………… 19

　　实验报告实例 1 ……………………………………………………………… 27

　　附件一　《眼镜镜片》国家标准 …………………………………………… 28

第二章　眼镜镜架质量检测 …………………………………………………… 36

　　第一节　眼镜镜架基础知识 ………………………………………………… 36

　　第二节　眼镜镜架质量问题及检测方法 …………………………………… 42

　　第三节　眼镜镜架标准解析 ………………………………………………… 50

　　实验报告实例 2 ……………………………………………………………… 51

　　附件二　《眼镜架》国家标准 ……………………………………………… 52

第三章　配装眼镜质量检测 …………………………………………………… 57

　　第一节　配装眼镜基础知识 ………………………………………………… 57

　　第二节　配装眼镜市场分析 ………………………………………………… 69

　　第三节　配装眼镜质量问题与标准解析 …………………………………… 73

　　实验报告实例 3 ……………………………………………………………… 85

　　附件三　《配装眼镜》国家标准 …………………………………………… 87

　　附件四　国际配装眼镜标准 ………………………………………………… 87

　　附件五　美国配装眼镜标准 ………………………………………………… 87

第四章　防辐射镜片质量检测 ………………………………………………… 88

　　第一节　防辐射镜片基础知识 ……………………………………………… 88

　　第二节　防辐射镜片市场分析 ……………………………………………… 91

　　第三节　防辐射镜片质量问题及检测方法 ………………………………… 93

　　第四节　防辐射镜片标准解析 ……………………………………………… 93

　　实验报告实例 4 ……………………………………………………………… 99

　　附件六　《防辐射镜片》检测标准(草稿) ………………………………… 101

第五章　太阳镜质量检测··110

　　第一节　太阳镜基础知识··110

　　第二节　太阳镜市场分析··116

　　第三节　太阳镜质量问题及检测方法···122

　　第四节　太阳镜标准解析··128

　　实验报告实例5··137

　　附件七　《太阳镜》国家标准··139

第六章　隐形眼镜质量检测··146

　　第一节　隐形眼镜基础知识··146

　　第二节　隐形眼镜市场分析··157

　　第三节　隐形眼镜质量问题及检测方法···159

　　第四节　隐形眼镜标准解析··171

　　实验报告实例6··173

　　附件八　《角膜接触镜》国家标准··174

第七章　光致变色镜片质量检测··184

　　第一节　光致变色镜片基础知识··184

　　第二节　光致变色镜片市场分析··190

　　第三节　光致变色镜片质量问题及检测方法·····································192

　　第四节　光致变色镜片标准解析··194

　　实验报告实例7··197

第八章　ISO9000 系列标准··198

　　第一节　实施 ISO9000 系列标准的意义 ···198

　　第二节　ISO9000 质量管理体系基本原理··199

　　第三节　ISO9001：2000 标准简介 ···202

附　录··208

　　附录一　中华人民共和国计量法··208

　　附录二　中华人民共和国标准化法··208

　　附录三　中华人民共和国产品质量法··208

　　附录四　中华人民共和国消费者权益保护法······································208

　　附录五　产品标识标注规定··208

　　附录六　商品条码管理办法··208

第一章　眼镜镜片质量检测

第一节　眼镜镜片基础知识

一、眼镜镜片的分类

常用的眼镜镜片有如下分类方法：

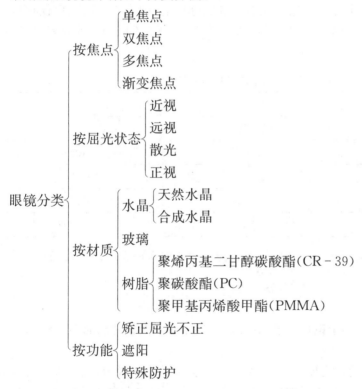

二、眼镜镜片的基本特性

眼镜镜片材料的性能要求主要是安全、舒适、美观、光学性能好，其主要判定的技术指标如下：

1. 镜片材料的光学属性

光学性质是材料的基本性质，与镜片在日常生活中所见到的各种光学现象相符合，主要为光线在镜片表面的折射和反射，材料本身的吸收，以及散射和衍射现象。

（1）光线折射

通过镜片的光线会在镜片的前后表面发生折射或偏离现象。光线的偏离幅度由材料的折射能力和入射光线在镜片表面的入射角度决定。

① 折射率

透明媒质的折射率（n）是光线在真空中的速度（c）与在媒质中的速度（v）的比，即

$$n = c/v$$

该比值没有单位并且总是大于 1。折射率反映媒质的折射能力，折射率越高，从空气进入该媒介的光束偏离得越多。

由于透明媒质中的光速随着波长的变化而变化，所以折射率的值总是参考某一特定波长表示。在欧洲和日本，参考波长为：$\lambda_e = 546.07$ nm（汞，绿光谱线）；在英、美等国家则是 $\lambda_d = 587.56$ nm（氦，黄光谱线）。注意 n_e 值稍大于 n_d，因此当材料用 n_e 值表示时反映的折射率相对偏大（见表 1 - 1），但这个区别并没有造成实际影响，因为它的区别仅仅在折射率值的第三位小数上。采用同一基准线测量的不同折射率代表了不同的镜片材料，折射率越高，镜片越薄。

表 1 - 1　不同镜片材料的折射率

玻璃镜片的折射率	n_d	n_e
1.5	1.523	1.525
1.6	1.600	1.604
1.7	1.700	1.705
1.8	1.802	1.807
1.9	1.885	1.892

眼镜片的屈光度大小决定于镜片的折射率和镜片的曲率半径大小，其关系如下：

$$F = \frac{n-1}{R}$$

式中：F 为镜片屈光度（等于镜片焦距倒数），单位：1/m；R 为镜片的曲率半径，单位：m；n 为镜片的折射率。

当折射率大时，制造一定屈光度的镜片，可采用较大的曲率半径 R，这样镜片可以制造得薄一些，反之，镜片厚，因此，高折射率的镜片材料比低折射率的材料更薄更美观。现在制造镜片的材料 n 一般在 1.40～1.90 之间。

② 色散系数

当白光入射镜片时，由于不同光线波长引起折射率变化不同，从而产生色散现象。色散力是眼视光学的一个重要特性，当使用高屈光力镜片视物时，镜片的高色散会使视物体边缘产生彩色条纹。

为了简便清楚地反映镜片的色散能力，通常用色散系数，又称阿贝数来表达，用 V 值表示。对于同一种透光物质，采用不同波长的光线测定其折射率，其结果不同，用短波测的折射率小，色散系数计算公式如下：

$$V_d = \frac{n_d - 1}{n_F - n_c}$$

式中：n_F 为采用波长为 486.3 nm 的浅蓝色光（即汞光谱中的 F 线）所测折射率；n_C 为采用波长为 656.3 nm 的红光（即氢光谱中的 C 线）所测折射率；n_D 为采用波长为 587.6 nm 的黄色光（即钠光谱中的 D 线）所测折射率。

阿贝数与材料的色散力成反比。一般镜片材料的阿贝数值在 30～60 之间。阿贝数越大，色散就愈小；阿贝数越小，色散就越大，对成像质量的影响就越大。常用镜片材料的阿贝数如表 1-2 所示。所有的高折射率材料，因较低的阿贝数更容易产生色差现象。

表 1-2　常用镜片材料的阿贝数

玻璃材料	V_d	树脂材料	V_d
1.5	59	1.5	58
1.6	42	1.56	37
1.7	42	1.59	31
1.8	35	1.6	36
1.9	31	1.67	32
		1.74	33

尽管所有镜片都存在色散，但在镜片中心，这个因素可以被忽略，只有在用高色散材料制造的镜片周边部分，色散现象才易被察觉，其表现为离轴物体边缘带有彩色条纹。

（2）光线反射

光线在镜片表面产生折射的同时，也会产生反射现象，光线反射会影响镜片的清晰度，而且在镜片表面会产生干扰性反射光，用反射率衡量。针对未经表面处理的镜片，即不改变镜片材料本身反射量的条件下，镜片单面反射率 P_1 的计算公式如下：

$$P_1 = \frac{(n-1)^2}{(n+1)^2} \times 100\%$$

通常，镜片材料的折射率越高，镜片表面的反射率就越大（见表 1-3），因反射而损失的光线就越多。这种现象会使镜片内部产生光圈现象从而导致镜片厚度明显显现，使戴镜者的眼睛会因镜片表面的光线反射而被隐藏，使戴镜者产生眩光而降低了对比度等。对于这些问题的解决办法是在镜片表面镀减反射膜。

表 1-3　不同折射率镜片的反射率比较

折射率	1.5	1.6	1.7	1.8	1.9
反射率	7.8%	10.4%	12.3%	15.7%	18.3%

（3）光线吸收

镜片材料本身的吸收特性会减少镜片的光线透过率，这部分的光损失对于无色镜片是可以忽略的，但如果为染色或光致变色镜片，镜片本身对光的吸收量会很大，这也是此类功能镜片的设计目的，即减少光线入射量。镜片的光线吸收通常指材料内部的光线吸收，可通过镜片前、后表面吸收光线的百分比表示。例如,30％的光线吸收相当于30％的光通量在镜片内部的减少。材料的光线吸收遵循郎伯定律,根据镜片的不同厚度呈指数性的变化。

镜片的透过率指光线通过镜片而没有被反射和吸收的可见光透过率。通过镜片抵达眼的光通量 ϕ_τ,相当于镜片前表面的入射量 ϕ,减去镜片前、后表面的反射量 ϕ_ρ,减去可能被材料吸收的光通量 ϕ_α,即 $\phi_\tau+\phi_\rho+\phi_\alpha=\phi$。因此,戴镜者的视觉受三个方面的综合影响:入射光的强度和入射光谱范围、镜片吸收和对光谱的选择、眼对不同可见波长的敏感度。

（4）光线散射和衍射

① 散射:光线在各个方向上被散播的一种现象,它一般在固体的表面以及透明材料的内部产生。理论上镜片表面没有散射现象发生,因为镜片的磨片过程(抛光)消除了这一现象。然而当镜片由于外界污染而弄脏或表面由于油渍而模糊不清时会产生散射。镜片内部的散射也非常有限,只在偶尔情况下,可能会使镜片呈现黄色或乳白色。合格的眼镜片只有非常少量的散射光线产生,通常可以忽略不计。

② 衍射:光波遇到小障碍而改变行径方向的一种现象。在眼镜光学里衍射现象是需引起重视的,因为衍射会使镜片表面产生异常干扰,尤其是在使用不当或不小心在镜片表面造成磨损的情况下。

（5）紫外线切断(UV cut-off)

光线包含了不同的波长射线,可以显现为明显的纯色色彩,例如红色、橙色、黄色、绿色、青色、蓝色和紫色。红光的波长最长,紫光的波长最短。可见光谱引起视觉感应的波长范围是从380 nm的紫光端点至780 nm的红光端点。超过红光端点的为红外线,吸收了红外线会引起温度上升,即所谓的热射线。超过紫光端点则为紫外线,能够引起化学作用。

光辐射可区分为三大类:紫外线、可见光和红外线。红外线一般不对眼睛造成危险,需注意的是工业作业的800～1 200 nm的红外线可导致热辐射性白内障。较长波长的可见光会引起温度上升和化学作用,但与红外线、紫外线所引起的作用相比则较弱。

习惯上将紫外线分为三个波段:UVC(10～280 nm)、UVB(280～315 nm)和 UVA(315～380 nm)。UVC 一般被大气层中的氧、氮和臭氧层所吸收,但不排除工业来源的UVC。UVB可致皮肤癌,大部分的 UVA 和 UVB 能够进入人眼,所以排除 UVB 和 UVA,对于保护眼睛很重要。

紫外线切断点反映了材料阻断紫外线辐射透过的波长。中高折射率树脂镜片材料的紫外线切断几乎为100％的效果。光致变色镜片是通过紫外线辐射及光谱蓝紫区域产生作用的,它们能够自动提供紫外线的防护作用。

2. 镜片材料的物理属性

（1）密度

密度表示单位体积的质量,单位是 g/cm^3。不同镜片材料的密度,反映了材料重量。通过密度的比较可预测所使用材料的重量可能发生的变化。镜片材料所含的氧化物决定了镜片材料的密度,例如普通冕牌镜片的密度为 2.54 g/cm^3,燧石玻璃的密度为 2.9～6.3 g/cm^3,含钛元素和铌元素的玻璃密度为 2.99 g/cm^3。

（2）硬度

玻璃易碎,但非常硬,尽管如此,在长期使用或者基本没有防护(眼镜和硬物接触)情况下,原本高光洁度的眼镜片会被磨损。眼镜片上的大量细小的表面磨损会使入射光线发生散射,改变玻璃镜片的透光率,影响成像质量。

对于树脂镜片而言,其耐磨损性能不可以单凭硬度一个指标来进行评价,还需要综合考虑镜片材料的弹性变形、塑性变形以及材料的分子结合力。

（3）抗冲击性

反映了镜片材料在规定条件下抵抗硬物冲击的能力,各种材料的相对抗冲击性取决于冲击物的尺寸和形状等因素。

为了测定眼镜片的抗冲击性,英、美、德、法等国家制订了一项测试标准。测试的方法为落球测试,即将一钢球从某一高度落在镜片凸面上,观察镜片是否破碎(见图 1-1)。

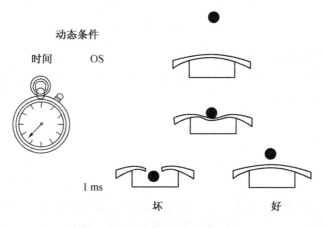

图 1-1　镜片落球实验

安全标准:为了预防及尽可能避免因镜片破碎而导致的损伤,一些国家强制规定某些特定人群(例如儿童、驾驶员)应该佩戴的镜片种类。

① 满足中等强度抗冲击的测试:镜片必须能够承受一个 16 g 球从 127 cm 高度下落的冲击。

② 满足高强度的抗冲击性测试:镜片必须能够承受一个 44 g 球从 130 cm 高度下落的冲击。

普通玻璃镜片材料不能通过上述抗冲击性的测试。

（4）抗静态变形测试

采用由欧洲标准化委员会制定的"100 N"静态变形测试。该测试是在一个恒定速度下增加压力直到 100 N,经过 10 s 后观察被测镜片的情况(见图 1-2)。

3. 镜片材料的化学属性

化学属性反映了在镜片制造及日常生活中,镜片材料对于化学物质的反应特性,或是在某些极端条件下材料的反应特性。测试时通常使用冷水、热水、酸类以及各种有机溶剂。

一般情况下,玻璃镜片材料不受各种短时间偶然接触的化学制品的影响,但下列因素会对玻璃镜片材料侵蚀:

（1）氢氟酸、磷酸及其衍生物。

（2）水,尤其在高温下的水,会使光滑镜片表面粗糙。

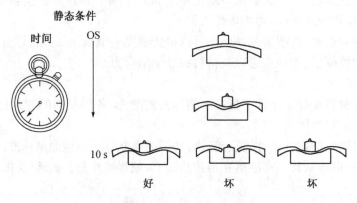

图 1-2　100 N 静态变形测试

（3）湿气、碳酸氧以及高温共同影响下的空气会侵蚀镜片表面。

对于树脂镜片材料,需要避免接触化学制品。尤其是聚碳酸酯镜片材料,在加工或使用中要避免接触丙酮、乙醚和速干胶水等。

三、眼镜镜片材料

1. 水晶

水晶镜片又名压电石英、光学石英、水玉。化学组成为 SiO_2,是一种透明的晶体物质。纯洁者无色透明,因混入杂质或包裹体而形成各种变种,如烟水晶、墨晶、紫水晶、黄水晶、蓝石英、发晶、星彩水晶等。

水晶的主要物化性能如下:硬度为 7,比普通玻璃硬;相对密度为 2.653～2.660;折射率 $n_d = 1.544, n_e = 1.553$,具有双折射和旋光性;能透过红外线和紫外线,茶水晶可以吸收少部分紫外线,但不影响红外线的透过性能;导热性能差,热膨胀系数很小,所以尺寸稳定性好;熔点 1 710～1 756℃;无缺陷的单晶具有压电效应和双折射现象;化学稳定性好,在常温下不溶于水、硫酸、盐酸、硝酸和碱液,但可溶于氢氟酸。

用于制造眼镜的水晶大部分是无色水晶、烟水晶和紫水晶等。因天然水晶能用来制造眼镜的数量很少,现多采用人工方法合成的水晶来制镜。采用合成水晶纯度大,光学性能好,生产效率高,使水晶眼镜售价大大下降。合成水晶一般是无色透明的,再经过激光和 X 射线等处理后可变成茶色,其后续处理又有单面处理和双面处理之分。

中国传统文化认为,水晶可以养目,能清凉、去火、消炎等,这种说法是不科学的。短波如果眼镜能吸收紫外线和红外线,避免其射入眼内,就可以起到护眼的作用,即能养目;但是紫外线和红外线能透过水晶射入眼内,所以不能养目。之所以在室外戴水晶眼镜,特别是在太阳光下,眼睛感到凉爽,是因为水晶镜片能让红外线透过,红外线特点是有热感,因不能吸收红外线,所以温度不会升高,使人感到凉爽,但与此同时红外线已射入眼内。相反光学玻璃镜片因吸收红外线而使镜片温度升高,与水晶眼镜相比,戴上它不会感觉凉爽,但实际戴普通光学玻璃镜片要比戴水晶片对眼睛好。

当然水晶镜片也有优点,即硬度大、耐磨、耐刮擦、耐酸、碱、盐溶液和水分的腐蚀,经久耐用,天然水晶稀少,所以很多人以有一副天然水晶眼镜为荣。

2. 玻璃材料

玻璃是非常特殊的不定型无机材料,是由二氧化硅、氧化钠、氧化钾、氧化钙和氧化钡等多种氧化物组合而成。玻璃在常温下呈固体、坚硬但易碎,在高温下具有粘性。通常在约1 500℃/2 700F高温下,玻璃融化形成氧化混合物,冷却后成为非晶体,并保持非结晶状态。

玻璃没有固定的化学结构,因而没有确切的熔点。随着温度的上升,玻璃材料会变软,粘性增加,并逐渐由固体变为液体,这种逐渐变化的特性称之为"玻璃"状态。这一特性意味着玻璃在高温时可以被加工和铸型。用于制作镜片的玻璃材料属光学玻璃,这种玻璃是具有不同要求的光学常数、高度的透明性、物理均匀性和化学稳定性,以及一定的热力学和机械性质的材料,制成的镜片具有良好的透光性,而且表面抛光后可以更加透明。光学玻璃的组成根据种类和应用的要求差别很大,一些特殊要求的光学玻璃的组成较多,而且对原料的要求非常严格,其制作工艺也较复杂。

光学玻璃分为无色光学玻璃和有色光学玻璃。无色光学玻璃按折射率和阿贝数的大小可分为冕牌玻璃和火石玻璃两大类。在光学系统中冕牌玻璃一般用于制作凸透镜,火石玻璃用于制作凹透镜。用冕牌玻璃制成的眼镜片有光学镜片、克罗克斯镜片、克鲁赛脱镜片、有色镜片和变色镜片等。火石玻璃多用于磨制双光镜片的子镜片和高折射率镜片等。

（1）玻璃镜片材料性能特点

眼镜玻璃的性能要求不同于其他玻璃产品,主要是以光学性能和理化性能等为主。

① 折射率:一般冕牌玻璃的折射率在1.49～1.53之间,火石玻璃的折射率在1.60～1.806左右,折射率越高,镜片就越薄。

② 阿贝数:阿贝数的大小可用来衡量镜片成像的清晰程度。阿贝数越大,色散就越小,成像的清晰程度就越好。但一般来讲,折射率越高,阿贝数相对越小,则成像的清晰程度就越差。一般冕牌玻璃的阿贝数在55以上,而火石玻璃的阿贝数在50以下。

③ 透光率:透光率可以用来衡量通过镜片视物的清晰程度,即透光率越高,视物就越清晰,一般要求无色光学玻璃对可见光的透光率在91%以上,火石玻璃的透光率在87%左右。

④ 密度:通常用于制作眼镜片的玻璃密度均比较大。冕牌玻璃的密度为2.54,火石玻璃的密度为3.6,而且随着镜片折射率的增加,密度也增加,同时,阿贝数在减小。因此,折射率高、镜片薄、阿贝数大、镜片边缘色散小、密度小、镜片轻是最为理想的眼镜片。

⑤ 化学稳定性:指镜片在加工或使用过程中对水、酸、碱溶液以及抛光剂等化学物质的耐腐蚀能力。因为这些化学物质均能与玻璃发生作用,使镜片发霉、表面光洁度发生变化等,影响使用寿命。

（2）玻璃镜片材料分类

按照折射率大小的不同,可将镜片材料分为如下几类:

① 标准冕牌玻璃镜片:也称皇冠玻璃,折射率为1.523,是传统光学镜片的制造材料,其中60%～70%为二氧化硅,其余则由氧化钙、钠和硼等多种物质混合。在近代眼镜行业中,也将1.6折射率材料作为新的标准玻璃镜片材料。

② 高折射率玻璃:用于制造近视、无晶状体以及高度远视者所需的高屈光度镜片。比皇冠玻璃薄,外观美观,更受配戴者青睐。主要有:

- 1.7 折射率：主要成分为钛元素，阿贝数为 41,1975 年进入市场；
- 1.8 折射率：主要成分为镧元素，阿贝数为 34,1990 年进入市场；
- 1.9 折射率：主要成分为铌元素，阿贝数为 30,1995 年进入市场，是目前折射率最高的眼镜片材料。

近年来高折射率玻璃镜片材料都逐步倾向于选用含钛元素的材料。经过多年研究，镜片制造商已经找到了在提高材料折射率的同时又保持低色散力的方法。

虽然采用这些材料所制造的玻璃镜片越来越薄，但是却没有减少镜片重量。事实上，随着折射率的增加，玻璃材料的密度也随之增加，这样就抵消了因为镜片厚度减薄而带来的重量上的减轻。

按照吸收特性的不同，可将镜片材料分为如下几类：

① 透明玻璃：具有高透光率的透明镜片，需要确保玻璃熔体中不存在金属氧化物，因为金属氧化物（例如氧化铁）易使镜片着色。

② 单色吸收式镜片：在混合物中添加金属氧化物，根据添加剂的量和熔合条件，镜片具备如下属性：对光谱的不同波长具有特殊的吸收属性；特定颜色的选择式吸收。这些有色镜片材料主要应用于大规模地生产平光太阳镜片或防护镜片（见表 1－4）。

表 1－4　有色玻璃镜片特点和用途表

名称	着色剂	特点及用途
灰色	钴、铜、铁、镍等氧化物	均匀吸收光谱线、吸收紫外线、红外线
绿色	钴、铜、铬、铁、铈等氧化物	吸收紫外线、红外线 护目镜（气焊、电焊、氩弧焊）
蓝色	钴、铁、铜、锰等氧化物	防炫光、护目镜（高温炉前）
红色	硒化镉、硫化镉	防荧光刺眼 护目镜（医务 X 光）
黄色	硒化镉和铈、钛等氧化物	吸收紫外线 夜视镜或驾驶员阴天、雾天配戴

③ 均匀色彩的吸收式镜片：近视或远视镜片的中心和边缘厚度不一致，所以玻璃镜片染色后，镜片上会产生颜色差异，一般较深的染色能使镜片颜色趋向基本一致。

④ 真空镀膜染色：是现代玻璃镜片的染色方法，即在真空条件下，在镜片表面镀制一层几微米厚的金属氧化物薄膜。该膜层须和玻璃有良好的粘着性，具有良好的吸收属性。

3. 树脂镜片材料

（1）树脂镜片的性能特点

树脂镜片材料属有机材料，其主要组成元素以碳、氢、氧、氮为主。用以制作镜片的树脂材料必须质地均匀、透明且不易变形，属光学树脂材料。和玻璃镜片相比，光学树脂镜片材料体现以下性能特点：

① 树脂镜片的光学特性：表面光泽、平滑度绝不逊于一般玻璃镜片；折射率低于一般玻璃镜片，所以同度数的树脂镜片较厚；与一般玻璃镜片的色散性极为相近；透视率超过

92％,较一般玻璃镜片高 2％以上;表面反射较一般玻璃镜片为低,也较不刺眼,这是因其透光率较高,折射率较低所致;双光镜片是整片构成,并非像一般玻璃双光镜片熔合制成,因此,树脂双光镜片没有色差。

光学性质极为稳定,无论在高温或低温中都不会产生变化。

② 树脂镜片的机械特性:可铸成透明度高,而且符合光学要求的各种形状镜片;比一般玻璃镜片更易于车边装框;树脂镜片极易染色,可以视需要,染制成各种不同透光率的彩色镜片。

③ 树脂镜片的物理特性:树脂镜片的质地轻,其重量仅为玻璃镜片的一半;抗撞击力特强,受到撞击发生碎裂时,碎片较少,碎片面积大而钝边,可有效减低眼部及脸部的受伤程度;树脂镜片即使长期使用,镜片表面也不容易发生破碎;对于温度高、体积小的物体有强力耐击性,这类物体撞击到树脂镜片时,会立即弹开,而一般玻璃镜片,则很容易造成凹痕和斑点,因此,在焊接或使用砂轮时,为防止眼受飞溅的火屑伤害,可采用树脂镜片;导热性较低,故其抗雾性比一般镜片好;抗热性较高,在一定限度的高温下,不容易产生扭曲变形。

④ 树脂镜片的化学特性:树脂镜片抗御化学品及化学溶剂的范围极广,目前家庭用化学药品及化学溶剂,几乎都不会对树脂镜片造成伤害。

（2）树脂镜片材料分类

按照受热行为,树脂镜片材料可分为热固性材料和热塑性材料两大类。

① 热固性材料:加热后硬化,受热不变形。

镜片大部分以这种材料为主,主要是 CR-39(Colombia resin 39,化学名:聚烯丙基二甘醇碳酸酯),是应用最广泛的制造普通树脂镜片的材料。它于 20 世纪 40 年代被美国哥伦比亚公司的化学家发现,是美国空军所研制的一系列聚合物中的第 39 号材料,因此,被称为 CR-39。50 年代,CR-39 被正式用于生产眼用矫正镜片。

CR-39 作为一种热固性材料,单体呈液态,在加热和加入催化剂的条件下聚合固化。CR-39 材料的折射率为 1.5,密度为 1.32 g/cm³,阿贝数约为 58,抗冲击性好,高透光率,可以进行染色和镀膜处理。其主要缺点是耐磨性差,需要给予镀耐磨损膜的表面处理。树脂镜片一般可采用模压法加工镜片表面的曲率,因此更适应于制造非球面镜片。

中高折射率树脂镜片材料可以采用以下技术来增加热固性树脂镜片材料的折射率:

● 改变原分子中电子的结构,例如:引入苯环结构。

● 在原分子中加入重原子,例如:卤素(氯、溴等)或硫。

与传统 CR-39 相比,用中高折射率树脂材料制造的镜片更轻、更薄。它们的密度与 CR-39 差不多(在 1.20~1.40 之间),但色散相对较大(阿贝数≤45),抗热性能较差,但抗紫外线能较强,同时也可以染色和进行各种系统的表面镀膜处理。使用这些材料的镜片制造工艺与 CR-39 的制造原理大体一致。现在折射率 1.67 的树脂材料已广泛流行,折射率 1.74 的树脂镜片材料也已进入市场。

② 热塑性材料:加热后软化,适合于热塑和注塑。

早在 20 世纪 50 年代,热塑性材料 PMMA(化学名:聚甲基丙烯酸甲酯,polymethyl methacrylate,俗称:有机玻璃)已经被用于制造光学镜片,但是由于受热易变形及耐磨性较差的缺点,很快就被 CR-39 所替代。然而今天,PC 材料(化学名:聚碳酸酯 polycarbonate)以及相关镀膜工艺的发展将热塑性材料又带回了镜片领域,并被眼视光行业的专业人士认可为 21 世纪的主导镜片材料。

PC 材料早于 1898 年被发现,后期主要被人们应用于宇航、太空产品等各种领域。在 20 世纪 30 年代,当 PC 材料得到了改良后便应用于眼镜片领域。1941 年,美国的 PPG 公司最早将该材料推向了商业领域。在历经了数年的研制和多次的改进之后,PC 材料的光学性能可与其他镜片材料相媲美,故近年来所占的镜片市场份额在不断扩增。

PC 材料是直线形无定型结构的热塑聚合体,具有许多光学方面的优点:出色的抗冲击性(超过 CR-39 的 10 倍以上),高折射率($n_e = 1.591, n_d = 1.586$),非常轻(密度 1.20 g/cm³),100% 抗紫外线(385 nm),耐高温(软化点为 140℃/280F)。PC 材料也可进行复合镀膜处理,它的阿贝数低($V_e = 31, V_d = 30$),但在实际生活中对配戴者没有显著的影响。在染色方面,由于 PC 材料本身不易着色,所以大多通过可染色的耐磨损膜吸收染料进行着色。

(3)各种镜片材料性能比较(见表 1-5 和表 1-6)

表 1-5　CR-39、PMMA、PC 树脂镜片性能比较

性能/种类	CR-39	PMMA	PC	性能特点比较
折射率(n_e)	1.498	1.491	1.586	PC>CR-39>PMMA
阿贝数	57.8	57.6	29.9	CR-39>PMMA>PC
光透比(%)	89~92	92	85~91	基本相同,PC 略差
密度(g/cm³)	1.32	1.19	1.20	CR-39>PC>PMMA
耐磨性(H)	4H	2H	B	CR-39>PMMA>PC
耐冲击性(kg/cm²)	2.4	5.6	92	PC>PMMA>CR-39
耐热性(℃)	>210	118	153	CR-39>PC>PMMA

表 1-6　树脂镜片与玻璃镜片性能比较

性能/种类	CR-39 树脂镜片	玻璃镜片
透光量	92%	91%
密度	1.32 g/cm³	2.54 g/cm³
抗冲击实验(16 kg 钢球 1.27 m 自由落下)	不碎	碎
破碎情况	较大块、无锐角	细碎、尖锐
阻断紫外线	390 mm	290~300 mm
折射率	1.502	1.523
厚度	较厚	较薄
耐磨损性	玻璃好于树脂	
雾化趋势	玻璃好于树脂,减少 60%~75%	
染色	容易着色	不易着色

第二节　眼镜镜片市场分析

进入 21 世纪以来,随着我国国民经济的快速发展,我国眼镜镜片行业保持了多年高速增长,并随着我国加入了 WTO,近年来,眼镜镜片市场也逐渐地扩大。进入 2010 年,全球经济复苏的前景面临波折,国内经济结构调整的呼声逐渐提高,贸易保护主义的抬头,眼镜镜片行业中技术含量低的人力密集型企业,缺乏品牌的出口导向型企业面临发展危机,而注重培养品牌和技术创新能力较强的企业占得先机,制定适合当前形势和自身特点的发展策略与竞争策略,是眼镜镜片行业在我国经济结构调整大潮中立于不败之地的关键。现就当前眼镜镜片市场的发展现状、发展环境、市场容量、技术发展、销售渠道等方面进行分析。

一、发展现状分析

在我国眼镜产业发展迅猛,已使我国成为世界眼镜产品(包括树脂镜片、眼镜框架及辅助用品)生产大国。然而,由于产业结构不合理,设计水平较低,缺乏高技术含量与高附加值的产品,我国眼镜一直以中低档产品为主,缺乏知名的国际品牌。国内市场无序竞争及监管缺失,也阻碍了我国眼镜镜片产业的快速健康发展。目前,我国眼镜业的附加值仍然很低。根据调查,我国眼镜市场消费量约 1.2 亿片,产值只有 160 亿元人民币;而美国消费总量也是 1.2 亿片左右,产值却高达 150 亿美元。

我国眼镜镜片行业形成国有、集体、私营、独资等多种所有制并存的局面,公司充满活力,我国已发展成为世界主要眼镜消费国和生产国。中国眼镜镜片行业的竞争与发展,现已形成广东东莞、福建厦门、江苏丹阳、上海市、北京市等主要的生产基地,主要分布在华东地区。我国眼镜镜片生产行业小型公司较多,大中型公司较少,且多为外商和港澳台投资公司或股份制公司。自从我国加入 WTO,总的趋势是市场更加开放,竞争更加激烈,机遇与挑战并存,这对我国眼镜镜片行业的发展有很好的促进作用。

目前国内市场上镜片的品种也较多,有 PC 宇宙片、树脂片、玻璃片、渐进片、双光片、变色片、染色片、偏光片、彩色片等。近十年来玻璃片主要的新产品是提高折射率,如加上镧元素和铌元素后制造出 1.8 和 1.9 的镜片材料。但是随着折射率的上升,材料的密度也随着增加,这样在根本上还没有解决玻璃镜片的密度和安全性问题。树脂镜片具有轻、抗冲击力强、透光性好等优点,但是表面耐磨力,抗化学能力比玻璃差,表面易划痕,吸水性比玻璃大,致命缺点是热膨胀系数高,导热性差,软化温度低,容易变形而影响光学性能。20 世纪 90 年代 PC 材料的出现,人们看到在镜片材料的密度,抗冲击性,抗紫外线,比树脂材料进一步优化,因此 PC 材料镜片在目前市场上占有优势。

二、发展环境分析

在国际市场环境中,在发展中国家和地区由于受到消费能力的限制,今后较长时间内仍将处于树脂镜片代替玻璃镜片的进程中,质优价廉的普通树脂镜片是市场竞争的主要产品。发达国家和地区已经完成镜片的替代,能实现多种功能、具有高附加值的镜片(如偏振光片、光致变色片)在消费比例中逐渐增加。国际眼镜镜片制造行业集中程度高,少数领先品牌商品占据主要市场份额。国际品牌商是镜片技术核心专利的持有人,拥有先进的设备、技术和强大的研发能力。由于镜片生产工艺内在的劳动密集型特点,为降低成本,国际品牌商或以OEM/ODM 方式委托中国等发展中国家的企业生产,或在发展中国家设立加工工厂生产。在国际市场中,中国的镜片生产企业与国际镜片品牌商是合作关系、客户关系,而不是直接的竞争关系。

在国内市场环境中,镜片产品不属于医疗器械,行业准入门槛低,目前眼镜生产企业超过 4 000 家,但普遍规模较小,市场份额较低,行业处于完全竞争状态。我国眼镜镜片生产企业基本上集中在低附加值的产品制造领域,在世界眼镜行业中处于产业链的末端,只能获得微薄的生产价值。但众多中小型生产企业及其配套厂家聚集在一定的区域,形成产业集群,大幅降低了生产成本,使我国镜片生产企业在国际上具有明显的成本优势。

三、市场容量分析

目前我国眼镜镜片的出口额在逐渐增加,其中玻璃制太阳镜片、变色镜片等增幅较大;视力矫正眼镜用变色镜片坯件(未经光学加工)等降幅较大。眼镜镜片的进口额有所下降,其中其他材料制变色镜片增幅较大,玻璃制变色镜片进口额下降较大,其他视力矫正眼镜用镜片坯件进口量下降较大。

2007 年我国眼镜业总产值达到 200 亿,出口超过 30 亿美元。目前我国眼镜总产量占到了世界总产量的 70%。我国不仅成为世界领先的眼镜生产大国,也成为了世界眼镜消费潜力最大的国家之一。目前我国的眼镜镜片的市场还有很大的空缺,对于具有高技术含量的镜片还有很多的不足。大多数企业没有自己的品牌,即使有自己的品牌,在国际消费市场的品牌知名度也较低。

如今全球最大的镜片商带来了包含最新科技的多焦点镜片以拓展中国的市场。目前其已在上海的松江投资 5 300 万美元建立了中国最大、最先进的树脂镜片生产基地。最近 10多个国家的 20 多个品牌、500 多种新款眼镜也纷纷登陆中国市场。跨国眼镜新品牌的进入,激发了眼镜市场新的巨大需求和新增市场,国内的眼镜行业是一个朝阳行业,未来的发展空间将会更加巨大。

四、技术发展分析

我国眼镜镜片生产企业普遍呈现出生产技术落后、设计能力欠缺的状况。这直接导致了我国眼镜镜片质量不高,档次低下,附加值低等情况。目前我国的眼镜镜片生产企业很少有自主研发设计机构。生产加工方面,绝大多数企业还是依靠进口国外先进的机械设备和引进相关的生产技术。

目前聚氨酯技术助力高折树脂镜片面世,由万新与三井的合作研发成功,焦点主要集中在树脂镜片生产材料 MR-7、MR-8 和 MR-174。这三种材料是全球领先的运用聚氨酯技术合成的高折树脂镜片的材料,生产出的镜片因其色像差小、透光率高而闻名,同时,这三种材料也有着很强的可加工性,适用于任何镜片,镜片基材的上色也极为容易。MR-7、MR-8、MR-174 在光学性能及硬度上更优,从而获得更轻薄更不易磨损的树脂镜片。当前生产高折镜片的材料有两大类,一类是亚克力类,而另一类则是聚氨酯类。国内绝大多数镜片生产商生产的高折镜片采用的都是韩国聚氨酯类材料,材料性能较之万新采用的三井研发的高折材料稍逊。

五、销售渠道分析

由于目前国内眼镜市场竞争激烈,集中度较低,产品同质化现象严重,很多镜片供货商为了抢占市场,采用价格和渠道竞争,将商品放置于眼镜店代销。

据调查,我国所有的大城市都有眼镜镜片批发市场,中国眼镜镜片批发市场蓬勃发展,并成燎原之势,西南、西北、东北等地镜片批发市场割据一方,与华东、华北、华南、中原等地镜片市场遥相呼应,格局由集中逐步走向分散,网络遍布全国。与此同时,中心城市如北京、上海、广州等地镜片市场数量呈扩张态势,高度密集。

零售业市场的开放加上商业的繁荣、网点的增加,各地零售店铺像雨后春笋以每年15%的比例增多。加上市民的购买意识提高,很少人像从前一样跑上几里甚至几十里路去选购一副眼镜,所以单向大型的眼镜店逐步显得较难维持,除个别老店外,今后将会形成大型的连锁店担当零售的主角。这些连锁店拥有精美的装修、较好的设备、优良而统一的服务和管理、众多分店分布在市区各个街道上,甚至跨市跨省经营。店铺虽面积不大,但方便市民。此种趋势已在沿海城市到处可见。

现在许多商家选择在网上开网店销售眼镜或镜片,通过网络来开拓市场空间,这样既可以增加销售的渠道也给消费者带来便利和实惠。

六、镜片行业发展预测

目前镜片行业面临诸多的有利和不利因素。

1. 有利因素

(1)《轻工业调整与振兴规划》的出台,对眼镜行业是实质性利好。

(2)主要发达经济体的经济已经出现触底的迹象,给以外销为主的眼镜行业带来了曙光。

(3)资本市场的繁荣以及 IOP 的重启和国内创业版的推出,为眼镜行业的融资提供了机会。

2. 不利因素

(1)企业自主创新能力低,缺乏专门的研究机构和人员,设计开发能力不强。

(2)多数企业的出口以"来料加工"和贴牌为主,缺乏自主品牌的出口,产品创汇率低。

(3)许多企业以出口为主,对出口依存度较高,出口国家和地区过于集中,受国际市场变化影响大,抗风险能力差。

(4)产品结构不适应我国消费需要,高科技产品、高档名牌产品主要靠进口,不能完全满足不同层面群体的消费需求。

（5）眼镜行业以中小企业为主，多数企业管理水平不高，技术落后、产品质量低、价格成了他们主要竞争武器，中低档产品产能过剩。

3. 未来行业发展

菲利浦·科特勒在第 11 版《营销管理》前言中提到，自己在 1967 年编写第 1 版《营销管理》时认为"公司必须以顾客和市场为导向"，但是却没有看到"市场的动态性"，"没有提及细分市场"。我国镜片的部分企业到现在还是以"生产"为导向，完全没有看到过度竞争的状况。可以预言，在国际一体化的大环境下，镜片市场未来是一个充满发展机遇与挑战的市场。

未来的镜片行业将在以下几个方面发展：

（1）做大做强，质量与品牌并行。在竞争过后的市场上，会出现相对稳定的市场竞争状况，随着消费者成熟和市场产品稳定，企业家的竞争对手以品牌为市场开拓利器占据超过 50％的市场份额。

（2）聚焦独特的补缺市场。迈克尔·波特在研究 1963～1965 年 38 个消费产业的"产业领导者和产业追随者的相对盈利性"后发现，光学、保健及眼科产品属于"追随者的回报率大大高于（4.0 或更多的百分点）领导者的回报率"的产业。这个研究的结果今天依然有效，并且为部分前途迷茫的中小企业指明了道路，一些小的竞争参与者应在独特的市场上开辟"蓝海"市场，避开价格竞争。

（3）创新。日本的巴黎三城是世界上最大的眼镜零售商之一，它利用一种设计工具为顾客的脸拍下数字化照片，顾客说出自己需要的风格：运动的、精美的、传统的，然后在计算机中的照片上选择，选择好框架后，顾客还会选择铰链、鼻片和脚架，之后，所需要的眼镜可以在 1 h 内完成。创新可以出现在镜片产业价值链的各个阶段，创新无限，机会无限。

（4）研发与设计。在产品发展趋势上，光学表面设计（比如抗疲劳、非球面、多焦渐进等）；镜片表面处理（比如加硬、减反、抗污、变色、偏光等）；新材料的应用（PC 抗冲击树脂、高折射率的产品应用等）都是现在研发的热点和未来发展的趋势，设立专门的组织结构，为中小企业发展提供全方位的服务。

第三节　眼镜镜片质量问题及检测方法

一、常见质量问题

1. 表面质量与内在疵病

受加工水平的限制，很多镜片经常会出现各式各样的表面质量问题。最常见的有表面光洁度差、螺旋形、霍光（即光跳）、橘皮、麻点、划伤、条纹、崩边等。上述表面质量问题通常会导致屈光不正患者视物变形、模糊、晕眩、恶心，甚至心脏不适。由于镜片表面质量差而造成的对人眼的伤害，绝不亚于其他几项指标。国家技术监督局为此专门制定了眼镜镜片的国家标准。镜片的表面质量应列入常规检测的范围。

2. 镜片玻璃材料的质量问题

根据国家标准的规定，眼镜镜片应采用光学玻璃材料制成。根据使用要求又分为矫正视力用玻璃、遮阳玻璃和工业防护用三种。

（1）矫正视力用玻璃，要求在可见光波段有较高的透过率，能拦截紫外线和红外线，折射率稳定，硬度、耐磨性和化学稳定性良好。

（2）遮阳用玻璃又可称为太阳镜玻璃，要求对可见光波段有选择性吸收或透过，并呈现不同颜色。遮阳用玻璃应具备有效地拦截紫外线和红外线的特征。

（3）工业防护用玻璃，则应根据使用环境和要求，能达到保护眼睛免受有害光刺激和伤害的作用和特性。

然而，如果使用材质低劣、价格低廉的窗户玻璃制作镜片，这种玻璃透过率低、均匀性差、含条纹、气泡等杂质。此外，用普通光学玻璃冒充高折射率玻璃制作镜片，虽然可以达到相同的顶焦度，但是却从价格上侵犯了消费者的权益，且外观也达不到高折射率玻璃制作镜片的效果。采用透过率低的劣质塑料胶片制作太阳镜片，只能阻挡强烈的光线，而对光线中的紫外线不能有效的阻断，结果使佩戴者在瞳孔放大的情况下，敞开门户接受紫外线照射眼底，比不戴眼镜更有害。

3. 镀膜镜片的透过率及膜层强度

镜片表面的各种膜层与镜片透过率的高低、相关紫外线和红外线的拦截都有很大关系。镀膜属于特种工艺的范畴。由于镀膜镜片价格高，一些不具备镀膜技术和工艺的加工点，将粗制滥造的镀膜镜片抛向市场。这类镜片由于镀膜设备及加工水平所限达不到质量要求，不但透过大量的、对人眼有害的紫外线，而且膜层的强度很差，有些镜片甚至戴上不到一个月，就出现膜层脱落。劣质镀膜镜片的可见光透过率也根本达不到要求。

4. 劣质变色镜片

好的光致变色镜片应能在规定的时间内达到变深或变浅的效果，并且有效地拦截紫外线，保证透过足够的可见光。然而，一些劣质变色镜片却吸收可见光，透过大量紫外线。一些变色镜根本不变色，戴上这种眼镜看东西格外吃力，导致放大瞳孔，使眼肌和神经处于高度紧张状态，久而久之，必然导致视力下降。

5. 树脂镜片的硬度

树脂镜片的问题突出表现在镜片的硬度上。树脂镜片在硬度上逊于玻璃镜片。经过加硬处理的树脂镜片，具有较好的耐磨性、不易划伤。但市场上有些镜片刚戴上不久，就出现表面划痕；有些镜片甚至经不起正常的磨边和配装。

二、具体检测方法

1. 表面质量和内在疵病

表面质量:主要是指表面研磨加工的质量,如霍光、螺旋形疵病及由于抛光不良造成的表面粗糙、桔皮或点状、条状痕迹及抛光后贮存不当造成的霉斑等。

内在疵病:主要有材质内部的各种点状或条状夹杂物等。

标准规定:在基准点周围,直径 30 mm 的区域内,不得有上述各种影响视力的疵病(对于子镜片,也是以子镜片的基准点为准,一般包括了全部子镜片)。在直径 30 mm 之外的区域,允许有些微小的、分立的表面或内在疵病。

主要是照明光源要有足够的亮度,一般可使用大于 40 W(400 流明)的白炽灯或大于 15 W的荧光灯,背景为一不反光的黑背景,如吸光的黑绒布等,并有一可调的挡光板,主要是保证所测镜片被充分照明但又不使眼睛直接看到光源,使检测在明视场、暗背景的条件下进行。

检测时,镜片置于明视距离处,移动镜片,通过镜片的透射或反射,用肉眼观察镜片是否有疵病。

2. 加硬膜层的测试

20 世纪 70 年代由于理论的限制,测试方法局限在测试镜片膜层的硬度,已经被证明是错误的。测试和评判一种加硬技术的耐磨性的最严格的方法是让戴镜者试戴一段时间,比如 3 个月、6 个月,然后用显微镜观察或比较镜片的磨损情况。这种方法的缺点是太慢,因为研究加硬技术,如加硬液的配方、加硬工艺的温度等,需要找到更加快速的测试方法,来提高研究的效率。目前常用的方法如下。

(1) 磨砂试验

镜片固定在下面,上面的容器放一定重量的砂子,作来回摩擦。规定这种砂子的粒径和硬度。用雾度计测试镜片摩擦前、后的光线的漫反射量,并且与标准镜片做比较。

(2) 钢丝绒试验

分机械和手工两种,结果是一致的。机械方法是用一种规定的钢丝(00 号),用一定的压力和一定的速度在镜片上摩擦一定的次数,然后,用雾度计测试镜片摩擦前、后的光线的漫反射量,并且与标准镜片做比较。也可以用手工进行,对两片镜片用同样的压力摩擦同样的次数,然后用雾度计测试镜片摩擦前、后的光线的漫反射量,并且与标准镜片做比较。

以钢丝绒试验法来确定镜片耐磨性的具体方法如下:

① 镜片摩擦仪

摩擦施加的压力为 750 g 且与镜片凸面法线方向相一致。往复摩擦的频率为 100 次/分钟(一次定义为一个往复运动)。摩擦次数为 1 000 次。往复摩擦,图 1-3 镜片摩擦仪简图摩擦区域:在镜片几何中心周围,面积约 40 mm×40 mm。样品应有固定设施,保证摩擦试验过程中样品不被移动。

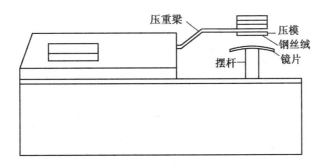

图 1-3　镜片摩擦仪简图

② 积分球式雾度测定仪

积分球式雾度测定仪为通用仪器,光投射比为 0.1%,雾度 0.01%,光源为标准光源。

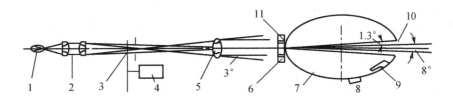

1—光源;2—聚光灯;3—光栏;4—调制器;5—物镜;6—试样;7—积分球;
8—光电池;9—反射标准器;10—出射窗口;11—入射窗口

图 1-4　积分球式雾度测定仪光学系统

③ 钢丝绒

钢丝绒摩擦面应平整、无毛刺并有序排列,其质量应大于 5 g,平面尺寸应大于压模直径(推荐尺寸 4.0 cm×4.0 cm,压缩后厚度约 2.5 cm),钢丝绒应放在干燥的地方,防止其被氧化以致影响测试结果。应经常检查钢丝绒摩擦面,如果不符合要求须更换。

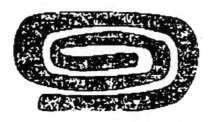

图 1-5　折叠 5 层后的 000# 钢丝绒

④ 样品几何尺寸和顶焦度要求

被测镜片前表面弧度为+6.00D±0.25D(弧度半径>80 mm),顶焦度≤±0.50D,未切割的镜片。

⑤ 眼镜镜片的准备

在镜片表面的边缘划线记下四个标记,每旋转 90°,记下一个标记(见图 1-6),镜片表面应清洁,清除任何的产品残余物、灰尘、纤维、水迹等。冲洗镜片前后表面后干燥处理,待用。

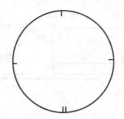

图 1-6　镜片划线及标记

⑥ 仪器的准备

在温度为(23±5)℃,相对湿度为(50±20)%的环境条件下,摩擦仪和雾度仪接通电源后必须预热 30 min。校正仪器,设定参数,使其处于正常工作状态。

⑦ 镜片耐磨性的测试

先测定未经摩擦时镜片的初始雾度值(H_0):按 GB/T2410 的方法校正雾度仪,将准备好的镜片放在雾度仪上,使镜片置于记号 1# 处,获得第一个测量值,然后每旋转 90°依次获得其他三个记号处测 t 值(注意:测试的区域和旋转的位置必须记住,便于后面的测试)。

把测定初始雾度值后的镜片取下并放于摩擦仪上固定,并使其中心与摩擦仪的摆杆中心重合,凸面向上。摩擦区域应大于镜片几何中心 ϕ40 mm。

在压模中心处粘上准备好的钢丝绒,使钢丝绒丝纹与摩擦方向垂直(见图 1-7)。在压模上端,加上荷重砝码,总荷重(压模、钢丝绒等)约为 750 g±15 g 加于样品的凸面上。将摩擦计数器的数值置于 1 000 次,启动摩擦仪,使镜片往复摩擦 1 000 次。经过上述摩擦试验后,把镜片洗净,用棉纸吸干或晾干,然后把镜片放在雾度仪上测定镜片经摩擦后的雾度值(H):其方法与测定未经摩擦时镜片的初始雾度值(H_0)相同(注意:测试的区域和旋转的位置必须也相同)。

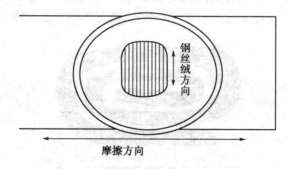

图 1-7　钢丝绒丝纹与摩擦方向

⑧ 测试结果的计算

根据下式计算样品的每次雾度值 H:

$$H = \left(\frac{T_4}{T_2} - \frac{T_3}{T_1}\right) \times 100\%$$

根据下式计算样品试验结果:

$$\Delta H = \overline{H_1} - \overline{H_0}$$

式中：$\overline{H_1}$ 为经摩擦后 4 次雾度测 t 的算术平均值；$\overline{H_0}$ 为未经摩擦 4 次初始雾度测 1 L 的算术平均值。

注：测试结果的有效数值精确到 0.01%。

标准偏差值 S 按下式计算：

$$S = \sqrt{\dfrac{\sum (\overline{X} - X)^2}{n-1}}$$

式中：$\overline{X}$ 为组测定值的算术平均值；X 为单个测定值；n 为测定值个数。

镜片摩擦雾度值（H_s）结果的计算：

将获得 4 次摩擦雾度测量的平均值减去未经摩擦时镜片的初始雾度的平均值。

3. 多层复合减反射膜的测试

（1）膜层的颜色

对于戴镜者来说，希望左右眼的镜片的颜色一致，这一点对于零星加工比较容易达到，但是生产大批量镜片，比如几百万片镜片达到一致的颜色是极其困难的，但是必须要用严格的工艺予以控制。用肉眼区别镀膜的减反射效果的经验是：好的减反射膜镜片的颜色应该淡而暗，而鲜亮的颜色表示剩余反射光高，镀膜的减反射效率低。

（2）膜层的牢度

基于镜片要伴随戴镜者存在于各种不同的气候环境中，并且要接受擦洗清洁。因此，膜层的牢度是镜片重要的质量指标。这些质量指标要求镜片抗摩擦、抗腐蚀（汗水、潮湿、海风）、抗温差等等。而且镜片还必须经受时间的考验，在戴镜者使用了一定的时间后性能不变。因此，可以采用多种物理和化学的测试方法，模拟戴镜者的使用条件，对镀膜镜片进行膜层牢度质量的测试。这些测试的方法包括：沸腾盐水试验、冷盐水试验、蒸汽试验、去离子冷水试验、去离子热水试验、橡胶摩擦试验、钢丝绒摩擦试验、酒精和其他溶剂的浸泡试验、温差试验、潮湿度试验等。

第四节　眼镜镜片标准解析

眼镜镜片是眼镜的主要光学参数汇集元件，镜片的质量直接影响着眼镜的质量，通过本单元的学习，掌握有关镜片的质量指标及其检测方法。

《眼镜镜片》标准（以下简称标准）是国家强制性标准，至出台以来，历经几次修改，现使用眼镜镜片新标准 GB10810.1—2005，该标准于 2005 年 5 月 1 日起实施。由于对标准的具体条款的理解不同，在实际操作中可能会遇到不同的问题，最终出现不同的判断结果，本部分通过对新旧标准进行对比分析加强对标准的理解。

一、镜片术语

现行有效的 GB10810—2005 规定了毛边眼镜镜片的光学、表面质量及几何特性的要求。在执行新的标准时，需对标准中的术语有较透彻的理解。

1. 毛边眼镜镜片（uncut lens）

标准提到的毛边眼镜镜片，均指已完成了两个面的光学加工，但尚未切割的镜片。

2. 单光眼镜镜片（single-vision lens）

仅具有单视距能力的镜片。所谓的单视距，是指看视某一物的距离，如视近镜片或视远镜片，而不是两者的合一。

3. 多焦点镜片（multifocal lens）

具有双视距或多视距的镜片。即在一个主镜片上附上一个或多个镜片如双光、三光等多光镜片。

4. 顶焦度（vertex power）

镜片顶点到焦点的截距以米计的倒数（屈光度）。在一般情况下，一个镜片有两个顶焦度，从前顶点到前焦点的截距的倒数和从后顶点（靠近眼球的一面的顶点）到后焦点的截距的倒数，即称为前顶焦度和后顶焦度。若非特别指明，一般来说，顶焦度就是指后顶焦度。

5. 光学中心（optical centre）、光轴（optical axis）

与两个光学表面同时垂直的一条直线叫做光轴。对于球面镜来说，就是这条直线同时通过前后表面的球心，而光学中心就是光轴与前表面的交点。对于眼镜镜片而言，光线透过此点，不产生偏折，也就是我们在焦度计检测镜片时，移动镜片而使像十字丝对中光线不产生偏折，此时打印的点就是光学中心。

6. 设计基准点（design reference point）

设计基准点是生产者在镜片上指定一个或几个点，整个镜片是以这些点为基准而设计加工的，对于最常用的镜片如不移心的单光镜片，它的设计基准点就是镜片的几何中心；对于移心镜片，它的设计基准点就是生产者规定的移心处。同样，远用区设计基准点及近用区设计基准点也都是由生产者指明在镜片上的位置。一般，对于两个面都已完成光学加工的镜片，设计基准点的位置定在它的前表面上。

7. 远用区设计基准点（distance design reference point）

也称基准点，是镜片前表面上的某点，也是镜片使用时的基准点，在此点测量该镜片的顶焦度，若不加特别说明，该点就是光学中心，但也有例外，验光师为配镜而指定在某点进行测量。

8. 光学中心偏差

一般指光轴与几何对称轴间的偏差，通常用光轴与几何对称轴在镜片前表面上出点的偏差来取而代之，也就是光学中心与几何中心之间的差异。

9. 子午线（meridian of a lens）

通过光轴的截面与镜片表面的交线。

10. 球镜(spherical-power lens)

呈中心对称状所有的子午线曲率都相同。

11. 球柱镜、平柱镜、柱镜轴

镜片的两个表面中至少有一个面是柱面或复曲面的,称之为球柱镜或复曲面镜。柱面镜对近轴平行光聚焦是不能成像于一点,而是成像于一条线,这条线就是该柱面的焦线,而与该焦线垂直的面则称为该柱面的主子午面,主子午面与镜片表面的交线称为主子午线。对于散光镜片,无论其是球柱镜、双柱镜或复曲面镜,它都是使通过它的近轴平行光聚焦于两条相互垂直的焦线上,即在两个主子午面上具有两个不同的顶焦度。作为特例,若一个主子午面上的顶焦度为零,则称之为平柱镜。

在两个主子午面中,具有代数值较小的后顶焦度的主子午面称之为第一主子午面,而另一后顶焦度代数值较大的则称为第二主子午面,第二主子午面的顶焦度减去第一主子午面的顶焦度所得的差值就叫做散光,散光值总是正的。

但柱镜顶焦度则有正负之分,它取决于用哪一个主子午面作为参照基准。柱镜轴从确切意义上来说是表示一个方向,就是所选作参照基准的球镜的主子午面的方向。本标准表中规定以顶焦度绝对值最大的主子午面为球镜主子午面。

12. 棱镜屈光力、棱镜基底取向及棱镜主截面

光线通过两个不平行的折射面后将产生偏折,其偏折的程度就是棱镜屈光力,其单位是棱镜度(△),棱镜度的物理意义为光线通过每米距离而因偏折产生的位移值的厘米数,量纲为 cm/m。

由于光线通过两个不平行的折射面都会产生偏折,所以,不仅是平面棱镜,就是一般的透镜都具有棱镜效应,我们可以把透镜看成是无数微小棱镜的总和。在光心处,由于光线不产生偏折,所以没有棱镜效应,而离光心越远,光线的偏折程度就越大,其棱镜度也越大,它们的关系为

$$P = F \cdot C$$

式中:P 为棱镜屈光力△;F 为顶焦度 D;C 为光学中心偏差。

在棱镜折射中,包含有入射光线与折射光线的面叫做主截面,而在主截面中,从棱镜顶点或棱镜的最薄处到棱镜基底棱镜最厚处射线的方向叫做棱镜的基底取向,即折射光线总是向棱镜的基底方向产生偏折,即通过棱镜所看到的像,总是向基底方向的反向产生一个偏移。

二、镜片光学参数的测定

1. 单光镜片屈光度

以自动焦度计为例,把镜片凹面朝着镜片支架,按下镜片固定支架,调节手轮,直至视场清晰。移动镜片使靶标(O)向中心移动,当靶标移至距中心小于 0.5△的范围时,靶标的形状变成交叉十字线(＋);对准中心时靶标的形状变成粗交叉十字线(＋),记录数据。

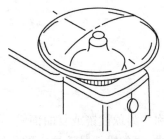

图1-8　镜片放置方向

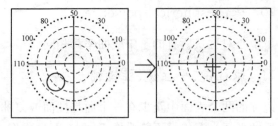

图1-9　测试终点示意图

2. 双光镜片

(1) 远用屈光度

将视远部分(镜片远区)放置在镜片支座上,把靶标的形状由圆圈变成(+)或(÷)字时,按下记忆键,视远部分的度数测量值被确定(若视远度数为零度,圆圈就不会变成(+)或(÷),只需把圆圈移到中间即可),见图1-10。

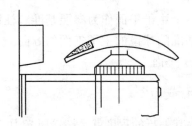

图1-10　双光镜远用顶焦度的测量

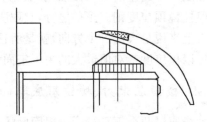

图1-11　双光镜ADD值的测量

(2) ADD 值

把双光镜片向靠近自己的方向移动使近视部分(镜片近用区)移动到镜片支座上。按下ADD键,屏幕显示AD1,当靶标的形状由圆圈变成(+)字时,按下记忆键,视远部分的度数测量值被确定(若视近度数为零度,圆圈就不会变成(+)或(÷),只需把圆圈移到中间即可),见图1-11。

3. 渐进多焦度镜片屈光度

按下镜片模式转换键,仪器进入PPL测量模式(见图1-12),此测量过程需使用记忆键。

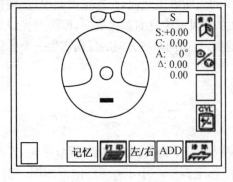

图1-12　PPL测量模式

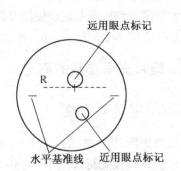

图1-13　渐进多焦点镜片标记

使用厂家提供的专用眼点标记,镜片凸面向上,视近区向内,水平基准线基本保持水平放在镜片支座上,压住镜片。先测量远用区域,将镜片上下左右平移,使靶标正好位于指示线的正中,靶标显示(＋)或(⫶)字时(若镜片有残留棱镜或零度时靶标不显示(＋)或(⫶)字,只要把远用眼点标记环放到镜片支座中心上即可)按下记忆键,远用区域的数据值被确定。然后移动镜片到近用眼点标记环放到镜片支座中心上,屏幕显示 ADD 及其测量结果,按下记忆键,确定 ADD 值。见图 1 - 13。

三、查表对照

1. 单光及多焦点镜片远用区顶焦度允差

多焦点镜片远用区的顶焦度允差与单光镜片的顶焦度允差相同(见表 1 - 7 和表 1 - 8)。

表 1 - 7　镜片顶焦度允差 m^{-1}(D)(1996)

球面顶焦度标称值	球面允差 A	柱镜允差 B			
		0.00~0.75	>0.75~4.00	>4.00~6.00	>6.00
0.00	±0.08	±0.06			
≥0.00~3.00	±0.12	±0.09	±0.12	±0.18	±0.25
>3.00~6.00					
>6.00~9.00		±0.12	±0.18		
>9.00~12.00	±0.18			±0.25	
>12.00~20.00	±0.25	±0.18	±0.25		
>20.00	±0.37	±0.25		±0.37	±0.37
注:以绝对值最大的顶焦度为球面顶焦度标称值					

表 1 - 8　镜片顶焦度允差 m^{-1}(D)(2005)

顶焦度绝对值最大的子午面上的顶焦度值	每主子午面顶焦度允差 A	柱镜顶角度允差 B			
		≥0.00 和 ≤0.75	>0.75 和 ≤4.00	>4.00 和 ≤6.00	>6.00
≥0.00 和 ≤3.00	±0.12	±0.09	±0.12	±0.18	±0.25
>3.00 和 ≤6.00					
>6.00 和 ≤9.00		±0.12	±0.18		
>9.00 和 ≤12.00	±0.18			±0.25	
>12.00 和 ≤20.00	±0.25	±0.18	±0.25		
>20.00	±0.37	±0.25		±0.37	±0.37

对比新旧标准,新标准中平光片(0.00D)其每子午面顶焦度允差 A 和柱镜顶焦度允差 B 要求放宽,球镜允差由旧标准的±0.08D 变为新标准的±0.12D,柱镜允差由旧标准的±0.06D 变为新标准的±0.09D。

新标准镜片顶焦度允差中引入了"子午面"、"主子午面顶焦度"的概念。对于球柱联合的镜片,如−3.00DS/−2.00DC×120,检测其球面顶焦度允差和柱镜顶焦度允差时,要得出其最大的子午面上的顶焦度绝对值则需要对其镜片表示形式进行变换,变换后为−5.00DS/+2.00DC×30,此时不难得出最大的子午面上的顶焦度绝对值为5.00D,那么每子午面顶焦度允差 A 为±0.12D,柱镜顶焦度绝对值为2.00D,则柱镜顶焦度允差 B 为±0.12D。

2. 柱镜轴位方向的允差

对于单个毛边镜片,只有镜片本身规定了镜片的方向,才需要对柱镜的轴向进行测定,如多焦点镜片或含有棱镜或梯度染色等附有预定方位的镜片。在实际测量时,测定柱镜轴位最主要的是确定水平基准线。

(1)对于子镜片为圆形的多焦点镜片,以镜片标定的子镜片的位置为准(如子镜片的顶点或光学中心的上下及内移位置)。

(2)对于非圆形的子镜片(如 D 形子镜片),以子镜片的定位线(顶部水平线)作为水平基准线。

(3)对于棱镜或其他镜片,以镜片标定的棱镜基底方向或其他形式标定的方向为准(水平工作线)。柱镜轴位方向的允差列于表 1-9(参照标准 GB10810),其按柱镜顶焦度值分为 4 挡。

表 1-9　柱镜轴位方向允差

柱镜顶焦度值/m^{-1}(D)	≤0.50	>0.50 和≤0.75	>0.75 和≤1.50	>1.50
轴位允许偏差/(°)	±7	±5	±3	±2

3. 光学中心和棱镜度允差

(1)旧标准

在以设计基准点为中心的测量区域内(对于单光镜片,测量区域半径为 1 mm 的圈;对于多焦点镜片,测量区域为上下各 0.5 mm 左右,各为 1 mm 的矩形),标称棱镜度与所测得的棱镜度之间的偏差须符合表 1-10 的规定。

(2)新标准

眼镜片的光学中心偏差由镜片几何中心处的棱镜度表示,在棱镜基准点所测得的处方棱镜度和减薄棱镜的总和偏差应符合表 1-11 的规定。单光镜片的标称棱镜度为零,其在镜片几何中心处所测得的棱镜度偏差应符合表中关于 0.00~2.00 的允差的规定。

表 1 - 10　光学中心和棱镜度的允差（1996）

棱镜度/△	单光镜片上的允差		多焦点镜片上的允差		
	棱镜度/△	测量区域半径/mm	棱镜度/△	水平方向/mm	垂直方向/mm
0.00～2.00	±0.25		±0.25		
0					
＞2.00～10.00	±0.37	1	±0.37	1	0.5
＞10.00	±0.50		±0.50		

表 1 - 11　光学中心和棱镜度的允差（2005）

棱镜度（△）	水平棱镜允差（△）	垂直棱镜允差（△）
0.00～2.00	±(0.25+0.1*Smax)	±(0.25+0.1*Smax)
＞2.00～10.00	±(0.37+0.1*Smax)	±(0.37+0.1*Smax)
＞10.00	±(0.50+0.1*Smax)	±(0.50+0.1*Smax)
注：Smax 表示绝对值最大的子午面上的顶焦度值。		

　　对比新旧标准描述,标称棱镜度按基底取向分解成水平、垂直方向的分量,新标准中判定形式有所改变,实质上其要求放宽,如+1.00DS/-3.00DC×60,标称棱镜度不超过2.00△,按照旧标准得出其水平、垂直方向棱镜度允差均为±0.25;按新标准,其计算方法如下:+1.00DS/-3.00DC×60 十字线法变换后为+1.00DC×150/-2.00DC×60,则最大子午面顶焦度绝对值为 2.00D,因此水平棱镜度允差为±(0.25+0.1×2.00)=±0.45△;垂直棱镜度允差为±(0.25+0.05×2.00)=±0.35△;但其测量方法有所变动,直接在镜片几何中心处测得,取消了测量区域。

4. 色泽要求取消

　　检测单个镜片时不存在配对,则谈不上色泽是否一致,因此新标准取消了色泽要求。

5. 厚度要求放宽

　　旧标准中,玻璃眼镜镜片的最薄处的厚度不得小于 0.7 mm;有效厚度应在镜片凸面的基准点上,且与该表面垂直进行测定,测定值不应偏离标称值±0.3 mm。从标准看,同时满足以上两个条件镜片厚度才合格。但在实际测量过程中发现,有些眼镜镜片的标称值为1.0 mm 以下,这样厚度的下限值就可能小于 0.7 mm。在这种情况下就会导致眼镜镜片只符合其中一项规定要求,这就给检验人员在判定厚度是否合格时难以下结论。

　　新标准中,标称厚度由制造者加以标定或由使用者和供片商双方协议决定,只有允差要求±0.3 mm,相比较旧标准,新标准取消了玻璃片最薄处厚度小于 0.7 mm 要求。

习　题

一、填空题

1. 双光眼镜的子镜片顶点在垂直方向上应位于主镜片几何中心 。两子镜片顶点在垂直方向上的互差不得大于＿＿＿＿＿。

2. 有色眼镜镜片配对不得有＿＿＿＿＿。

3. 光致变色玻璃镜片每副配对＿＿＿＿，变色后＿＿＿＿。

4. 镜片在以＿＿＿＿为中心，直径＿＿＿＿的区域内不能存有影响视力的霍光、螺旋形等内在的缺陷。

5. 镜片表面应光洁，透视清晰，表面不允许有＿＿＿＿＿和＿＿＿＿＿。

二、名词解释

1. 减薄棱镜
2. 子午面
3. 主子午面
4. 远用区基准点
5. 光学中心偏差

三、查表题（分别计算并查表写出以下处方眼镜的球镜允差和柱镜允差）

1. R：−6.00DS；L：−4.50DS
2. R：+6.00DS；L：+4.50DS
3. R：−3.00DS/−1.00DC；L：−4.50DS
4. R：−7.00DS/−1.50DC；L：−6.50DS/−2.50DC
5. R：+3.50DS/+2.00DC；L：+4.50DS
6. R：+6.50DS/+1.50DC；L：−6.50DS
7. R：+7.00DS/+1.50DC；L：+5.50DS/+1.50DC

四、问答题

1. 眼镜镜片材料的现有种类及发展趋势如何？
2. 眼镜镜片材料的光学特性有哪些？
3. 现有眼镜镜片材料的质量问题主要表现在哪些方面？

参考文献

[1] 瞿佳. 眼镜学. 人民卫生出版社，2004
[2] 瞿佳. 眼镜技术. 高等教育出版社，2005
[3] 徐云媛，宋健. 眼镜定配工职业资格培训教程（初、中级）. 海洋出版社，2003
[4] 眼镜验光定配检测培训人员教材. 江苏省质量技术监督局
[5] 魏朝辉. 树脂眼镜镜片市场分析及发展预测. 上海交通大学学报，2007，S1
[6] 孟建国. 眼镜镜片的检测（一—六）[J]. 中国眼镜杂志，2003，4
[7] 梅满海. 实用眼镜学. 天津科学技术出版社，2000
[8] 王汝林. 中国眼镜市场营销的战略问题. 中国传媒管理网，2007，7

实验报告实例 1

一、实验目的

1. 掌握焦度计的使用方法。
2. 对照镜片进行相关参数测量。

二、实验内容

掌握焦度计的使用方法,对照镜片进行相关参数测量,要求测量数值精确到 0.01D。

三、实验原理、方法和手段

顶焦度:以米为单位测得的镜片近轴顶焦距的倒数。一个镜片含有两个顶焦度。在配装眼镜中特指后顶焦度,即以米为单位测得的镜片近轴后顶焦距的倒数。顶焦度的表示单位为米的倒数(m^{-1}),单位名称为屈光度,由符号 D 表示。镜片顶焦度仪是测量镜片合格与否的重要工具。国家标准对镜片质量有相应规定,主要以镜片的后顶点焦度为判断主要依据。

四、实验组织运行要求

根据本实验的特点、要求和具体条件,采用"以集中授课与学生自主训练为主的开放模式相结合的教学形式"。

五、实验条件

焦度计一台,镜片若干。

六、实验步骤

1. 练习使用顶焦度计。
2. 测量标记数字的镜片的顶焦度值。
3. 对应镜片国际查找相应误差数值。
4. 填写相应实验记录表格。

七、思考题

镜片国家标准还有哪些关于镜片质量检测的内容?

八、实验记录、数据、表格、图表(见实验报告)

镜片编号	1		2		3		4	
镜片标记值								
镜片顶焦度实际测量值								
国际对应误差值								
是否合格	是	否	是	否	是	否	是	否

九、其他说明

1. 注意选用合格和不合格的镜片以分别测定镜片相关参数。
2. 可以对照镜片国家标准进行相关比较。

附件一　《眼镜镜片》国家标准

本部分条文强制。第 5 章为强制性要求,其余为推荐性要求。

GB10810《眼镜镜片》标准分为五个部分:

——第 1 部分:单光和多焦点镜片;

——第 2 部分:渐进多焦点镜片;

——第 3 部分:透射比规范及测量方法;

——第 4 部分:抗反射膜的技术规范及测量方法;

——第 5 部分:表面耐磨性的最低要求

本部分修改采用 ISO8980—1:2004(眼科光学——毛边眼镜镜片第 1 部分:单光及多焦点眼镜镜片的规范》。

本部分根据 ISO8980—1:2004 重新起草,与 ISO8980—1:2004 的技术差异为:

——引用 GB17341—1998《光学和光学仪器焦度计》(neqISO 8598:1996)代替 ISO8598《焦度计》和 ISO7944《参考波长》。GB17341 规定使用的波长为 $\lambda_e = 546.07\text{nm}$,ISO8598 规定使用的波长为 $\lambda_e = 546.07\text{ nm}$ 或 $\lambda_d = 587.56\text{ nm}$;

为便于使用,本部分还做了编辑性修改:

——删除了 ISO8980—1:2004 的前言,增加了本部分的前言和目录;

——将 ISO13666 中的相关名词条目直接引入本部分中;

——增加了表 4 中的"注";

——将 ISO8980—1:2004 附录 A 中的"评价"和"试验方法"部分分别列入本部分 5.1.6 和 6.6 中;

——"参照 ISO 这部分"改为"参照本部分"。

自本部分实施之日起,代替并废止 GB10810—1996《眼镜镜片》。

本部分由中国轻工业联合会提出。

本部分由全国光学和光学仪器标准化技术委员会眼镜光学分技术委员会(SAC/TC103/SC3)归口。

本部分起草单位:东华大学、国家眼镜玻璃搪瓷制品质量监督检验中心、豪雅(上海)光学有限公司、上海三联眼镜光学有限公司。

本部分主要起草人:孟建国、唐玲玲、张尼尼。

本部分于 1989 年首次发布,1996 年第一次修订,2005 年第二次修订。

第 1 部分:单光和多焦点镜片

1　范围

GB10810 的本部分规定了毛边眼镜镜片光学和几何特性的要求。

2　规范性引用文件

下列文件中的条款通过 GB10810 的本部分的引用而成为本部分的条款,凡是注日期的引用文件,其随后所有的修改单(不包括勘误的内容)或修订版均不适用于本部分。然而,鼓励根据本部分达成协议的各方研究是否可使用这些文件的最新版本。凡是不注日期的引用文件,其最新版本适用于本部分 GB17341—1998 光学和光学仪器焦度计(neqISO8598;1996)。

3　术语和定义

下列术语和定义适用于 GB10810 的本部分。

3.1　毛边眼镜镜片(uncut lens)

已完成表面光学加工,尚未按镜架尺寸和几何形状磨边加工的镜片。

3.2　单光眼镜镜片(single-vision lens)

具有单视距功能的镜片(如球镜、球-柱镜、柱镜等)。

3.3　多焦点镜片(multifocal lens)

在主镜片上附有一个或几个子镜片,从而具有双视距或多视距功能的镜片(不包括渐变焦镜片)。

3.4　顶焦度(vertex power)

以米为单位测得的镜片近轴顶焦距的倒数。一个镜片含有两个顶焦度。通常把眼镜片的后顶焦度定为眼镜片的顶焦度。顶焦度的表示单位为 m^{-1},单位名称为屈光度,符号为 D。

注:在本部分中以后顶焦度表征镜片的"顶焦度",但有时,如测量双光和多焦点镜片的附加顶焦度时,要用到"前顶焦度"的概念。

3.5　光学中心(optical centre)

镜片前表面与光轴的交点

3.6　光轴(optical axis)

与镜片两个光学表面同时垂直的一条直线

3.7　设计基准点(design reference point)

由生产者在镜片毛坯或已完成光学加工的镜片的前表面上所定的一个或数个点,所设计的各技术参数适用于这些点。

3.8　远用区设计基准点(distance design reference point)

由生产者在已完成光学加工的镜片前表面或镜片毛坯的一个已完成光学加工的面上所规定的一个点,远用区的设计的参数适用于此点。

3.9　近用区设计基准点(near design reference point)

由生产者在已完成光学加工的镜片前表面或镜片毛坯的一个已完成光学加工的面上所规定的一个点,近用区的各设计的参数适用于该点。

3.10　远用区基准点(主基准点)[distance reference point(major reference point)]

镜片前表面上某点,远用区的顶焦度值适用于该点。

注:它区别于远用区设计基准点,此点在某些场合是由验光师所指定的。

3.11　光学中心偏差

镜片光轴与几何对称轴间的偏差。

3.12　子午面(meridian of a lens)

含有镜片光轴的每个平面。

3.13　主子午面(principal meridian)

与散光镜片的两焦线垂直或平行的两个互相正交的子午面。

3.14　球镜镜片(spherical-power lens)

能使入射的近轴平行光汇聚于一点的镜片。

3.15　散光镜片(astigmati-cpower lens)

能使入射的近轴平行光汇聚于两相互正交的分离焦线的镜片,与两焦线分别平行或垂直的为两主子午面,仅在两主子午面上具备表征镜片顶焦度的值。

注1:某一主子午面的顶焦度可能为零,即相应的焦线位于无穷远。

注2:相应的柱镜镜片、球-柱镜片及复曲面镜片均归属于散光镜片

3.16　球镜顶焦度(spherical power)

球镜镜片的后顶焦度,或散光镜片两主子午面之一(选择作为参照基准的主子午面)的后顶焦度。

注:一般以符号5表示球镜顶焦度

3.17　主子午面顶焦度(principal power)

散光镜片两主子午面之一的后顶焦度。

3.18　柱镜顶焦度(cylinder power)

3.19　柱镜轴(cylinder axis)

镜片上选为顶焦度参照基准的主子午面的方向。

3.20　棱镜度(prismatic power)

光线通过镜片某一特定点后所产生的偏离。棱镜度的表示单位为厘米每米(cm/m),单位名称为棱镜屈光度,符号为△。

3.21　(棱镜)基底取向(prism base setting)

在棱镜的主截面内,从顶点到基底投影的取向

3.22　减薄棱镜(prism thinning)

为降低多焦点镜片厚度而设计的基底方向为垂直方向的棱镜效应。

4　分类

眼镜镜片按下列分类:

a) 单光眼镜镜片;

b) 多焦点眼镜镜片;

c) 渐变焦眼镜镜片。

5　要求

本部分给出的各项参数允差应在环境温度23℃±5℃范围内应用

5.1　光学要求

5.1.1　总则

光学参数应在镜片的基准点上进行测量。

5.1.2　单光及多焦点镜片远用区的顶焦度

顶焦度应使用符合 GB17341 的焦度计或等效方法进行测量。

5.1.2.1　镜片顶焦度

镜片顶焦度偏差应符合表 1 规定。球面、非球面及散光镜片的顶焦度,均应满足每子午面顶焦度允差 A 和柱镜顶焦度允差 B。

表 1　镜片顶焦度允差　　　　　　　　单位为屈光度

顶焦度绝对值最大的子午面上的顶焦度值	每主子午面顶焦度允差,A	柱镜顶角度允差 B			
		≥0.00 和≤0.75	>0.75 和≤4.00	>4.00 和≤6.00	>6.00
≥0.00 和≤3.00	±0.12	±0.09	±0.12	±0.18	±0.25
>3.00 和≤6.00	±0.12	±0.12	±0.12	±0.18	±0.25
>6.00 和≤9.00	±0.12	±0.12	±0.18	±0.25	±0.25
>9.00 和≤12.00	±0.18	±0.18	±0.18	±0.25	±0.25
>12.00 和≤20.00	±0.25	±0.18	±0.25	±0.37	±0.37
>20.00	±0.37	±0.25	±0.25	±0.37	±0.37

5.1.2.2　柱镜轴位方向

柱镜轴位方向偏差应符合表 2 规定。本项适用于多焦点镜片以及附有预定方位的单光眼镜镜片,如棱镜基底取向设定,梯度染色镜片等。

表 2　柱镜轴位方向允差

柱镜顶焦度值/D	≤0.50	>0.50 和≤0.75	>0.75 和≤1.50	>1.50
轴位允差/(°)	±7	±5	±3	±2

5.1.3　多焦点镜片的附加顶焦度

附加顶焦度偏差应符合表 3 规定。

表 3　多焦点镜片的附加顶焦度允差　　　　　　　　单位为屈光度

附加顶焦度值	≤4.00	>4.00
允差	±0.12	±0.18

5.1.4　光字中心和棱镜度

眼镜片的光学中心偏差由镜片几何中心处的棱镜度表示在棱镜基准点所测得的处方棱镜度和减薄棱镜的总和偏差应符合表 4 的规定,按 6.3 表述的方法进行测量。

单光镜片的标称棱镜度为零,其在镜片几何中心处所测得的棱镜度偏差应符合表 4 中关于 0.00～2.00 的允差的规定。

表 4　光学中心和棱镜度的允差

棱镜度（△）	水平棱镜允差（△）	垂直棱镜允差（△）
0.00～2.00	$\pm(0.25+0.1*S_{max})$	$\pm(0.25+0.1*S_{max})$
>2.00～10.00	$\pm(0.37+0.1*S_{max})$	$\pm(0.37+0.1*S_{max})$
>10.00	$\pm(0.50+0.1*S_{max})$	$\pm(0.50+0.1*S_{max})$
注：S_{max}表示绝对值最大的子午面上的顶焦度值。		

例如，顶焦度：$+0.50/-2.50\times20$，标称棱镜度不超过 2.00△。其棱镜度偏差的计算方法如下：

本处方中，两主子午面顶焦度值分别为$+0.50D$ 和$-2.00D$，最大子午面顶焦度绝对值为 2.00 D

因此，水平棱镜度允差为$\pm(0.25+0.1\times2.00)=\pm0.45$△。垂直棱镜度允差为

$$\pm(0.25+0.05\times2.00=\pm0.350△$$

5.1.5　镜度基底取向

将标称棱镜度按其基底取向分解为水平方向和垂直方向的分量，各分量的偏差应符合表 4 的规定。

对带有散光和棱镜度的单光镜片，柱镜轴位和棱镜基底方向的夹角偏差应符合表 2 的规定。

5.1.6　材料和表面的质量

在以基准点为中心，直径为 30 mm 的区域内，及对于子镜片尺寸小于 30 mm 的全部子镜片区域内，镜片的表面或内部都不应出现可能有害视觉的各类疵病。若子镜片的直径大于 30 mm，鉴别区域仍为以近用基准点为中心，直径为 30 mm 的区域在此鉴别区域之外，可允许孤立、微小的内在或表面缺陷。

5.2　几何尺寸

5.2.1　镜片尺寸

镜片尺寸分为下列几类：

a）标称尺寸（d_n）：由制造厂标定的尺寸（以 mm 为单位）；

b）有效尺寸（d_e）：镜片的实际尺寸（以 mm 为单位）；

c）使用尺寸（d_u）：光学使用区的尺寸（以 mm 为单位）

标明直径的镜片，尺寸偏差应符合下列要求：

1）有效尺寸，（d_e）：$d_n-1\ mm\leqslant d_e\leqslant d_n+2\ mm$

2）使用尺寸，（d_u）：$d_u\geqslant d_n-2\ mm$

使用尺寸允差不适用于具有过渡曲面的镜片，例如缩径镜片等。

作为处方特殊定制镜片，由于其尺寸和厚度要符合所配装眼镜架的尺寸和形状的需要，上述允差对这些镜片不适用，可以由验光师和供片商协议决定。

5.2.2　厚度

有效厚度应在镜片前表面的基准点上，并与该表面垂直进行测量，测量值与标称值的允差为 $\pm0.3\ mm$；

镜片的标称厚度应由制造者加以标定或由使用者和供片商双方协议决定作为处方特殊配制的镜片见 5.2.10。

5.2.3 多焦点镜片的子镜片尺寸

子镜片的每项尺寸(宽度、深度和过渡区深度)允差为±0.5 mm。

作为配对销售的镜片,子镜片每项尺寸的(宽度、深度和过渡区深度)配对互差应镇 0.7 mm。

6 试验方法

6.1 单光镜片和多焦点镜片远用区的顶焦度测量方法

把镜片的后表面放在焦度计支座上对中,在镜片的远用区基准点进行测量,所测得的顶焦度值按表 1 来考核。

6.2 柱镜轴位的测 f 方法

6.2.1 单光镜片

柱镜轴位方向仅适用于附有预定方位的单光眼镜镜片,如棱镜基底取向设定,梯度染色镜片等。

6.2.2 多焦点镜片

在实际测量时,可选用下列方法来确定水平基准线。

a) 对于圆形子镜片的多焦点镜片,以供片商表述的子镜片位置为准。

b) 对于非圆形子镜片,以子镜片的定位方向为准。

6.3 光学中心和棱镜度

把镜片的后表面放在焦度计支座上对中,如被测镜片是设计棱镜度为零的单光镜片,应在镜片的几何中心处测量,如被测镜片是多焦点镜片、或处方棱镜度在镜片的远用区设计基准点进行测量,上述两种方法所测得的光学中心和棱镜度值按表 4 考核。

6.4 附加顶焦度

6.4.1 测盘方法

有两种附加顶焦度的测量方法:前表面和后表面测量方法。除非生产商有声明,应选择含有子镜片的表面进行测量。

注 1:对于非球面镜片,远用区的基准点应由生产商标明;

注 2:前表面测量和后表面测量两种方法可能会产生差异。

6.4.2 附加顶焦度的前表面测量方法

建立远用顶焦度测定点 D,此点到远用基准点 B 的距离与近用顶焦度测定点 N 到 B 点的距离相等,且在 N 点的另一侧(见图 1)。

如果生产商没有说明 N 点的位置,应选择子镜片的顶端往下 5 mm 为 N 点把镜片的前表面放在焦度计支座上。聚焦 N 点并测量近用顶焦度。

保持镜片的前表面对着焦度计支座。聚焦 D 点,并测量远用区顶焦度。

近用顶焦度与远用顶焦度的差值为附加顶焦度。

使用聚焦式焦度计时,应使标规上垂直线聚焦最清晰或采用等效球镜法,测量近用顶焦度和远用顶焦度。

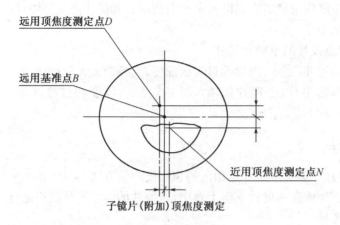

图 1　附加顶焦度测量

6.4.3　附加顶焦度后表面测 f 方法

把镜片的后表面放在焦度计支座上,按 6.4.2 方法测量近用顶焦度和远用顶焦度,并计算附加顶焦度值。

6.5　子镜片尺寸测量方法

子镜片的尺寸在子镜片中心的切平面上进行测量,可使用一投影仪(带有标尺的光学比较器),或精确的毫米测量器具进行测量。

6.6　材料和表面质量

不借助光学放大装置,在明视场,暗背景中进行镜片的检验。图 2 所示为推荐的检验系统。检验室周围光照度约为 200 Ix。检验灯的光通量至少为 400 Im,例如可用 15 W 的荧光灯或带有灯罩的 40 W 无色白炽灯。

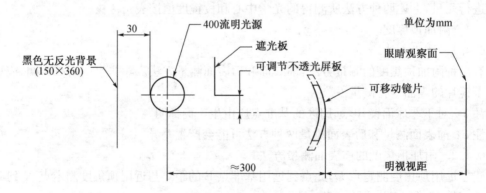

图 2　目视鉴别镜片疵病的示意装置

注 1:本观察方法具有一定的主观性,需相当的实践经验;

注 2:遮光板可调节到遮住光源的光直接射到眼睛,但能使镜片被光源照明。

7　标志

7.1　镜片的包装上或附带文件中,应该加以说明的镜片特性,至少应标明下列参数:

a) 对所有镜片:

—顶焦度值,D;

—镜片标称尺寸,mm;

—设计基准点位置,如未标明,则视该点位于镜片的几何中心;

—色泽(若非无色);

—镀层的种类;

—材料的贸易名或折射率,以及生产厂或供片商的名称;

—若对配戴位置已作校正,标明光学中心和棱镜度的校正值。

b) 多焦点镜片:

—附加顶焦度值或对配戴位置的校正值(适用时),D;

—子镜片的尺寸,mm;

—右眼或左眼(适用时);

—子镜片的棱镜度(适用时),△;

—设计款式或贸易名。

7.2　应可获得的资料

有要求时应可获得下列数据:

a) 中心或边缘厚度,mm;

b) 基弯,D;

c) 光学特性(包括阿贝数,光谱透过性能);

d) 减薄棱镜(适用时)。

参照本部分

如果生产者或供应商声明符合本部分,在包装或在随附文件中应注明引用本部分。

第二章 眼镜镜架质量检测

第一节 眼镜镜架基础知识

一、眼镜架结构

所谓眼镜架,就是把矫正眼屈光不正的透镜固定保持在眼前的所有器具的总称。眼镜架所用的材料不同,其结构和款式也不同,但无论怎样,一副好的眼镜架应具有如下条件:

(1) 能按不同的要求固定透镜;

(2) 所用材料应稳定、可靠、安全,对皮肤无害;

(3) 眼镜架应质量轻、牢固、不易变形;

(4) 使用方便;

(5) 款式应新颖、外观需美观。

一副眼镜由镜架和镜片两部分构成,镜架是决定眼镜造型的骨架,它主要包括:

(1) 左右两只镜框;

(2) 鼻梁桥和鼻托;

(3) 桩头,指镜框外侧连接镜腿的部分;

(4) 镜腿。

在我国的不同地区,对眼镜架结构的组成,有不同的称谓,但基本意思大同小异。

1. 眼镜架的组成和作用

一副眼镜架主要由镜身、镜圈、镜腿、鼻梁、柳钉、铰链等组成。下面以金属眉毛架为例,如图 2-1,说明眼镜架的结构和组成及各部分的作用。

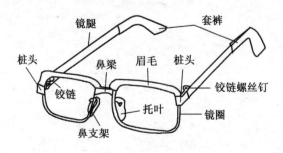

图 2-1 眼镜架的结构

(1) 镜身:眼镜整个框架的正身,包括镜架身、镜腿两大部件;

(2) 镜圈:用于装配镜片的框圈;

（3）鼻梁：连接左、右镜身的桥梁；

（4）桩头：位于镜身左右两端，用于装订铰链；

（5）托叶：把镜架托在鼻梁上，起支撑作用；

（6）镜片槽：装配镜片的槽子；

（7）镜脚：挂在两耳上，用来固定镜身的杆；

（8）镜腿庄：用于装订铰链；

（9）脚腿芯：增加镜腿牢固性的腿芯；

（10）柳钉（方钉、花柳钉）；

（11）开封：镜圈庄与镜腿庄的接缝口，用以调节开档部分；

（12）镜圈弯形：用于配合镜片弯度的镜圈弯形；

（13）锁紧管：用于锁紧片的螺纹管（金属架用）。

2. 眼镜架表面的点状或划痕等

（1）疵病：指镜架表面的点状或划痕等；

（2）镀层结合力：指金属镀层与基体金属材料之间的结合强度；

（3）镀层耐腐蚀性能：指眼镜架抵抗腐蚀的能力；

（4）抗拉强度：指眼镜架装配或焊接点的牢固程度；

（5）对称度：指眼镜左右各部分尺寸的对称精度。

二、眼镜架分类

眼镜架可以根据不同的材质、不同的形状和不同的技术要求进行分类。

1. 按同一材质分类

眼镜架多用同一材质制成，也有用金属和非金属等不同材质制成。

眼镜架按同一材质具体分类为：赛璐珞；醋酸纤；单体眼镜架——环氧树脂类；金属眼镜架；复合溴化物眼镜架；奥托溴化物眼镜架；三蒙特溴化物复合眼镜架；赛璐珞蒙特合金眼镜架。

采用上述材质的单体眼镜架，因所用材质不同，眼镜架称谓也不同。

对于复合眼镜架，由于金属与非金属合成方法的不同，其名称也有区别。

2. 按不同材质分类

眼镜架按不同材质分类，可分为：硝化纤维类；乙酰纤维类；非金属-塑料-赛璐珞类；环氧树脂类；动物质-龟甲类；特殊物质-卷皮类；金属类，包括贵重金属——黄金、白金、金合金类，二元金属合金类，含镍合金类，钛合金等。

3. 按眼镜腿的固定方式分类

按眼镜腿的固定方式分类，眼镜架可分为：半挂式；长柄式；卷筒式。

4. 按使用对象和使用目分类

按使用对象和使用目的分类,眼镜架可分为:儿童用眼镜架;学生用眼镜架;妇女用眼镜架;职员、绅士用眼镜架;体育(击剑、登山、游泳、射击等)用眼镜架。

不同的使用对象选择眼镜架时,对镜架的选材、款式、颜色等有不同要求,所以设计眼镜架时应充分考虑各种因素。

5. 按眼镜形状分类

按眼镜形状分类,眼镜架一般分为圆形、桃形、正方形、八角形、椭圆形、蝴蝶形、馒头形及茄子形眼镜架等。

6. 按眼镜款式分类

按眼镜款式分类,眼镜架一般分为全框架、半框架、无框架、组合架和折叠架。

(1) 全框架:是最常用的一款镜架类型,其特点是牢固、易于定型,可遮掩一部分的镜片厚度。

(2) 半框架:也称尼龙丝架。是用一条很细的尼龙丝做部分框缘,镜片经特殊磨制后,将其下缘磨平,下缘中有一条窄沟,使尼龙丝嵌入沟中,形成无底框的式样,因而质量很轻,给人以轻巧别致之感,也较为牢固。

(3) 无框架:顾名思义,此类眼镜没有镜框,只有金属鼻梁和金属镜脚。镜片依靠金属鼻托梁及镜脚与镜片直接连接固定。从铰链的位置分,它有与鼻托梁等高的"中央接头"和比托鼻梁高的"高接头"两种。无框架眼镜的镜脚一般采用曲棍球棒式和弯曲式,镜片与鼻梁和镜脚由螺丝直接紧固连接,一般要在镜片上打孔。无框架眼镜架比普通镜架更加轻巧、别致,但强度稍差。

(4) 组合架:组合眼镜架的前框处有两组镜片,其中一组可上翻,通常为户内户外两用。

(5) 折叠架:眼镜架可以折成四折和六折,多为阅读眼镜。

三、眼镜架材料

眼镜架常用材料一般分为金属材料、塑料及合成材料(包括天然材料)和混合材料。

1. 金属材料

金属眼镜架是指镜身的主要部分由金属材料制成的眼镜架。金属材料是最早被应用于眼镜架的材料,主要经历了铜合金(黄铜、白铜)→不锈钢→镍合金→纯钛→钛合金→形状记忆合金等发展历程。

金属眼镜架,常选用上述某种金属材料或合金制成,多以铜合金为底材,再对其进行表面处理加工,加以镀金、铑、钯或镀钛。因电镀工艺不同,有些眼镜架易褪色,而有些不易褪色。

(1) 黄铜材料

是以铜为基体,以锌为主要加入元素的铜合金。黄铜色泽呈黄色,加入微量铅后,易于切削加工,通常用来作为鼻托芯子,其缺点是易变色。黄铜材料属较低档的金属眼镜材料。

（2）白铜材料

是以铜为基体，以镍为主要加入元素的铜合金，若再添加第三元素，如 Zn、Mn、Al 等，则分别称为锌白铜、锰白铜、铝白铜等。锌白铜材料因呈银白色，也称为镍银（德国银）。锌白铜材料具有良好的耐腐蚀性能和中等以上的强度，弹性好，加工性能（切削性能、电镀性能）良好，易于表面处理，常用于加工眼镜架的各种零件，也是制作儿童眼镜架的优良材料。

（3）锡青铜材料

是以铜为基体，以锡为主要合金元素的铜合金。根据含锡比例不同，合金材料具有不同的特性。锡青铜由于弹性极好，适合做眼镜的边丝材料。它的缺点是耐腐蚀性差，加工困难，且价格较昂贵。

（4）不锈钢材料

是一种含铁、铬、镍的合金材料，其中主要加入元素是铬，含铬量一般为 12%～38%，同时还可加入镍、铁等元素。不锈钢材料是具有耐腐蚀性、高弹性的特殊性能钢材，常用作边丝和螺丝，同时，因其机械性能（特别是抗拉强度高）、工艺性能和经济性能良好而成为新发展起来的眼镜架材料，但其切削性能、焊接性能稍差。

（5）镍合金材料

用于眼镜型材时，又称蒙乃尔合金材料。它是一种以金属镍为基体，添加铜、铁、锰等其他元素而制成的合金材料。蒙乃尔合金材料耐腐蚀性能好，呈银白色，适合做眼镜边丝材料。

（6）钛及钛合金材料

属太空材料，它呈银白色，具有质轻、耐腐蚀性良好、韧性高、熔点高、耐酸耐碱，稳定性高、对人体亲和性好（仅少数人群对钛有过敏性）、表面经阳极处理可有绚丽色彩等特点，从 20 世纪 80 年代初，开始应用于眼镜架行业。初期，钛制眼镜架以加工钛为主，为了提高加工钛的强度、弹性、焊接性等其他性能，在纯钛（钛含量达到 99% 以上）中加入了铝、钒、钼、锆等其他元素，形成了钛合金。虽然钛材加工技术难度大，但其附加值高，所以成为目前的流行趋势，现已广泛应用于眼镜架。

（7）形状记忆合金材料

一般金属材料受到外力作用后，首先发生弹性变形，达到屈服点，就产生塑性变形，应力消除后留下永久变形，但有些材料，在发生了塑性变形后，经过适宜的热处理过程，能够回复到变形前的形状，这种现象叫做形状记忆效应（SME）。具有形状记忆效应的金属一般是两种以上金属元素组成的合金材料，称为形状记忆合金（SMA）材料。

形状记忆合金一般可分为三类，即：

① 单程记忆效应合金。形状记忆合金在较低的温度下变形，加热后可恢复变形前的形状，这种只在加热过程中存在形状记忆现象的合金称为单程记忆效应合金。

② 双程记忆效应合金。某些记忆合金，加热时恢复高温相形状，冷却时又恢复低温相形状，此类记忆合金称为双程记忆效应合金。

③ 全程记忆效应合金。某些记忆合金，加热时恢复高温相形状，冷却时变为形状相同而取向相反的低温相形状，此类记忆合金称为全程记忆效应合金。

目前已开发成功的形状记忆合金有 TiNi 基形状记忆合金、铜基形状记忆合金、铁基形状记忆合金等。记忆合金还可制成任意变形的眼镜架，如果不小心眼镜架被碰弯了，只要将其放在热水中加热,就可以恢复原状。

(8) 经表面处理后的金属材料

① 加金材料:由于金延展性好,几乎不会氧化变色,故以金属材料为基础,经表面处理,在其表面包上一层金,就成为加金眼镜架材料。

由于纯金(24K)很柔软,所以用金制作加金眼镜架时,一般要添加其他金属,如铜、银等添加物,使其成为合金以增加强度及韧性,这种添加了其他金属的含金合金称为开(K)金。

开金眼镜架含金量一般规格为 18K、14K、12K、10K。开金的颜色有两种:即白(铂)/色开金和黄金开金。所谓开(K)金,是指金合金中纯金对其他金属的比例。开(K)是黄金的成色单位,24K 为纯金,像 18K 金成色指其中含 18 份的纯金,而 6 份为其他金属,其含金量为 75%。如果 18K 眼镜架的质量为 40 g 的话,其金含量为 $18/24 \times 40 = 30(g)$,开金一般用作金属镜架的表面处理材料。

此外,还有包金眼镜架材料。所谓包金眼镜架材料,是指在制造眼镜架时,在金属基眼镜架外包一层开金。包金眼镜架材料的规格用开金的比例及读开金的开数表示。

包金的表示方法有两种:十分之一 12(K)指眼镜架质量的十分之一为 12K 金;另一种是以成品中所含纯金量来表示,如十分之一 12K 即可写成 5/100 的纯金(因 12K 中含 5/100 的纯金),同理,二十分之一 12K 可以写成 5/200 纯金,以此类推。黄色开金和白色开金都可用来制造包金眼镜架。

② 白(铂)金材料:铂为贵金属,质量重而价格昂贵,纯度一般为 95%,在眼镜架的使用上同金。

③ 铝合金材料:纯铝较软,呈银金色,一般多用铝合金。铝合金质轻、抗腐蚀性好,有一定硬度,有良好的冷成形特性,表面处理好可形成薄而硬的氧化层,可染成各种颜色。目前铁质眼镜架镜脚连接处的垫圈常使用铝合金材料。

④ 钯材:钯属稀有金属,呈银白色,多用于眼镜架镀色。

⑤ 铑材:铑是重要的贵金属,呈白色,具有特殊的强度,在金属元素中相当于钻石在宝石中的地位。眼镜架中,铑的硬度随着厚度层的增加而增加,为了得到所需要的抗腐蚀性,涂层厚度至少必须为 0.25 μm,但不宜超过 0.5 μm,以保持眼镜架有足够的柔软性,因为内应力随着涂层厚度的增加会引起突然断裂。铑不会被一般的酸以及含有某些溴及氯混合的酸腐蚀。含有铑合金的眼镜框有非常好的抗腐蚀,同时铑也阻止了在较低涂层的镍的扩散,避免了人体对镍的过敏。

⑥ 钌材:钌也是一种贵金属,并且是非常稀少、极难从铂矿中提炼出来的贵金属。镀钌的眼镜架为深灰色单一系列的颜色,具有均匀完美和非常不同于瓷漆或相似产品的外观,抗腐蚀能力极强。镀钌眼镜架象征着高贵、时髦和高品质。

金属眼镜架坚固、轻巧、美观,款式新颖品种繁多。金属眼镜架基本上都带有鼻托,而且鼻托是可以活动的,以便使用各种鼻形。镜脚多为曲棍球棒式或弯曲式,末端常常套上塑料套,不但美观,而且起保护镜脚和皮肤的作用。

2. 塑料及合成眼镜架材料

塑料及合成眼镜架,指镜身的主要部分是塑料及其合成材料的眼镜架。塑料及合成眼镜架材料分为天然材料和人造材料两种。

（1）天然材料

天然材料主要分为龟甲材料和角质材料。

① 龟甲材料：龟甲（玳瑁甲）眼镜架，是用一种被称为玳瑁的海龟科动物的壳制作的眼镜架。玳瑁产于热带，亚热带沿海地区和印度洋的塞舌尔群岛，其背面的角质板，表面光滑，具有褐色和淡黄色相间的花纹，玳瑁甲作为镜架材料具有独特的光泽，质轻、耐用、易加工抛光、可热塑、冷时极脆，易变性，但加热加压时可结合，故可修复，对皮肤无刺激。玳瑁甲的品质一般以颜色而论，由于玳瑁产量较少，加工时要求的技术性较高，所以玳瑁甲制作的镜架价格昂贵，属高档品。

② 天然角质材料：天然角质眼镜架，系采用牛等动物的角制作的眼镜架，现在已不使用，目前市场上的所谓"角框眼镜"，实际上是采用塑料制成的。

（2）人造材料

人造非金属材料指塑料与合成材料。塑料材料分为两类，即热塑性（热软化）材料和热固性（热硬化）材料。

热塑性材料，是指可反复加热、恢复到可塑性的材料，如硝酸纤维（赛璐珞）、假象牙、酪索、醋酸纤维、乙烯树脂、环氧树脂及丙烯酸甲酮等，用此类材料制成的眼镜架，易于对镜框及镜脚进行整形。

热固性材料，是指经加热后，一旦成形，就不能再将其恢复到可塑状态的材料，它们可能会燃烧，融化，有的也可能完全不燃烧能防火，但不能再将它恢复到原来状态，如丙烯树脂等。现把主要的几种人造材料介绍如下。

① 硝酸纤维材料

硝酸纤维材料，又称赛璐珞（Ceuu Loid）材料，属热塑性材料。

硝酸纤维材料是美国人 Hyam 兄弟在 1869 年试制成功的，特性为：密度为 1.34 g/cm^3，吸水率低，可塑性好，易加工成形，外观漂亮，着色性好，但易褪色，硬度较大，不易扭弯，摩擦时有樟脑味，易受酸性物质侵蚀，溶于丙酮，对人体皮肤基本不起过敏作用，易燃且快，火焰强，爆炸温度 170℃，成型温度为 80～120℃，软化点 65℃，因此，赛璐珞应冷藏，不能接近高温及火焰，赛璐珞易老化发黄变脆，现在眼镜架已基本不再采用该材料。

② 醋酸纤维材料

醋酸纤维材料，属热塑性材料，采用精制棉籽油或木浆料中的天然纤维素，与醋酸进行化学反应后再添加可塑剂和稳定剂而制成，其主要原料为醋酸纤维素。

醋酸纤维材料的主要特性为：透明性好，易着色，易抛光，手感良好，成形加工性良好，抗曝晒性良好，几乎不会老化，难燃烧，万一着火，燃烧温度较低、速度也较慢，无有害气体产生，密度为 $1.23～1.32 \text{ g/cm}^3$，吸水性为 2％，变形温度较赛璐珞低，为 60℃，耐汽油性能较好，但易被酮、醋、烷基类及高浓度酸、碱液侵蚀，机械强度（与赛璐珞相比）稍差。由于醋酸纤维树脂的优良性能及特别美丽的外观，它已逐渐取代赛璐珞而成为塑料眼镜架的主要原料，在我国获广泛应用。

③ 丙烯树脂材料

丙烯树脂材料，又称亚克力材料，商用名为 Pe9Pex，属热固性材料，是丙烯酸树脂衍生物中的一种。材料质硬而脆，透明，密度为 1.8 g/cm^3，可制成许多鲜艳的颜色，质量轻，非常稳定，不易老化，软化加工温度高，也不易变形，属于一种惰性材料，不会受人的皮肤或身体分泌物的影响而变化,因此它甚至也可用外科手术植入眼内做假眼球或制成角膜接触镜。该材料的缺点是软化点较高。

④ 环氧树脂材料

环氧树脂材料,既具有热固性材料的稳定性,又具有热塑性材料的可塑性。该材料于1968年,由奥地利 Wilnelln Auger 公司引进眼镜行业,在制造眼镜架时,采用模塑成形,因此,眼镜框的伸、缩幅度有限,对镜片尺寸要求较高。环氧树脂材料的软化温度为80℃,染色可在制造中或制造后进行,染色性能较佳。它不易弯曲变形,其质量比醋酸纤维树脂轻五分之一。

⑤ 尼龙(Nylon)材料

尼龙(Nylon)材料,具有高的可塑还原性,强度大,不易破裂,一般采用注射模塑铸法,但在眼镜架制造中用较少。塑料眼镜架因其质轻,不易过敏,多受老人、儿童喜爱,现也成为时尚人士作为太阳眼镜或其他装饰的选择。目前,塑料眼镜架多为醋酸树脂制成的双并架,即采用叠层塑料制作,将一种颜色的薄层塑料粘贴在另一层较厚的塑料上制成,厚材料多为透明的(或透光的)色料,也采用有三层或多层塑料制作的塑料眼镜架。"三叠层"是在一张后偏上分别粘上两层或多层塑料。中层厚片多为白色,此种镜架多采用挤出式醋酸纤维树脂制成。

国内前十年大量生产的镜架为全塑料(赛璐珞)双拼架,颜色多为紫红、透明双拼及黑灰,其式样有多种形式。双拼镜架外形美观、大方,多为宽镜脚,且价格不贵,故受到大多数配镜者尤其是青年男女所喜爱。此外,还有一种全塑黑框架,因为它的造型偏方、宽大,故特别受大面型(尤为男性青年)配镜人推崇。

3. 混合材料眼镜架材料

混合材料眼镜架主要采用金属及塑料混合制成的眼镜架。

混合材料眼镜架,有的是将塑料包以金属,即部分或全部包以赛璐珞。有的则是在眼镜架的不同部分使用不同的材料,即前框是塑料的,镜脚是金属的,或前框是金属的,镜脚为塑料的。有的交叉使用上述两种方式,如眉条及鼻梁使用塑料,镜框用不锈钢材料,镜脚用塑料包以金属材料,此类眼镜架因外层塑料紧密接触内层金属材料,故不易燃烧,且增加了眼镜架的强度。

混合眼镜架时我国目前较流行的镜架,它包括各式秀琅架及金属过桥架,虽然其价格比比双拼塑料架贵,但由于其造型精巧、秀丽,给人以典雅之感,故仍为多数伏案工作者首选的款式。

第二节　眼镜镜架质量问题及检测方法

眼镜是由镜片、镜架组成,镜片的功能是矫正视力、保护眼睛,而镜架的功能除其为镜片配套构成眼镜戴在人的眼睛上起到支架作用外,它还有美容、装饰性等作用。当然除了美观大方、款式新颖,镜架还要考虑经久耐用,具有一定的牢固度。本章节主要叙述有关眼镜架的各项指标和检测操作。

眼镜架执行标准为 GB/T 14214—2003,这份国家标准对眼镜架共有 6 个技术指标,分别为外观质量、尺寸、高温尺寸稳定性、机械稳定性、镀层性能以及阻燃性,其中机械稳定性又包括:抗拉性能、鼻梁变形、镜片夹持力、耐疲劳等四个指标,镀层性能包括镀层结合力和抗汗腐蚀等两个指标。

在检测之前,应对样品进行预处理:① 镜架应配上试片,试片要满足顶焦度为(0.00 ± 0.25)D、中心厚度(2.00 ± 0.2)mm 及凹面曲率半径为(100 ± 20)mm 的镜片,对于有槽镜圈的试片边缘倒角应为$(120^{+3}_{-2})°$;② 将样品放置于温度为(23 ± 5)℃的环境中至少 4 h,所有的检测都要在环境温度(23 ± 5)℃下进行。

一、外观质量

镜架的外观质量主要是指镜架表面有无疵病,标准要求是在不借助放大镜或其他类似装置的条件下,目测检查镜架的外观,其表面应光滑、色泽均匀、没有直径大于 0.5 mm 的麻点、颗粒和明显擦伤。此要求与老标准 GB14214—1993 不同,93 版检测外观质量是用 10 倍放大镜进行测量,而 03 版是目测,这主要参考了国际标准 ISO12870—2004。

检测时,将试样置于 2 支 30 W 日光灯的照射下,面对着黑色消光背景进行鉴别。

二、尺寸

这里的尺寸是指镜圈、鼻梁、以及镜腿尺寸,镜圈及鼻梁尺寸采用方框法测量,方框法的实际意义是用水平或铅垂线的两两切线所形成的方框去套所要测量的尺寸。

镜圈尺寸为镜片的两外切垂线间的距离,也就是镜片的水平最大尺寸,标准中也称为方框法水平镜片尺寸,见图 2-2 中的 a。

鼻梁尺寸为两镜片近鼻侧的两垂直切线间的距离,也称为两镜片间的距离,见图 2-2 中的 d。

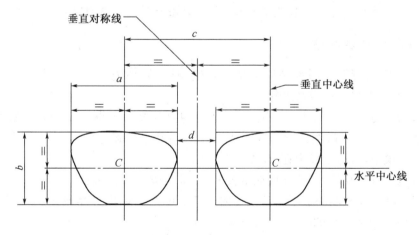

图 2-2　方框法测量示意图

镜腿尺寸是指从铰链中心至镜腿末端的伸展长度,见图 2-3 中的 l。在尺寸的测量中,应注重理解镜片尺寸这一要素,镜片尺寸应计算到镜片的最外缘,若镜片是含有倒角的,应计算到倒角的外缘。在测量中,应先测得槽宽(e),再按倒角为 120°,计算倒角的水平尺寸(f):

$$f = 1/2 \times e \times \tan 30° \approx 0.289e$$

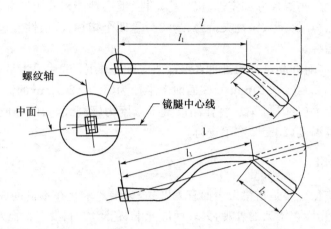

图 2-3 镜腿长度($l = l_1 + l_2$)测量示意图

对于槽宽 e 为 1.7～1.8 mm 的镜片，f 可计为 0.5 mm。

镜圈的边丝(内)缘的最大水平距离加上 $2f$ 即为镜片的水平最大尺寸，也就是标准所说的镜圈尺寸。两镜圈边丝(内)缘间最小水平距离减去 $2f$ 即为两镜片间的距离，也就是标准中所说的鼻梁尺寸。

GB14214—2003 对尺寸的要求：方框法水平镜片尺寸 a：±0.5 mm；片间距离 d：±0.5 mm；镜腿长度 l：±2.0 mm。

【例 2-1】 镜架标称尺寸 55□18－135，实际测得水平镜片尺寸 54.8 mm，片间距离 17.6 mm，镜腿长度 136 mm，判断这副镜架尺寸偏差是否合格？

解：54.8－55＝－0.2(mm)，17.6－18＝－0.4(mm)，136－135＝1(mm)，三个尺寸偏差均在允差范围之内，这副眼镜架尺寸偏差合格。

尺寸在标准中仅对全框眼镜架有要求，半框架和无框架不检测尺寸。

三、高温尺寸稳定性

高温尺寸检测镜架在高温条件下是否发生变形，如果镜架尺寸变化超过＋6 mm 或 －12 mm，那么高温尺寸稳定性就超标。

检测高温尺寸稳定性需要用到烘箱，烘箱内的温度波动要小于 3℃ 以及测量精度优于 0.5 mm 的线性测量装置，例如游标卡尺，检测分以下几个步骤进行：

(1) 开启烘箱，将温度稳定在(55±5)℃。

(2) 将镜腿自然开足，平放在玻璃平板上，测量两镜腿端点的距离 L_0。

(3) 将样品连同玻璃平板平放到烘箱内保持 2 h，之后取出样品放在(23±5)℃中 2 h，然后重新测量两镜腿端点的距离 L，并计算 $L-L_0$。

$L-L_0$ 要满足 $-12\,\text{mm} \leqslant L-L_0 \leqslant +6\,\text{mm}$。对于从前框的背面到镜腿末端的尺寸小于 100 mm 的小镜架，要满足 $-10\,\text{mm} \leqslant L-L_0 \leqslant +5\,\text{mm}$。

四、抗拉性能

抗拉性能试验主要考核镜架各焊接点的抗拉强度,包括庄头、铰链、鼻梁等焊点的强度。试验设备用精度不低于±1%的拉力试验机进行测试。试验前,要将试片取下,金属架在左右两镜腿距铰链中心20 mm处做相反方向拉力,塑料架在距铰链5 mm内固定前框,在距前框30 mm处夹住一镜腿,沿镜腿方向加力,塑料架的另一镜腿重复上述试验,镜架承受的拉力为98.0 N,抗拉性能试验后,镜架应不断裂,不脱落。

五、鼻梁变形

鼻梁变形测试镜架在撤除外力情况下,恢复变形的能力。鼻梁变形用如图2-4所示的装置检测,试验装置由环状夹具、加压杆以及位移测量装置组成。环状夹具能固定测试样品,不使样品变形、滑动,夹具直径25 mm±2 mm,由弹性材料(例如尼龙)制成两个接触面E_1和E_2。加压杆能向下移动,直径10 mm±1 mm,接触面为一近似的半球面。夹具表面应能在通过设备水平线方向的两侧等距分开至少10 mm,压杆至少应能从水平线上方10 mm处移动到水平线下方8 mm以内的位置。夹具和压杆之间的距离应可以调节。装置应包括一个分辨力大于0.1 mm的装置。

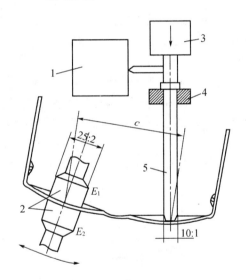

1—测量装置;2—环状夹具;3—施力点和指示器(最大5 N);4—移动环;5—加压杆

图2-4　鼻梁变形检测装置图

测量步骤:

(1) 将试样放在夹具上,其腿张开,前框朝下,在试片的几何中心2 mm范围内夹住试样。下降加压杆,使其正好落在另一试片的后表面上,下落点位于该试片的几何中心2 mm范围内,应确保该试片没有位移,记下此值作为起始点。缓慢、平滑地向下移加压杆,压力不大于5 N,当位移等于两试片几何中心距的(10±1)%时,停止加压,并保持镜架处于该位移处5 s。

(2) 回复加压杆,保持其不接触试样20 s后,再降低加压杆直至其恰好触及镜片,记录此值作为终止点。

（3）若最大压力已达 5 N,仍不足以使加压杆位移至所需的距离,记下此时所达到的位移量,并保持该压力 5 s。重复步骤(1)。

（4）计算加压杆终止点与起始点的位移量。用下列公式计算变形百分数,并检查镜架是否有裂缝。

$$\phi = \frac{x}{c} \times 100\%$$

式中：x 为位移量；c 为方框法水平中心距离。

测试后,镜架要求没有裂缝,并且镜架几何中心距与其原始状态的变形百分数 ϕ 应不大于 2%。

六、镜片夹持力

镜片夹持力考核镜架对镜片的固定能力,标准要求镜架在经受如同鼻梁变形测试后,两镜片不从圈丝中全部或部分脱出。

七、耐疲劳

耐疲劳模拟镜架,特别是铰链在开闭下的受力,检测镜架的在疲劳试验下的恢复能力,检验镜架耐疲劳性能的仪器为疲劳试验装置,试验机的主要功能是每分钟 40 次将镜腿往复开闭运动,试验机含有计数显示装置。

试验装置主要包括两个装有万向节头的夹具及一个鼻梁支撑。鼻梁支撑为一直径为 10 mm±1 mm,并带有一片厚度为 1 mm±0.5 mm 的刚性金属簧片,夹具与鼻梁支撑间的相应位置在水平和垂直方向至少可调 40 mm。装置的一个万向节头能在一循环周期连续而平稳地运动：向下(30±0.5)mm;向外(60±1.0)mm;向上(30±0.5)mm。

频率每分钟 40 周,而另一个夹具应保持固定(见图 2-5 和图 2-6)。

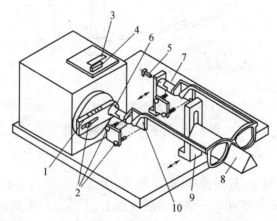

1—结构位移刻度板；2—手动螺丝；3—计数窗；4—控制开关；5—锁紧螺丝；6—轴承；
7—万向接头；8—可调镜架鼻梁支撑；9—匹配各种镜架尺寸的可调支架；10—夹持点

图 2-5　夹持装置示意图

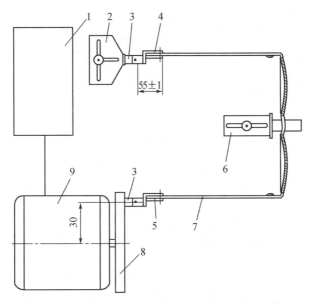

1—控制面板和计数器；2—边夹具调整；3—万向接头；4—固定夹具；
5—旋转夹具；6—可调鼻梁支撑；7—试样；8—旋转盘；9—齿轮电动机

图 2-6　典型测试装置图

测试过程：

（1）在把测试样品装到测试装置前，应先确定好夹持点和测量点。除了卷簧架，应保证镜腿的夹持点位于距铰链中心的距离等于镜腿全长的 $70\% \pm 1$ mm，而测量点位于夹持点向铰链中心移 (15 ± 1) mm 处。对于卷簧架，应保证夹持点位于卷簧与硬边的交接点向铰链移 (3 ± 1) mm，测量点位于夹持点向铰链中心移 (10 ± 1) mm 处。

（2）在试验前，将镜腿自然开足，在预定测量点上测量腿间距离 d_1。

（3）将装上试片的镜架定位后，开动装置，完成 500 次的旋转运动后，将样品从装置上取下。在测量点间测量并记录腿间距离 d_2，单位 mm。

（4）检查试样的裂缝、断痕及开闭状况，记录永久变形量 $d_2 - d_1$。

测试后，标准要求：① 镜架无裂缝、无断痕；② 永久变形量 $d_2 - d_1$ 不大于 5 mm；③ 能轻松地用手指开闭镜腿；④ 镜腿不因自重而在开/闭过程中的任意点上向下关闭。

八、镀层结合力

镀层结合力是考核镜架镀层的牢固程度。镀层结合力的检测用专用的压模设备，将镜腿，一般是中段弯曲成 $120°$，观察镀层是否有毛疵或剥落现象。标准要求镜架试验后，表面无皱褶、毛疵和剥落。

九、抗汗腐蚀

抗汗腐蚀检测镜架在模拟汗液腐蚀下，是否会出现腐蚀点、变色、镀层锈蚀、剥蚀或脱落等现象。抗汗腐蚀方法为偏酸性盐雾试验，防汗液成分为：1.21 g/mL，纯度大于 85% 的乳酸，分析纯氯化钠以及电导率为 0.50 mS/m 的去离子水。

检测所用装置包括：① 能控制 55℃±5℃的烘箱；② 带盖子，直径 220 mm±20 mm，高度 100 mm±10 mm 的玻璃柱体容器；③ 试样支架，玻璃或惰性塑料支架，能使试样保持在防汗液上面。

测试过程：

（1）将防汗液倒入容器至 10 mm 深，使试样最低的部位恰好离液面 15 mm±3 mm，如图 2－7。

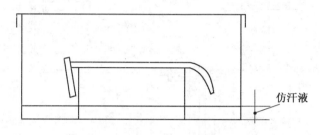

仿汗液

图 2－7　抗汗腐蚀试验装置图例

（2）将镜架放在支架上，镜腿自然开足，镜腿的底边靠在支架上，保证试样不与其他物品接触。

（3）盖上容器，放入烘箱中，保持温度在 55℃±5℃，8 h±30 min，移出试样并马上用水清洗，然后用软布无摩擦地吸干水分。

（4）在如同检测外观质量的条件下，检查试样各个部位，与另一未经受本试验的试样进行比较，记录试样情况。

（5）将试样再次放入支架上，盖上容器，放回烘箱，在 55℃±5℃的温度点保持 16 h ±30 min，在共计 24 h 的试验后，移出试样并马上用水清洗，然后用软布无摩擦地吸干水分。

（6）在如同检测外观质量的条件下，检查试样宜与配戴者皮肤长期接触的部分（镜腿内侧和镜圈下缘），可与另一未经试验的镜架进行比较，并记录试样情况。

标准要求在试验后，镜架长期与皮肤接触的镜腿内侧和镜圈下缘不应该有腐蚀点、变色、镀层锈蚀、剥蚀或脱落等现象。

十、阻燃性

检验镜架阻燃性的设备为阻燃试验箱，装置应包括：长 300 mm±3 mm、标称直径 6 mm 的钢棒，热源，热偶以及温度显示装置。

测试步骤：

（1）加热钢棒的一端，至 650℃±10℃，用热偶在距热端点 20 mm 处测量温度。

（2）达到温度后，将钢棒的热端面垂直朝下，在 1 s 内接触试样（接触力相当于棒的自重），并保持 5 s±0.5 s，随后移开钢棒。在试样各个分立部分重复上述试验。

（3）当钢棒与试样分离后，观察各受试部分是否继续燃烧。

标准要求试验后，镜架不应该继续燃烧。

十一、镜架测试

　　镜架试验需要 6 副镜架,3 副为一组,编号为样品 1、样品 2、样品 3、样品 4、样品 5、样品 6,先用样品 1～样品 3 进行测试,如有不合格,需用样品 4～样品 6 对不合格项目测试。

表 2 - 1　镜架测试顺序

序号	试验项目	步序号	样品 1	样品 2	样品 3
1	外观	1	＊	＊	＊
2	尺寸	2		＊	
3	高温尺寸稳定性	3	＊		
4	镀层结合力	4			＊
5	鼻梁变形	5	＊		
6	镜片夹持力	6	＊		
7	耐疲劳	7		＊	
8	抗拉性能	8			＊
9	抗汗腐蚀	9	＊		
10	阻燃性	10			＊

＊ 该试验所选的样品

　　镜架测试后用下列流程(如图 2 - 8)对镜架进行判定,这里要强调的是有一项符合的情况,要对不符合项目和随后的项目进行试验,例如如果高温尺寸稳定性不合格,则用第二组样品进行检验后,需要测试高温尺寸稳定性、鼻梁变形、镜片夹持力、阻燃性等项目,只有这四个项目全部通过测试了,才能判定镜架通过试验。

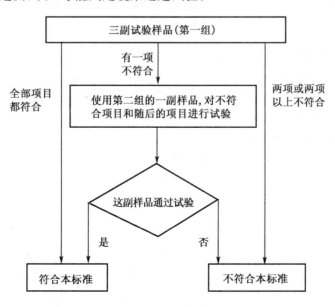

图 2 - 8　判定流程

第三节　眼镜镜架标准解析

眼镜架现行国内和国际标准分别为 GB/T 14214—2003、ISO12870—2004,这两份标准的检测项目如表 2-2,GB/T 14214—2003 修改采用了 ISO12870,其中删 ISO 标准中的抗光学辐射和镍析出项目,同时也保留了原镜架国家标准的外观、抗拉性能、镀层结合力等项目。由于镍析出项目涉及人身安全,极有可能在下次眼镜架国家标准的修订中增加此项目。

表 2-2　GB/T 14214—2003 和 ISO12870—2004 检测项目比较

序号	GB/T 14214—2003	ISO12870—2004
1	尺寸	尺寸
2	高温尺寸稳定性	高温尺寸稳定性
3	鼻梁变形	鼻梁变形
4	镜片夹持力	镜片夹持力
5	耐疲劳	耐疲劳
6	抗汗腐蚀	抗汗腐蚀
7	阻燃性	阻燃性
8	外观	
9	抗拉性能	
10	镀层结合力	
11		抗光学辐射
12		镍析出

习　题

1. 绘图说明眼镜架的结构及各部件名称。
2. 按结构款式,眼镜架可分为哪些类型? 各类型的特点是什么?
3. 一镜架在镜腿内侧的标识为:48□22—130Titan—c,试解释其含义。
4. 一镜架在镜腿内侧的标识为:52□22—140GF 1/1018K,试解释其含义。
5. 镜架材料的发展趋势是什么?
6. 眼镜镜架的质量检测项目主要有哪些?

参考文献

[1]　梅满海主编.实用眼镜学.天津科学技术出版社,2000
[2]　瞿佳主编.眼镜技术.高等教育出版社,2005
[3]　GB/T 14214—2003《眼镜架　通用要求和试验方法》
[4]　ISO12870—2004《眼科光学—眼镜架—通用要求和测试方法》

实验报告实例 2

一、实习目的

1. 认识了解各种材料和款式结构的眼镜架。

2. 掌握各种镜架尺寸的测量方法。

二、实习工具、设备和材料

1. 各种眼镜架,包括:塑料架(注塑架和板材架)、普通合金架、钛架或钛合金架,其中包括各种款式结构——全框、半框、无框镜架;

2. 实习工具,包括游标卡尺(或直尺)、量角器、螺丝刀。

三、实习内容

1. 指导老师讲解

(1)各种标识的含义;

(2)各种材料的特点:重量、颜色、强度、弹性、化学稳定性等;

(3)各种款式镜架的结构特点:分解不同结构的眼镜架并讲解其结构特点;

(4)工具的使用及注意事项:使用方法、安全事项;

(5)具体的测量方法。

2. 学生练习

(1)研读各种标识并理解其含义;

(2)验证体会各种材料的特点;

(3)拆卸并组合各种款式镜架,了解结构特点;

(4)研读、测量三种眼镜架并记录测量结果

镜架代号	标识内容	镜圈尺寸	鼻梁尺寸	镜腿尺寸
标称尺寸				
测量结果				
标称尺寸				
测量结果				
标称尺寸				
测量结果				

3. 实习报告

在实习结束后,填写实习报告,报告应包括以下内容:

(1)实习名称;

(2)实习目的;

(3)实习工具、设备和材料;

(4)实习内容和记录。

附件二　《眼镜架》国家标准

1　主题内容与适用范围

本标准规定了眼镜架的产品分类、技术要求、试验方法、检验规则及标志、包装、运输、贮存。

本标准适用于以塑料（或类似性质的）、金属材料为主体制成的各种类型的眼镜架。

2　引用标准

GB196　普通螺纹　基本尺寸（直径1～600 mm）

GB2828　逐批检查计数抽样程序及抽样表（适用于连续批的检查）

GB5938　轻工产品金属镀层和化学处理层耐腐蚀测试方法中性盐雾试验（NSS）法

3　术语

3.1　金属架

眼镜架的镜身主要部分是由金属材料制成。

3.2　塑料架

眼镜架的镜身主要部分是由塑料（或类似性质的）材料制成。

3.3　混合架

眼镜架的镜身主要部分是由塑料（或类似性质的）和金属材料制成。

3.4　半框和无框架

固定镜片的部件是由金属或塑料（或类似性质的）材料制成，或二者结合，并且镜片半框圈或无框圈保护。

3.5　身腿倾斜度

镜身平面法线与镜腿的夹角。

4　产品分类

4.1　眼镜架分为：金属架、塑料架、混合架、半框和无框四大类。

4.2　眼镜架的规格尺寸

4.2.1　镜圈尺寸单数为33～59 mm；双数为34～60 mm。

4.2.2　鼻梁尺寸单数为13～21 mm；双数为14～22 mm。

4.2.3　镜腿尺寸单数为125～155 mm；双数为126～156 mm。

5　装配螺钉

5.1　眼镜架装配螺钉规格见表1。

表1 (mm)

公称直径 d	(粗牙)螺距 t	公称直径 d	(粗牙)螺距 t
M0.8	0.20	M1.6	0.35
M1.0	0.25	M1.8	0.35
M1.2	0.25	M2.0	0.40
M1.4	0.30		

6 技术要求

6.1 机械性能必须符合表2规定。

表2

类别	项目名称	规定	指标		
			优秀品	一等品	合格品
合类架	铰链疲劳	镜腿内向往复摆动,次数不小于	2000	1000	200
连接部件	连接抗拉	各连接处抗拉,N 不小于	98.0	88.2	78.4
金属架	镜架弹性	俩镜腿张开 50 mm 后回复差小于等于	2	4	
金属架及混合	焊接抗拉	各部位焊接点承受拉力,N 不小于	98.0	98.0	

6.2 金属件表面质量必须符合表3规定。

表3

项目名称	规定		指标		
			优等品	一等品	合格品
镀层耐腐蚀性能	镀金件,h		30	24	
	镀白金,h				
镀层厚度	镀层厚度,μm 不少于		5.0	3.0	
镀层结合力	经 R15 弯曲成 120°一次		无毛疵剥落		
装饰层粘附质量	在(25±5)℃水内湿泡 6 h		不脱落		

6.3 外观质量必有符合表4规定,各焊接部位焊点须光滑,无异凸毛刺。

表4

类别	项目名称	规定	指标		
			优等品	一等品	合格品
各类架	表面粗糙度	规定的部位不大于	$R_a \leqslant 0.08$	$R_a \leqslant 0.16$	$R_a \leqslant 0.32$
			$R_z \leqslant 0.40$	$R_z \leqslant 0.80$	$R_z \leqslant 1.60$
	疵病	外表面疵病,不多于	≤0.05 m M3	≤0.06 m M4	≤0.06 m M6

6.4 装配精度必须符合表 5 规定,左右镜圈的相对误差不大于 0.4 mm。

表 5

类别	项目名称	规定		指标		
塑料架	各位置的配合精度	各位置误差,mm 不大于		优等品	一等品	合格品
各类架						
各类架	标准尺寸	圈,鼻梁	误差 mm 不大于	0.4	0.5	0.6
各类架		镜腿		0.2	0.3	0.4
各类架	身脚倾斜度(6°,8°,10°)	二腿平行误差,度不大于		0.4	0.6	
				1.5	2.0	2.5

7　试验方法

7.1　装配螺钉的质量按 GB196 中粗牙螺纹部分检验。

7.2　各类眼镜架(除弹簧腿外)的铰链疲劳试验

7.2.1　试验装置

a. 设备必须能适于每分钟 60 转的往复开闭运动,打开角是 80°～90°。

b. 在试验期间,设备有提供重复开闭运动的器件、测量和记录装置。

c. 试验机的开闭运动转轴和样品台可调节,以便铰链中心置于转动轴轴线位置。

d. 从铰链中心到开闭臂为 80 mm。

e. 试验机必须含有在试验期间重复计数的显示装置。

7.2.2　试样

试样是没有安装镜片的镜架。

7.2.3　试验程序

a. 在紧固试样的连接螺丝后,将试样固定在水平试验台上,对两镜圈作固定,铰链的中心与开闭运动轴的中心一致。

b. 试验连续进行不再拧螺丝。

7.2.4　试验结果评定

按技术要求试样达到规定的指标时,试样脱离摆动臂夹后,在打开角为 60°时镜腿下自由落下,此时试样为合格。

7.3　连接抗拉:塑料与塑料(或金属)部件连接,测定连接部位的牢度,塑料架测塑料装配部分的身庄与腿庄;混合架身庄与腿庄的任何一方系塑料的,测塑料与铰链连接部分。测镜身铰链时,将镜身放在镜腿上,垂直吊拉 1 min。测镜腿铰链时,将镜腿放在固定架上,用规定砝码吊挂在镜身上,垂直吊拉 1 min。

7.4　金属架(除弹簧腿外)弹性试验

7.4.1　试验装置

试验装置有水平台架,钓绳及其固定支座,标尺和悬挂支座,滑动滚球,以及 10 个 50 g 的标准重量。

7.4.2　试样

试样须是金属架装上镜片的眼镜。

7.4.3　试验程序

a. 试样安置在水平台架上,缚二钓绳在试样连接点中心至 85 mm 处的位置。

b. 钓绳的一端缚在支座上,另一端将绳连接荷重通过滚动支座。

c. 每根钓绳上标上指示点,该指示点是测量试样的位移量。

d. 记下初始时两指示点间距值。

e. 当负重增加且位移量到达 50 mm 时,或负重增加到 500 g,位移量小于 50 mm,停止增加负重,静止 1 min,并卸去负重记下数值。

7.4.4　试验结果评定

根据初始值与达到位移量或负重时的回复之差,即回复差,按差值判断。

7.5　焊接抗拉:用精度不低于 1.96 N 的拉力试验机进行测试,金属架在左右两腿庄距末端 20 mm 处作相反方向拉力,混合架将塑料部分拆除后,在金属镜圈左右两端作相反方向拉力。

7.6　镀层耐腐蚀性能:按 GB5938 进行测试。

7.7　镀层厚度:用精度不低于 ±0.1 μm 的镀层测厚仪,测试鼻梁中心,镜圈下边中心和镜腿下庄 30～50 mm 处三个部位。

7.8　镀层结合力:金属架用 R15 的专用压模腿下中段弯到 120°,观察镀层。

7.9　装饰层粘附质量:疖镜架的装饰层浸泡在 25±5℃ 水内 6 h,取出后用软布顺察三次不脱落。

7.10　表面粗糙度:用表面粗糙度仪测定(或用样板对照)、考核镜腿下庄中段和镜圈庄较平的部位。

7.11　疵病:疵病用 10 倍放大镜(或用星点样板对照)测量。

7.12　各位置的配合精度:各位置的配合精度用游标卡尺或塞规测量。

7.13　标称尺寸:用游标卡尺测量,镜圈以水平内径最大距离、鼻梁以水平最小距离、镜腿以铰链孔中心到镜腿末端的扩展长度计。

7.14　身、腿倾斜度:用镜架测角仪(或用量角器)测量。

8　检验规则

8.1　出厂产品必须符合本标准的规定。

8.2　同一次交货的产品为一批,收货方有权依据本标准的规定对产品进行抽查验收。

8.3　对 6.1 条的机械性能,6.2 条金属件表面质量每批抽取样品数为:批为 300 副以内每项性能抽取 2 副,批为 300 副以上每项性能抽取 3 副进行测试,如有不合格项,可加倍抽取样品,对该项进行复测,如再不合格则视为该批不合格。

8.4　对 6.3 条的外观质量、6.4 条的装配精度分别按 GB2828 一般检查水平 Ⅱ AQL=4.0,一次正常抽样方案进行(见表 6)。

表 6

产品批量 N	抽样数量 n	合格判定数 A_c	不合格判定数 R_e
26~50	8	1	2
51~90	13	1	2
91~150	20	2	3
151~280	32	3	4
281~500	50	5	6
501~1200	80	7	8
1201~3200	125	10	11
3201~3200	200	14	15

8.5 特殊要求的产品,可按供需双方协定。

9 标志、包装、运输、贮存

9.1 每副产品袋装,并按一定数量盒装。

9.2 每副产品须标志,见表 7。

表 7

标志项目	位置	标志项目	位置
镜片尺寸(方框符号)	镜腿内侧	镜腿长度(及符号)	镜腿内侧
两镜片间距离(鼻梁宽度符号)	镜腿内侧	制造厂商标	不指定

标志项目位置:镜片尺寸(方框符号),镜腿内侧;两镜片间距离(鼻梁宽度符号),镜腿内侧;镜腿长度(及符号),镜腿内侧;制造厂商标不指定。

9.3 每盒必须注明产品名称、数量、规格尺寸、质量等级、颜色、制造日期、检验员代号、产品合格证、商标、制造厂名。

9.4 箱装必须注明制造国(外销)、制造厂名称、产品名称、规格、数量、重量、装箱日期,赛璐珞架标有"易燃物品"标志。

9.5 运输时要轻拿、轻放,注意防火。

9.6 保管贮存时,产品堆放必须离地面 10 cm 以上,室内须能风,堆叠不宜过高过重。

附加说明:

本标准由中华人民共和国轻工业部提出。

本标准由轻工业部玻璃搪瓷工业科学研究归口。

本标准由轻工业部玻璃搪瓷工业科学研究所、上海眼镜一厂、北京眼镜厂、重庆精益眼镜公司、深圳精丽眼镜有限公司、苏州眼镜一厂负责起草。

本标准主要起草人周文权、李令德、孟建国、王元南、李前云、宋霜宏、夏堪晋、唐玲玲。

自本标准实施之日起,原轻工业部发布的部标准 QB952—85《眼镜架》作废。

第三章 配装眼镜质量检测

第一节 配装眼镜基础知识

一、配镜处方基础知识

由于视觉生理特点、视力下降程度、视力矫正方法等因素,配镜处方因人而异,处方中各项数据都不尽相同。眼镜只能单件、个性化加工,科学验光获得的配镜处方是加工师加工生产必须依据的专业参数,同时也是产品质量检测、验收的必检项目,所以准确无误地理解配镜处方极为重要。

1. 处方中的名词术语

处方内容主要包括:眼的屈光状态;所需的矫正镜度;瞳孔距离及配镜的使用目的。目前眼镜品牌和品种繁多,通常根据镜片的材料、结构、用途来分类眼镜。处方中的眼镜类型以结构分类居多,目前主要以单光眼镜、多焦点眼镜为主,其中多焦点眼镜包括双光眼镜、三光眼镜、渐进多焦镜。

通常,眼的屈光状态是通过处方具体的矫正镜度来体现。对于远用处方,负球镜矫正近视,正球镜用于正视或老视,负柱镜和正柱镜分别反映近视散光和远视散光。轴向表明散光出现的方位。处方的瞳距决定眼镜定配的光学中心距。远用瞳距适用于常规以远距离为使用目的的眼镜,近用瞳距适用于近距离使用目的的眼镜。远用镜度反映远用屈光不正,使用上既可视远也可视近。近用镜度说明出现老视或者需要的近用屈光状态,使用只限于视近。

2. 处方常用简略字与符号

表3-1 常用简略字与符号

略写字符	外文	中文
Rx	Prescription	处方
R、RE	Right Eye	右(眼)
L、LE	Left Eye	左(眼)
BE	Both Eye	双眼
OD(拉丁文)	Oculus Dexter	右眼
OS(拉丁文)	Oculus Sinister	左眼
OU(拉丁文)	Oculus Unati	双眼

（续表）

略写字符	外文	中文
V	Vision	视力
DV	Distance Visual	远用
NV	Near Visual	近用
S、Sph	Spherical	球面
C、Cyl	Cylindrical	柱面
X、Ax	Axis	轴
D	Diopter	屈光度
PD	Pupillary Distance	瞳距（一般不标明，指的是远用瞳距）
FPD	Far Pupillary Distance	远用瞳距
NPD	Near Pupillary Distance	近用瞳距
PH	pupil height	瞳孔中心高度（简称瞳高）
RPH	Righ pupil height	右眼瞳孔中心高度（简称右瞳高）
LPH	Left pupil height	左眼瞳孔中心高度（简称左瞳高）
P、Pr	Prism	三棱镜
△	Prism Diopter	棱镜度
BI	Base In	基底向内
BO	Base Out	基底向外
BU	Base Up	基底向上
BD	Base Down	基底向下
Add	Addition	追加；近附加；下加光度
PL	Plano	平光
⌒、/		联合
CL	Contact lens	接触镜（通常指角膜接触镜）

3. 处方格式

配镜处方目前尚无统一的格式，处方虽形式多样，但每个项目都已用文字（可中文或外文）注明而显得清楚易懂，了解处方常用简略字与符号和书写规范，即可正确识别。常见处方格式，见表3-2。

表 3-2　配镜处方

姓名_____　　年龄_____　　职业_____　　　　日期____年___月___日

		球　镜 SPH.	柱　镜 CYL.	轴　位 AXIS	棱　镜 PRISM	基　底 BASE	视　力 VISION
远　用 DISTANCE	右眼 OD.	-3.00DS	-1.25DC	90			1.0
	左眼 OS.	-3.50DS	-1.75DC	95			1.0
近　用 READING	右眼 OD.	-1.00DS	-1.25DC	90			1.0
	左眼 OS.	-1.50DS	-1.75DC	95			1.0

下加光(Add)+2.00DS_____　远用瞳距(FPD)64___ mm

该远用处方表明左右眼远用屈光状态均为复性近视散光,远用瞳距 64 mm。而近用处方利用远用处方联合 ADD 进行换算获得。

处方上若有散光应注明柱镜轴位方向。该标记法 0°起于每眼的左侧,即右眼为鼻侧,左眼为颞侧,按逆时针方向 180°终于右侧,称为标准记法(TABO 标记法),是目前最普通使用的轴位标记法,标注具体规则见图 3-1。

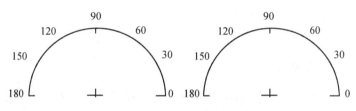

图 3-1　TABO 标记法

处方上棱镜的表示方法目前分为两种:棱镜 360°标记法和直角坐标底向标示法。

棱镜 360°标记法,与散光轴位表示相似,双眼都从左向右逆时针旋转 360°表示基底方向。即此法是把坐标分为四个象限,按角度表示底向的一种方法。从检查者角度出发,从其右手边为 0°,以逆时针方向旋转 360°。例如 2△B135°,4△B90°,6.5△B265°等。

直角坐标底向标示法,利用棱镜基底的主方向即指直角坐标底向标示法,即将棱镜基底分为 BI(基底向内)、BO(基底向外)、BU(基底向上)、BD(基底向下)。鼻侧基底向内,颞侧基底向外。例如全自动定焦计上显示 0.05△BO、0.04△BU 等。

需要注意的是,对于左眼来说 0°表示基底向外,180°表示基底向内;而右眼则相反,0°表示基底向内,180°表示基底向外。

4. 处方填写注意事项

(1) 正确抄录配镜处方:按处方书写规范,处方先写右眼后写左眼,对不规范处方应做翻录;抄录镜度不要漏写符号,镜度的小数点及两位小数不可缺省;柱镜带轴位,棱镜有底向;瞳距及远用镜、近用镜反映要准确;除混合散光外,复性散光球镜和柱镜均应变为同符号。如有数据不明确,应弄清楚再填写。书写过程中注意字迹端正。

(2) 科学加工是配镜处方能够得到很好实施的重要保证,不仅要求镜片的度数与处方一致,且要求镜片与眼保持正确的位置。

（3）为在加工过程必要时能及时联系顾客，同时也便于眼镜公司为顾客提供售后服务，加工师需认真填写或核实客户详细资料。

二、瞳孔距离和瞳孔高度的测量

配装眼镜加工参数测量主要指瞳孔距离和瞳孔高度的测量，用来确定眼镜装配的正确位置。

1. 瞳孔距离的定义和种类

瞳孔距离（pupillary distance）简称瞳距，是指两眼瞳孔中心间的距离，或指两眼正视前方、视线平行时瞳孔中心间的距离。一般用英文字母缩写"PD"来表示，单位为毫米（mm）。

瞳距有双眼瞳距和单眼瞳距之分。双眼瞳距，是指从右眼瞳孔中心到左眼瞳孔中心之间的距离。单眼瞳距，是指分别从右眼或左眼的瞳孔中心到鼻梁中线（nasal central line）之间的距离。独眼、斜视眼者，尤其需配渐进多焦点镜片者，需分别测量右眼、左眼单眼瞳距。

根据视物距离的不同，瞳距又分为远用瞳距和近用瞳距。远用瞳距，是指顾客看远时的瞳距，即指当两眼向无限远处平视时两眼瞳孔中心间的距离。近用瞳距（NPD），是指顾客注视近处目标，即眼前30～40 cm阅读或近距离工作时瞳孔中心间的距离。近用瞳距总要小于远用瞳距。

2. 瞳高的定义及分类

瞳高是瞳孔中心高度的简称，指从眼的视轴通过镜片处到镜框下缘槽底部最低点的距离。瞳高必须根据顾客脸型已调整完毕的镜架测量（见图3-2）。

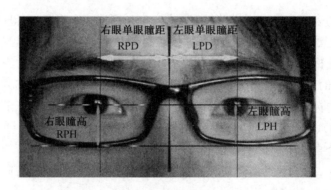

图3-2　瞳距和瞳高

瞳高有远用瞳高和近用瞳高之分。无特殊要求时，加工普通单光眼镜时，远用眼镜的瞳高一般在镜架几何中心的水平线上或高于水平线2 mm～4 mm（具体根据镜架的整体高度决定）。近用眼镜的瞳高可在镜架几何中心水平线上一点或略低于水平线。但在配制渐进多焦点眼镜时对瞳高有严格的要求，需特别仔细反复测量。

3. 远用瞳距的测量

在两眼瞳孔处于正常生理状态下，通常采用下述两种方法进行测量（如图3-3）。

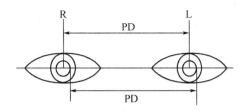

图 3－3　远用瞳距测量法

（1）从右眼瞳孔中心点到左眼瞳孔中点之间的距离。

（2）从右眼瞳孔外缘（颞侧）到左眼瞳孔内缘（鼻侧）之间的距离或从右眼瞳孔内缘（鼻侧）到左眼瞳孔外缘（颞侧）之间的距离。

远用瞳距常规测量步骤：

（1）检查者与顾客相隔 40 cm，正面对座，两人的视线保持在同一高度。

（2）检查者用右手大拇指和食指拿着瞳距尺或直尺，其余手指靠在顾客的脸颊上，然后将瞳距尺放在鼻梁最低点处，并顺着鼻梁角度略为倾斜。

（3）检查者闭上右眼，令顾客右眼注视检查者左眼，检查者左眼注视顾客右眼时将瞳距尺的"零位"对准顾客右眼的瞳孔中心。

（4）检查者睁开右眼闭上左眼，令顾客左眼注视检查者右眼，检查者右眼注视顾客左眼时准确读取瞳距尺在顾客左眼瞳孔中心的数值。

（5）检查者重复步骤（3），以确认瞳距尺的"零位"是否对准顾客的右眼瞳孔中心。如准确无误，则步骤（4）时读取的数值即为该顾客的瞳距。

（6）如果用带有鼻梁槽的瞳距尺同时可以读出单眼瞳距。精确的单眼瞳距测量也可使用瞳距仪。

4. 近用瞳距的测量

（1）检查者与顾客相隔 40 cm 的距离正面对座，使两人的视线保持在同一高度。

（2）检查者用右手大拇指和食指拿着瞳距尺或直尺，其余手指靠在顾客的脸颊上，然后将瞳距尺放在鼻梁最低点处，并顺着鼻梁角度略为倾斜。

（3）检查者闭上右眼，令顾客两眼注视左眼，用左眼注视将瞳距尺的"零位"对准顾客右眼的瞳孔中心。

（4）检查者睁开右眼，仍然令顾客继续注视左眼，用右眼来读取顾客左眼瞳孔中心上的数值。

（5）反复进行步骤（3）～（4）三次，取其平均值为近用瞳距。

5. 瞳高的测量

（1）让顾客戴上所选配的镜架，进行整形和校配。

（2）验配师与顾客相隔 40 cm 的距离正面对座，使两人的视线保持在同一高度。

（3）验配师用右手大拇指和食指竖着拿瞳距尺，其余手指靠在顾客的脸颊上。

（4）验配师测量左眼用右眼注视，令顾客左眼注视验配师右眼，验配师将瞳距尺的"零位"对准瞳孔中心后，在镜框下缘槽底部最低点处读取瞳距尺上的数值，即为该眼的瞳高。

（5）用同样的方法测量另眼的瞳高。

6. 瞳距仪的使用

常见的是角膜反射式瞳距仪，其结构如图3-4。

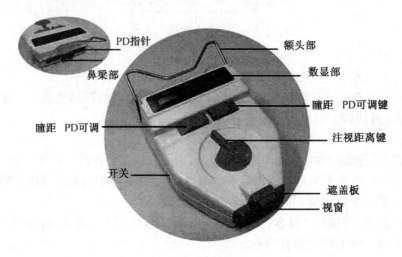

　　　　　　　　　　PD指针　　　　　　　　额头部

　　　　　　　鼻梁部　　　　　　　　数显部

　　　　　　　　　　　　　　　　　　瞳距 PD可调键

　　　　瞳距 PD可调　　　　　　　注视距离键

　　　　　　　开关　　　　　　　　遮盖板
　　　　　　　　　　　　　　　　　视窗

图3-4　瞳距仪

（1）首先按测量远用瞳距或近用瞳距的要求，将注视距离键调整到注视距离数值∞或30 mm 标记▲的位置上。

（2）打开电源开关。

（3）将瞳距仪的额部和鼻梁部放置在顾客的前额和鼻梁处。

（4）嘱咐顾客注视里面绿色光亮视标。

（5）检查者通过观察窗观察到患眼瞳孔上的反射亮点，然后分别移动左右 PD 可调键使 PD 指针各自与两眼的角膜反射亮点对齐。

（6）读取数值显示窗所显示的数值单位为 mm，其 R 值表示从鼻梁中心至右眼瞳孔中心之间的距离，代表右眼瞳距；L 值表示从鼻梁中心至左眼瞳孔中心之间的距离，代表左眼瞳距。中间所表示的数值代表两眼瞳孔之间的距离，即两眼瞳距。

（7）如需对斜视眼测量单眼瞳距时，可调节仪器进行测量，即用远用部观察瞳孔，用近用部读取 PD 数值。

（8）有些瞳距仪，有 PD/VD 键，可切换进行测量角膜间的距离。

注意事项：观察窗或测量窗处，勿用手指触摸或推积污垢。清洁时需用镜头纸及少许酒精轻轻擦净；数值显示窗采用液晶显示，避免受外力压迫以免损坏。

7. 测量注意事项

（1）验配师与顾客的视线在测量时应始终保持在同一高度上。

（2）瞳距尺勿触及患眼的睫毛，以免引起顾客闭目反应。

（3）当瞳距尺确定"零位"后，一定要拿稳瞳距尺，以免移动。

（4）让患眼注视指定的方向，不使其漂移不定。

（5）一般应反复测量 2～3 次,取其精确的数值。

三、镜架几何中心水平距的测算

眼镜架的规格尺寸是由镜框、鼻梁和镜腿三部分组成。眼镜架规格尺寸的表示方法均采用方框法和基准线法两种形式。

1. 方框法

方框法是指在镜框内缘(亦可用镜片的外形来表示)的水平方向和垂直方向的最外缘处分别作水平和垂直方向的切线,由水平和垂直切线所围成的方框,称为方框法。左右眼镜片在水平方向的最大尺寸为镜框尺寸,左右眼镜片边缘之间最短的距离为鼻梁尺寸(图 3-5)。

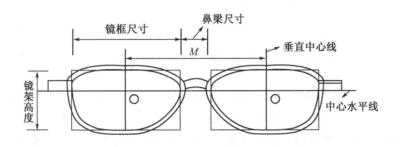

○-镜圈几何中心　M-镜圈中心距离

图 3-5　方框法

水平中心线:镜片外切两水平线之间的等分线;

垂直中心线:镜片外切两垂直线之间的等分线;

镜框尺寸:左右眼镜片外切两垂直线间距离;

镜框高度:左右眼镜片外切两垂直线间距离;

鼻梁尺寸:左右眼镜片边缘之间最短的距离;

镜腿长度:镜腿铰链孔中心至伸展镜脚末端的距离;

镜框几何中心点:实际是镜框水平中心线与垂直中心线的交点;

镜架几何中心水平距:两镜框几何中心点在水平方向上的距离。

眼镜架的规格尺寸通常均表示在镜腿的内侧。标有"□"记号时表示采用方框法。如 56□14—140 表示采用方框法,镜框尺寸 56 mm,鼻梁尺寸 14 mm,镜腿长度 140 mm。我国大部分镜架采用方框法来表示。

2. 基准线法

基准线法是指在镜框内缘(即左右眼镜片外形)的最高点和最低点做水平切线,取其垂直方向上的等分线为中心点再做水平切线的平行连线(即通过左右眼镜片几何中心的连线)作为基准线,上述方法也是基准线的测量方法(图 3-6)。

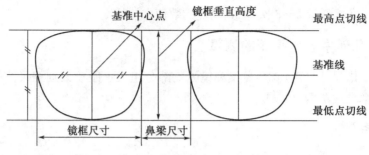

图 3 - 6　基准线法

进口镜架或一些高档镜架多采用基准线法来表示。也标记在镜腿的内侧,标有"－"记号时表示采用基准线法,如 56 - 16 - 135,表示镜框尺寸 56 mm,鼻梁尺寸 16 mm,镜腿长度 135 mm。

3. 镜架几何中心水平距的测量

镜架几何中心水平距是指从右眼镜框几何中心点到左眼镜框几何中心点之间的距离,即为镜框几何形状水平距离上的二分之一点。因为镜架鼻梁的尺寸是一定的,便可测得镜架几何中心水平距。

如用 M 来表示镜架几何中心水平距,则 $M = 2a + c$,其中,a 为一镜框水平距离的一半(一侧镜框的水平边缘至镜框几何中心点的距离);c 为鼻梁尺寸。也即从右眼镜框鼻侧内缘开始到左眼镜框颞侧内缘的距离为所测镜架的几何中心水平距。测量镜架几何中心水平距是配装镜片加工移心的重要参数之一,与测量瞳距同样的重要。但在实际的工作中通常沿着基线从一个镜圈外侧的内缘测量到另一个镜圈的内侧的内缘。

四、镜片的测量

目前,镜片测量常用顶焦度计(又称镜片测度仪)。精确和熟练掌握仪器的使用是进行眼镜配装加工应用的基本要求。目前常用的顶焦度计主要分为两种,望远式镜片顶焦度计(如图 3 - 7)和全自动电脑镜片顶焦度计。

1. 望远式镜片顶焦度计测量球面镜片

(1)调整视度。目的是为了补偿测量者屈光不正,使被测量镜片度数误差减少到最小。在没有打开开关之前,眼睛离目镜适当的距离,将调整视度环向左旋转,全部拉出来。一边观察内部分划板上的黑线条清晰程度,一边将调整环向右慢慢旋转,至固定分划板上的黑线条清晰为止。

(2)调整好视度之后,打开电源开关,旋转测定镜片焦度值的旋钮,直到能够清晰看到准直分化板上的标识,将准直分化板的各个线条与固定分化板

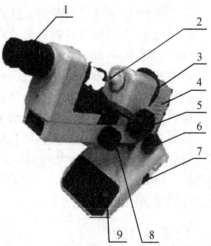

1—目镜适度调节圈;2—固定镜片接触圈;3—柱面散光轴位角度测量手轮;4—照明室灯;5—顶焦度测量手轮;6—升降旋钮;7—开关;8—镜片升降台装置;9—底座

图 3 - 7　望远式镜片顶焦度计

上的黑线条对正。此时由于没有放入镜片在镜片位置支承圈上,当光环调到最清晰时,在读数窗内箭头应指在 0 刻度上,若不在,顶焦度计应修。

（3）左手拿镜片,将被测镜片置于镜片台上,右手调整镜片升降台的高低,使镜片中心和光轴中心重合(即从目镜中看到绿色的活动分划板的十字中心和望远镜的十字分划中心重合)。

（4）若不重合时,可上下左右移动镜片的位置使其重合。

（5）然后打开固定镜片的导杆开关钮,使固定镜片的接触圈压紧镜片。

（6）转动顶焦度测量手轮,调节到出现绿色的十字中心最清晰为止,且周围一圈小圆点均为圆形,此时手轮上的读数即为该镜片的顶焦度。

（7）这时将活动分划板的十字中心与望远镜分划的十字中心对正,用打印机机构在镜片表面打印三个印点,其中间的印点即为镜片的光学中心。

2. 望远式镜片顶焦度计测量散光镜片

由于球面镜片各个子午线具有相同的屈光度,而散光镜片的特征是各个子午线屈光度不同。屈光度最弱的经线称为弱子午线,相反,最强屈光度的经线称为强子午线。弱子午线与强子午线之间总是有 90°的夹角。所以散光镜片测量时,需分别测定两个互相垂直的子午线,测定结果换算为散光度数。

当有散光度数的镜片装夹上去后,绿色活动分划图线出现不清楚,散光镜片不能调整至各子午线一样清晰。测量时应首先转动散光轴测量手轮,调整绿色十字分划板的周围一圈小圆点为线条(即把点拉成线),且与绿色十字其中的一条线相平行,测定一个度数。轴向记为与该线条互相垂直的方向,即轴向为清晰线条所在的子午线。同时用打印机构在镜片上打印三个印点做标记,将三个印点连成一直线,其中间的印点,即为该镜片的光学中心。然后再调整度数至小圆点转换的线与上个绿色十字其中一条线相平行。分别测定两个子午线,直接读出刻度,根据十字分解法换算为镜片的度数。

【例 3－1】 子午线 1＝－4.00DC×180;子午线 2＝－6.00DC×90。

该散光镜片度数为 －4.00DS/－2.00DC×90,如图 3－8 所示。

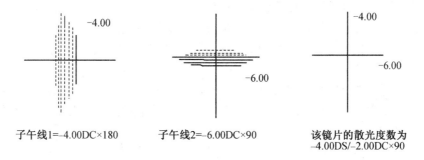

子午线1=-4.00DC×180　　子午线2=-6.00DC×90　　该镜片的散光度数为
-4.00DS/-2.00DC×90

图 3－8 散光镜片的测量(1)

【例 3－2】 子午线 1＝－2.00D×30;子午线 2＝－4.50D×120。

该散光镜片度数为 －2.00DS/－2.50DC×120,如图 3－9 所示。

望远式镜片顶焦度计测量棱镜片:

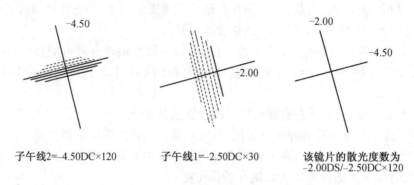

子午线2=-4.50DC×120　　　子午线1=-2.50DC×30　　　该镜片的散光度数为
　　　　　　　　　　　　　　　　　　　　　　　　　　　　　　-2.00DS/-2.50DC×120

图 3 - 9　散光镜片的测量(2)

　　使用望远式焦度计测量时,先将镜片的棱镜测量点固定在镜片接触圈处,调整调焦手轮使准直分划板绿色十字清晰,即可进行测量,此时准直分化板绿色十字的中心偏离望远镜的十字线标尺的角度及距离就是该镜片棱镜的基底方向及棱镜度。以右眼为例,如果准直分化板绿色十字的中心朝右偏离,则为底朝内,准直分化板绿色十字中心朝上偏离,则底朝上,偏离几个格即为几度棱镜。如朝右偏离三格即为 3△底朝内;朝上偏离两格即为 2△底朝上,此时用打印机打出三点,中间的一点就为加工中心。

　　一些特殊的处方,不仅水平有棱镜,而且垂直也有棱镜,则需要合成棱镜度加工中心。如右眼-4.00DS,联合 4△底朝内和 3△底朝上,这种处方需要合成一个棱镜加工,加工时需要将准直分划板绿色十字的中心朝右偏离标线中心四格,然后调整镜片工作台上下位置,使三条图像中心朝上偏离标线中心垂直三格,打印三点定出加工中心点,即可得到联合 4△底朝内和 3△底朝上的棱镜度镜片。

　　普通印点是打在光学中心上,而棱镜印点时,是离开光学中心打点。因为这样做才能给眼镜以棱镜效果。

3. 望远式镜片顶焦度计测量多焦点镜片

(1) 双光镜片的镜度及其测量方法

　　双光镜可看成是由两块镜片组合而成。即在普通镜片上附加一个正球镜片,从而在一个镜片上形成远用和近用两个部分。远用部分的顶焦度称为过远用度数,用 DF 表示;近用部分的顶焦度称为近用度数,用 DN 表示,附加的正球镜片的屈光度称为加光度数,用 Add 表示。在实际测量双光镜片镜度时,可利用顶焦度计来分别测得远用度数和近用度数,远用度数测量时应镜片凸面朝上,即镜架镜腿朝下,测量镜片后顶点焦度。近用度数测量时应镜片凸面朝下,即镜架镜腿朝上,测量镜片前顶点焦度。然后用近用度数减去远用度数即可得到加光度数,即 Add=DN-DF。

(2) 渐进多焦点镜片的镜度及其测量方法

　　渐进多焦点镜片同样也是有远用区及近用区之分。测量渐变镜远用区镜度时,需要将配镜十字凸面朝上,测量镜片后表面顶焦度;而近用区测量时,需要将近用区凸面朝下,测量前表面顶焦光度。

4. 全自动电脑镜片顶焦度计

目前市面上,各种型号的全自动电脑镜片顶焦度计较多,但功能基本相近。相对于望远式焦度计的测量,更加直观准确。只需要理解配镜处方的名词术语,即可操作。

常见全自动电脑镜片顶焦度计测量界面含义如下:

OD 右眼顶焦度;OS 左眼顶焦度;S(sph)球镜;C(cyl) 柱镜;A (Axis) 轴向;0.12(步长)。

一般顶焦度计有 0.01D、0.12D、0.25D 三挡步长,如果顶焦度计用于检测镜片用,即可以用 0.01D,如果镜片用于测定光学中心,确定水平线,即可采用 0.25D 的步长。

【例 3－3】 屏幕参数设置 0.01D 步长

S(sph)球镜－5.07

C(cyl) 柱镜－1.23

A(Axis) 轴向 78

而同样的镜片,位置不移动,参数设置为 0.25D 步长,则屏幕上表示为:

S(sph)球镜－5.00

C(cyl)柱镜－1.25

A(Axis)轴向 78

柱镜表示方法"＋"、"－"、"混合"三种:"＋"代表柱镜形式一直以正柱镜表示;"－"代表柱镜形式一直以负柱镜表示;"混合"代表柱镜形式一直以混合柱镜表示,即正球镜联合正柱镜形式,负球镜联合负柱镜形式。

【例 3－4】 屏幕上参数设置"－"时

S(sph)球镜－5.00

C(cyl) 柱镜－1.25

A(Axis) 轴向 78

而同样这个镜片,位置不移动,当将画面中,柱镜表示方法改为"＋",即屏幕上参数符号设置为"＋",则屏幕上表示为

S(sph)球镜－6.25

C(cyl)柱镜＋1.25

A(Axis) 轴向 168

五、眼镜的装配

装配是指将磨边后的镜片装入镜圈槽内的过程,称装片加工。材质不同的镜架其装片加工的方法也不同。金属镜架是将镜架桩头处连接镜圈锁紧管的螺丝钉打开,把镜片装入镜圈槽内,然后,再将螺丝上紧使镜片固定在镜圈槽内。塑料镜架是利用其热软冷硬的特性将镜圈加热变软,随即将镜片装入镜圈槽内,待冷却收缩后,使镜片紧固在镜圈槽内。在全框眼镜的加工工序基础上,掌握抛光、开槽、打孔工艺即可完成半框眼镜、无框眼镜的加工。

六、眼镜的调整

1. 眼镜的调整相关名词术语

（1）外张角：镜腿张开至极限位置时与两铰链轴线连接线之间的夹角。一般约为80°～95°。

（2）颞距：两镜腿内侧距镜片背面25 mm处的距离。

（3）倾斜角：镜片平面与垂线的夹角，也称前倾角，一般为8°～15°。（见图3-10(a)）

（4）身腿倾斜角：镜腿与镜片平面的法线的夹角，也称接头角。（见图3-10(a)）

（5）镜眼距：镜片的后顶点与角膜前顶点间的距离。$d=12$ mm。（见图3-10(b)）

（6）镜面角：左右镜片平面所夹的角。一般为170°～180°。（见图3-10(c)）

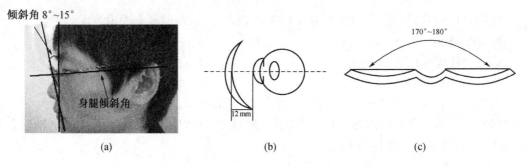

图3-10　眼镜调整名词术语

（7）倾斜角与接头角数值上相同，但概念完全不同。倾斜角是视线与光学中心重合的保证，一般不变动，且左右镜片倾斜角一致。而身腿倾斜角为保证倾斜角的恒定，在耳位过高、过低，左右耳位高度不等时可按需加以调整，且左右身腿倾斜角可以不相等。

（8）弯点长：镜腿铰链中心到耳上点（耳朵与头连接的最高点）的距离。

2. 调整要求

眼镜校配的主要目的是把合格眼镜调整为舒适眼镜。眼镜调校包含标准调校和针对性调校。标准调校与配戴者的具体脸部参数无关，通常用于镜架出厂前、眼镜商店交付于顾客前等。合格眼镜指严格按配镜加工单各项技术参数及要求加工制作（或成镜），通过国家配装眼镜标准检测的眼镜。将合格眼镜根据配镜者的头型、脸型特征及配戴后的视觉和心理反应等因素，加以适当的调整，使之达到舒适眼镜要求的操作过程称为眼镜的校配。眼镜的制作按国家配装眼镜标准进行，装配后经过标准调校整形，但由于不涉及具体的配镜者，若使配镜者达到满意的配戴效果，就必须根据配镜者头部、脸部的实际情况进行针对性调校。舒适眼镜要求：① 视物清晰；眼镜的屈光度、棱镜度正确；镜眼距为12 mm；正确的倾斜角约为8°～15°。② 配戴舒适；配镜者视线与光学中心重合；正确的散光轴位、棱镜基底方位；像差少的镜片形式；无压痛等。③ 外形美观；镜架规格大小与脸宽相配；镜架色泽与肤色相配；镜架形状与脸型相配；镜片与镜架吻合一致，左右镜片色泽、膜色一致；眼镜在脸部位置合适，左右对称性好；甚至可用校配弥补配戴者脸部缺陷。

3. 眼镜常用调整工具

（1）烘热器

烘热器有多种形式。常见立式烘热器的外形和结构示意图如图 3-11 所示。烘热器通电后发热，小电扇将热风吹至顶部，热风通过导热板的小孔吹出，温度在 130℃～145℃。烘烤镜腿，上下左右翻动使其受热均匀，根据调整需要加热并不停翻转镜架。烘热器主要用于塑料镜架的装片和卸片过程及塑料镜架的调整，同时也可用于眼镜防过敏套的安装。

（2）整形钳

目前常用的整形钳，主要包括圆嘴钳、托叶钳、镜腿钳、鼻梁钳、平圆钳、螺丝刀、拉丝专用钩。同时在有些特殊调整情况中，螺丝紧固钳、无框架螺丝装配钳、切断钳、框缘调整钳也起到特定的作用。

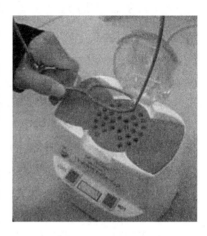

图 3-11　烘热器

整形钳在很多时候是单把使用，一些情况下也需要用两把整形钳，调整镜架的某些角度。整形工具使用时不得夹入金属屑、沙粒等，用整形钳时，最好包上镜布一起使用，以免整形时在镜架上留下疵病。用力过大会损坏眼镜，过小不起作用，故必须在了解镜架材料相关属性的基础上勤加练习，熟能生巧。

第二节　配装眼镜市场分析

虽然配戴眼镜是矫正人眼屈光不正最安全的手段，但是眼镜质量问题一直困扰着广大消费者和国家相关的管理部门。不合格的眼镜不但达不到矫正效果，而且还会带给配戴者各种不适症状。如正视眼、近视眼戴上过矫的眼镜，会使眼睛的调节负荷增加，出现头痛、眼胀等视疲劳症状；眼镜的光学中心水平距离与配戴者的瞳距偏差过大，即光学中心水平偏差和光学中心单侧水平偏差等质量检测参数不合格，造成视物的棱镜效应，会出现视物不清、双影、头晕等状况。

目前各地眼镜产品质量监督检验中心常进行各种形式的配装眼镜质量检查以更好地规范市场，引导消费，督促有关企业加强产品质量管理，提高产品质量，引导规范眼镜市场，切实维护眼镜消费者的合法权益。

一、配装眼镜市场质量现状

1. 定配眼镜的总体合格率呈上升趋势

据各地配装眼镜质量抽样调查，全国市场上近几年的抽查合格率一直保持在 80％以上，较 20 世纪 90 年代初期有大幅度提高，特别是文化经济较发达的地区，近几年定配眼镜的合格率更是超过了平均合格率水平，这其中的主要原因在于：

（1）眼镜生产许可证制度的良好实施。由于对眼镜配装各项要求规范，促使眼镜产品质量持续合格。

（2）先进配装眼镜加工设备的配备，手动磨边机的摒弃。例如目前大中城市半自动磨边机、全自动磨边机的保有量大大增加，这是产品质量的根本保证。

（3）眼镜连锁企业的出现壮大、内部管理的加强。通过对近几年的抽查情况进行综合分析，大型连锁配装眼镜销售企业的质量明显优于加盟连锁店。主要由于其较为完善的质量管理制度和人员专业技能与知识培训制度。

（4）各地质监局定期的监督抽查对眼镜加工企业加强质量管理起到了积极的作用。促使企业注重质量管理，增加必备的加工设备和检测设备，提高人员的专业技术水平。

2. 定配眼镜不合格原因多样化

不可否认，仍然存在部分地区配装眼镜不合格率偏高的现象，据各地质监局配装眼镜质量调查报告显示，常见不合格项目主要集中在柱镜轴位偏差、顶焦度偏差和光学中心水平偏差。造成目前配装眼镜市场这些项目检查不合格的主要原因是：

（1）眼镜加工原料验收措施不到位

眼镜加工原料泛指镜架、镜片等，不少配装眼镜销售企业对眼镜镜片、眼镜架、太阳镜，以及外协加工眼镜等的验收工作不够重视，一般只在有新供应商上门时，才要求供应商提供相应产品的检测报告，而且对检测报告的有效性没有进行确认，对供应商的控制较为宽松，甚至连提供检测报告的手续都不需要。这样导致企业承担了可能存在的不合格风险。此外，一些配装眼镜销售企业认为从生产企业或批发商处购入的产品就是合格品，根本没有想到要对购入的产品进行抽检验货，并没有意识到只有合格的眼镜加工原料才能配装合格的眼镜。

（2）充片现象

所谓"充片"，即指以度数相近的备片充当所需的原料（镜片），例如顾客验光结果为－1.75DS/－1.75DC×85，店中没有－1.75DS/－1.75DC度数的备片，部分配装眼镜销售企业为了迅速交货，完成营业，获取商业利益，既不和顾客说明，也不去采购相应的镜片，用－1.75DS/－1.50DC的镜片替代。很多时候检查中发现顶焦度项目不合格的样品，都有"充片"的嫌疑。因为充片的度数偏差至少达到±0.25D，影响顾客的调节能力，从视觉光学角度对消费者造成很大的伤害。

（3）眼镜加工设备更新维修不及时

一方面是小型眼镜加工、销售单位的加工工艺落后，例如采用未定期质检的劣质半自动磨边机等相关设备；另一方面，虽然目前大部分主流配装眼镜销售企业主要采用半自动或全自动的磨边机，加工设备自动化程度有所提高，但是很多情况下，由于质量意识的欠缺和加工人员的素质导致配装眼镜质量不稳定。例如很多省市部门的质监局检查发现柱镜轴位不合格（且占不合格总数的比例甚高），经分析后发现，造成此类不合格现象的主要原因是磨边吸盘更换不及时，不少配装眼镜销售企业为了节约成本，一副吸盘使用多次，由于吸盘的吸力下降，在磨边过程中镜片产生转动，轴位偏移，事后未进行严格的配装质量检测，最终导致眼镜交付顾客手中后，出现柱镜轴位偏差，光学中心水平互差等参数超标现象。

（4）加工产品质量验收措施不当

目前，在相当数量的中小型眼镜销售企业中，从业人员的文化程度较低，且专业眼视光学知识和眼镜质量检测知识缺乏，对国家标准中的技术指标缺乏理解甚至根本不懂。据调查，不合格的抽样产品中，所涉及的不合格项目大多是在镜片的割装过程中产生的，这些生产不合格产品的企业中，真正受过正规的系统性专业技能培训的人员很少，这也是部分眼镜企业一直存在质量问题的症结所在。目前眼镜销售企业中，很多单位对特殊定加工的镜片都是由企业选择的外协服务单位为其加工，当其拿到加工完成后的定配眼镜，由于自身专业素质所限，未能完成对标准眼镜检测流程，缺乏验收检验程序，将其直接交给消费者，这也是眼镜配装问题出现的原因之一。很多配装眼镜销售企业由于内部质量管理程序落后，对如何选择和确认外协单位加工的产品质量情况，都没有严格的验收程序或文件化的规定，相关质量监督和检验文件不全。例如在生产许可证的现场核查中发现，不少零售企业的质检人员未经过质量管理和标准检测等专业知识的培训，对国家标准不熟悉，对定配眼镜的重要参数，如光学中心垂直互差、光学中心水平互差等的检测方法不正确，直接影响到产品结果的判定。不能正确判断产品的合格与否，就无法确保交到消费者手中是合格产品，这也是造成抽查出现不合格的重要原因之一。

由于国情的限制，眼镜行业进入门槛较低，很多小型的配装眼镜销售企业人员较少，验光工序、加工工序和检验工序中，有时都由一个人完成，缺乏监督机制。更有单位甚至承担最终检验的人员都未经过专业培训，这些人员无法理解眼镜配装标准，分不清产品质量的优劣，不能掌握国家标准中对定配眼镜的具体要求，连如何检测等都不清楚。一些企业的最终检验的人员和加工人员为同一人，这样不利于行使监督功能，即便发现加工的眼镜存在问题也不说明，因为报废镜片对个人的收入是有影响的，这种不能独立行使检验责任的现象，难以保证眼镜的质量。这些现象，都反映了部分眼镜企业领导重经济效益而忽视了产品的质量和广大消费者的利益，一定程度上造成了目前中小城市眼镜抽检合格率较低的现象。

3. 企业质量管理水平较低

部分配装眼镜销售企业的经营者受文化教育程度的影响，其管理意识、管理能力均难以满足现代眼视光企业的要求。在一些眼镜连锁企业，特别是加盟店，管理更达不到要求。一些眼镜销售企业扩张开店的速度很快，但验配质量无法保证，同时企业各项管理措施无法跟上，造成员工质量意识淡泊，消费者经常投诉。例如对非直营的加盟店，仅采用了收加盟费的办法，而对其管理却较为松散，造成了质监局常发现加盟店质量配装问题较多。同时也有一部分企业虽然在咨询公司的帮助下取得了生产许可证，但在获得生产许可证后，这些企业就放松了质量管理，生产和管理都恢复了原样，对生产许可证规定的管理要求置之不理，从而给产品质量留下了隐患。

总体来讲，配装眼镜销售企业出现质量问题，主要有以下三方面原因：一企业管理水平和工人技术水平偏低；二是对最终配装眼镜产品检验不重视；三是企业对加工检测人员培训不系统，不到位，对产品标准缺乏足够的了解。

二、配装眼镜市场质量改善措施

为进一步推动配装眼镜质量管理,需要采取以下措施:

1. 全社会共同关注配装眼镜产品质量

据初步统计调查,我国青少年近视发病率高达 50%～60%,在大学阶段,甚至已经达到 70%～90%,已占世界近视患者总数的 33%,远高于我国占世界人口总数 22% 比例数;弱视发病率为 2%～4%,低视力发病率为 1%～2%,现有戴眼镜人数约 4 亿人,隐形眼镜配戴人数约 200 万～300 万人。且目前眼镜也作为一个潮流时尚用品用于面部装饰,故针对这样庞大的配装眼镜配戴群体,需采取不同的方式广泛深入地宣传《产品质量法》、《配装眼镜质量检测标准》、眼镜常识、眼保健科普知识等,使广大患者正确认识到保护眼睛的重要性并了解保护眼睛的方法,认识到劣质眼镜的危害性。眼镜市场管理部门和当地相关部门要紧密联手对市场进行整治,扶优惩劣,加强行业管理,同时消费者也应有正确的眼镜消费观,不能一味强调便宜,验配眼镜不同于购买一般的商品,它是集诊断、制作、校配等一系列环节所形成的最终产品,质量环节众多、且会直接影响眼镜的配戴效果。广大眼镜配戴者应正确认识科学验光、正确配镜的重要性,增强全民注重产品质量尤其与自身健康相关产品质量的自觉性,营造全社会共同关注眼镜产品质量的良好社会氛围。

2. 建立从业人员培训机制以提高人员素质

根据国家对眼镜行业实施的市场准入制的审查要求,需全面提升从业人员和经营者自身素质。配装眼镜经营企业管理人员应具有一定的质量管理知识、视光学技术知识;从事验光、配镜人员应经过验光、配镜的专业培训,并同时具有眼镜质量检测与标准解读能力,具备一定的专业操作技能。企业应根据各自实际情况建立企业质量管理制度,严格培训,加强考核,切实做到目标、措施到位,使从业人员的专业技术素质和管理素质得到全面提升。

3. 完善监督管理机制

2004 年 1 月国家质检总局颁布了《眼镜产品生产许可证实施细则》,鼓励眼镜企业加强质量管理,提高产品档次,提高产品竞争力。对于配装眼镜产品质量制度法规中不完善部分,今后将进一步加强监管,例如目前我国眼镜行业正在逐步完善《渐变焦眼镜镜片》、《渐变焦眼镜装配》等各项标准。

因此,各级行政主管部门应当加强监管力度,严格遵守国家关于市场准入的各项法律法规,严格无证查处制度,严格实施对已取证企业的年审制度,建立并完善质量管理体系,提高产品质量。同时对部分生产加工条件很差、眼镜产品质量严重不合格的配装企业取缔其生产加工资格,杜绝或减少不合格产品进入消费市场。惩假治劣,扶优扶强,整顿和规范市场经济秩序,达到促进眼镜行业健康、有序发展的目的。

第三节　配装眼镜质量问题与标准解析

一、配装眼镜质量问题

1. 配装眼镜的加工销售流程

（1）验光处方的确定；

（2）瞳距和瞳高的测量；

（3）镜架的选择与质量检测；

（4）镜片的选择与质量检测；

（5）根据处方确定镜片的光学中心和水平线；

（6）制作模板（当镜片度数在 4.00D 以上，且偏心量大于 3 mm 时，考虑制作偏心模板）；

（7）确定加工中心；

（8）自动磨边或半自动磨边；

（9）镜片安装：全框眼镜直接装框，半框眼镜开槽后安装，无框眼镜打孔后安装；

（10）手工磨边倒角；

（11）眼镜整形与校配；

（12）配装眼镜质量检测；

（13）眼镜试戴、调整、校配；

（14）成功配戴。

2. 配装眼镜的质量控制过程

配装眼镜质量控制过程如图 3 - 12 所示。

配装眼镜的质量过程中体现出眼镜的合格与否以及配戴的舒适程度贯穿于验光、配镜的整个过程，在配镜过程中验光和配镜是密不可分的。验光配镜的质量主要取决于验光与配镜的准确程度，验光与配镜准确与否又取决于验光与配镜人员的技术素质，以及是否配备有符合技术要求的经计量检定合格的眼镜工作计量器具。在配装眼镜的质量过程中，验光和配镜是质量控制的关键环节。验光是了解患者眼球的屈光状态，以决定其矫正视力所需的度数而进行的一系列屈光检查，而加工流程是确保验光参数能正确的在配装眼镜中体现，验光的准确与加工的精确与否直接关系到视力的矫正效果，从验光配镜整体流程来看，影响配装镜质量的原因很多，造成这些不合格眼镜出现的主要原因如下：

（1）验光不准确：即配镜处方与顾客真实屈光不正度或视觉需求不符。例如由于验光错误导致眼镜即使装配合格，但是由于原始处方不适合顾客，同样是一副不合格的眼镜。

（2）加工不准确：导致配装眼镜参数不合格，即配装眼镜质量与配镜处方不符，目前来看即按国家标准 GB13511—1999《配装眼镜》检验，不符合国家标准。

（3）眼镜原材料不符合国家标准 GB10810.1—2005 眼镜镜片和 GB/T14214—2003 眼镜架的相关规定。

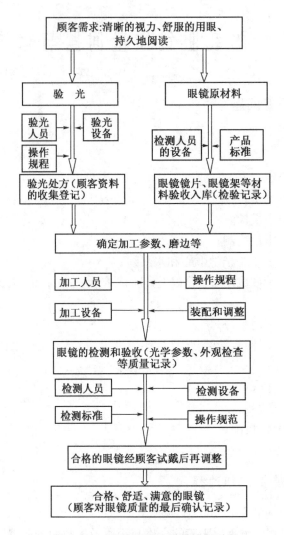

图 3-12 配装眼镜的质量控制过程

（4）设备的加工精度和检测用仪器的测量范围以及准确度达不到相关要求,例如眼镜加工涉及的顶焦度计、定中心仪等。

（5）顾客配戴方式不正确所造成。

根据上述原因,确定质量问题出现在配镜过程中的具体环节,是解决问题的关键所在。首先应确定顾客的验光处方正确,即用于配装眼镜的加工处方是合适的,然后根据顾客的验光处方检测眼镜的配制质量,按照 GB13511—1999 配装眼镜的国家标准逐一检查镜片的顶焦度、光学中心距离、光学中心水平互差、光学中心垂直互差、散光轴位五项技术指标是否合格,若五项技术指标是合格的,则应对顾客进行验光复查,如果验光结果正确,应检查眼镜架的调整是否到位。其次,眼镜的各项指标均符合要求的前提下,应考虑顾客配戴眼镜的适应情况,找出问题后确定解决方案以满足顾客的需求。

3. 从事验光、配镜活动必须符合的条件

（1）具有合格的验光、配镜、检验等人员。

（2）具有符合要求的验光环境（例如验光室保证视距为 5 m，如有特殊视力表投影系统，可考虑缩短）、加工场所。

（3）具有合格的验光、加工、检验设备（常见验配设备一览表见表 3 - 3）。

表 3 - 3　常见验配设备一览表

	设备名称	技术条件	备注
设备分类验光	验光仪	测量范围：$(-20\sim+20)\mathrm{m}^{-1}$ 示值误差：$\pm0.25\mathrm{m}^{-1}\sim\pm0.50\mathrm{m}^{-1}$	用于主观和客观验光确定矫正度数；属强检计量器具，应经法定计量技术机构检定合格后方能使用。检定周期：一年
	验光镜片箱	测量范围：$(-20\sim+20)\mathrm{m}^{-1}$ 示值误差：$\pm0.04\mathrm{m}^{-1}\sim\pm0.12\mathrm{m}^{-1}$	用于主观验光确定矫正度数；属强检计量器具，应经法定计量技术机构检定合格后方能使用。检定周期：二年
	瞳距仪、瞳距尺	测量范围：$(40\sim80)\mathrm{mm}$ 示值误差：$\pm0.5\mathrm{mm}$	瞳距参数测量，经法定计量技术机构检定合格后方能使用。
	视力表及试镜架	符合相关要求	
加工	自动磨边机 定中心仪；制模板机 打孔机、开槽机、加热器； 各种调整用工具等	符合加工及装配要求	
检验	顶焦度计	测量范围：$(-25\sim+25)\mathrm{m}^{-1}$ 示值误差：$\pm0.06\mathrm{m}^{-1}\sim\pm0.25\mathrm{m}^{-1}$	用于眼镜镜片的顶焦度和棱镜度、光学中心、轴位、等参数的测量；属强检计量器具，应经法定计量技术机构检定合格后方能使用。检定周期：一年
	测厚仪、直尺	$(0\sim10)\mathrm{mm}$	经法定计量技术机构检定合格后方能使用。

（4）制定并执行验配质量保证的验光、配镜、检验流程和设备使用维护操作规程。

（5）取得眼镜产品生产许可证资质。

4. 质量控制要素

（1）眼镜原材料应有检验合格证，进口商品应有进出口检验证明，眼镜镜片、眼镜架等产品按国家标准执行进货验收检验，并有检验记录等。

（2）验光的准确与否直接关系到矫正视力的效果，验光人员应根据客户的需求按验光工作流程进行主、客观验光，并将验光结果记录备案，记录验光结果的验光单（验光处方）的项目及内容应齐全和完整。

（3）检验人员应按定配单的各项要求逐项检查，配装眼镜的质量应符合国家GB13511—1999的相关要求。

（4）根据计量法和量值溯源的有关规定，制定计量器具台账和周期检定计划，计量器具经检定合格后使用。

（5）眼镜加工企业应有眼镜镜片、眼镜架、配装眼镜、光学树脂眼镜片等技术标准；仪器设备技术档案齐全。

总之，只有制定有效的质量管理制度、质量手册、质量记录、生产及检验设备的管理规范，建立健全各项岗位职责，才能通过眼镜质量的过程控制使顾客获得清晰的视力、舒服的用眼、持久的阅读。

二、配装眼镜标准解析

1. 配装眼镜标准使用方法与检测项目

使用具有足够准确度、计量检定合格并在有效期内的焦度计及瞳距仪，根据GB13511—1999《配装眼镜》国家标准，GB10810.1—2005《眼镜镜片》国家标准进行检测。验光处方定配眼镜应在包装上标明处方规格及生产单位或附上定配单，内容应包括：屈光度、左眼瞳距、右眼瞳距、左眼瞳高、右眼瞳高等（装配等检测参照数据）。

对加工制作完成后的配装眼镜的 5 项技术指标（顶焦度、光学中心水平偏差、光学中心水平互差、光学中心垂直互差、柱镜轴位）分别进行检测。按照配装眼镜国家标准逐项进行检查，判断其是否合格，任何一项指标超差，即为不合格眼镜。（注：本文所说偏差，均指实测数值与验光处方（或加工单）数值比较得出的差值。）

2. 顶焦度及其检测方法

顶焦度，单位为屈光度，符号为 D（量纲为 m^{-1}）。顶焦度分为前顶焦度和后顶焦度，平时所说的顶焦度指的都是后顶焦度，指镜片后顶点（配戴时靠近眼球的一面）至后焦点（以 m 为单位）截距的倒数，公式为 $D = 1/f'$。

配制不同度数的眼镜片其顶焦度允许值可按 GB10810.1—2005《眼镜镜片》查得。配装眼镜的顶焦度允差，分右、左眼镜片来判断其偏差。

导致顶焦度项目不合格的原因：一是某些企业使用不合格镜片作为加工原料，镜片事先未经检测，直接进行加工；二是部分企业检测设备能力不足；三是企业从业人员技术水平较低，检测能力较差；四是有的企业质量意识差，加工过程中有"充片"现象存在。

3. 光学中心水平偏差及其检测方法

光学中心水平偏差＝光学中心水平距离－瞳距。

光学中心水平距离：两镜片光学中心在与镜圈几何中心连线平行方向上的距离。

瞳距：眼睛正视视轴平行时两瞳孔中心的距离。

配装眼镜计划配装的光学中心距离，理论上当配装眼镜的镜片光学中心与配镜者的瞳孔一致时应最舒适，但由于各种原因（如原戴眼镜光学中心距离偏大造成配戴者已适应棱镜效果，或配镜者本身存在斜视，或出于对美观的考虑）造成光学中心距离与瞳距并不相等。

所以,检查光学中心水平偏差时,把两镜片光学中心水平距离减去验光处方上的瞳距数值即可,验光处方上的瞳距数值应尽量与配镜者两瞳孔中心的真实距离相一致。

光学中心水平偏差允差可由《配装眼镜》GB13511—2011查表得出。

下面举例说明光学中心水平偏差的检查判断方法,在说明光学中心水平偏差允差之前,首先解释 GB13511—2011 之 5.6.1 的有关内容:

(1)左、右两镜片顶焦度相异时,按镜片顶焦度绝对值大的一侧进行考核。

解析:例如右眼顶焦度为−4.50DS,左眼为−2.00DS,则按−4.50DS 进行考核;再比如右眼顶焦度为−0.50DS,左眼为+1.50DS,则按+1.50DS 进行考核。

(2)含柱镜顶焦度的镜片,应按顶焦度绝对值最大的子午面上的顶焦度值进行考核。

解析:球镜和柱镜同号,直接按球镜加柱镜和进行考核。如球柱镜异号,球镜和柱镜相加后绝对值大于球镜绝对值,按球镜和柱镜相加后绝对值进行考核。如相加后绝对值值小于球镜绝对值,就按球镜进行考核。不需要考虑散光的轴位。

【例 3 - 5】　验光处方:R:−5.00DS/−2.00DC ×60°;L:−4.50DS;PD:65 mm。实际检测该镜片光学中心水平距离为 66 mm。

解析:其左右两眼屈光度不一致,根据 6.4 按镜片顶焦度大的右侧进行考核,球柱镜同号,按球柱镜和进行考核。球柱镜和为−7.00D。

根据左、右两镜片顶焦度相异时,按镜片顶焦度绝对值大的一侧进行考核,光学中心水平偏差按右眼−7.00D 来进行考核。

查表,该定配眼镜光学中心水平偏差允差为 2 mm,则其光学中心水平距离在(63～67) mm 范围内,该眼镜才合格。该镜片右眼光学中心到左眼光学中心的水平距离 66 mm,符合,故该项目检测合格。

4. 光学中心水平单侧偏差及其检测方法

光学中心水平单侧偏差指镜片光学中心在水平方向与眼瞳的单侧偏差。有些定配眼镜虽然其光学中心距离与瞳距一致(无水平偏差),但如果存在光学中心水平单侧偏差,则两镜片的光学中心位置与配戴者的瞳孔中心不一致,其两边与瞳孔中心不一致的程度则为光学中心水平单侧偏差。

光学中心水平偏差和光学中心水平单侧偏差不合格,眼镜就会产生棱镜效应,戴上这类眼镜,观察到的物体影像就会出现位移,戴镜者不得不通过自身的调节功能进行调节,加剧眼睛疲劳,如长期配戴,就会影响眼睛调节功能,使视力下降,严重的还会发生斜视。

GB13511.1 - 2011 之 5.6.2 规定,验光处方定配眼镜的光学中心水平单侧偏差均不大于光学中心水平允差的 1/2。也就是说,查得光学中心水平偏差允差数值以后,除以 2 则为光学中心水平单侧偏差允差。上节例子中其光学中心水平偏差允差为 2 mm,则光学中心水平单侧偏差允差为 1 mm。

有些定配眼镜其左右眼瞳距不一致,其光学中心水平偏差也应按左右眼分别检查,取偏差大者为其水平单侧偏差值。

【例 3 - 6】　OD:−4.00DS;OS:−6.50DS;RPD:32 mm;LPD:31 mm。

检查后发现:右眼光学中心到鼻梁中线的距离 35 mm;左眼光学中心到鼻梁中线的距离 33 mm。

即：右眼光学中心距为 35 mm，左眼光学中心距为 33 mm。

解析：光学中心水平偏差：35＋33－（32＋31）＝5（mm）

右眼光学中心水平单侧偏差 R：35－32＝3（mm）

左眼光学中心水平单侧偏差 L：33－31＝2（mm）

查表见国家标准《配装眼镜 GB13511.1—2011》5.6.1 中相关表格。

表 3－4

顶焦度绝对值最大的子午面上的顶焦度	0.00～0.50	0.75～1.00	1.25～2.00	2.25～4.00	≥4.25
光学中心水平距离允差	0.67△	± 6	± 4	± 3	± 2

查表得知，左、右顶焦度相异，取左边的大值则为，根据左眼－6.50DS 计算，允许的光学中心偏差为 2 mm，光学中心水平单侧偏差允差为 1 mm，故以上均不符合。

5. 光学中心垂直互差及其检验方法

光学中心垂直互差为两镜片光学中心高度的差值。

光学中心高度指光学中心与镜圈几何中心在垂直方向的距离。

光学中心垂直互差＝左片光心高度－右片光心高度。$h＝h_2－h_1$（h 取其绝对值）

光学中心高度的设立，是为了使镜片光学中心高度与戴镜者眼睛的视线在镜架垂直方向上相一致，应将镜片的光学中心以镜架的几何中心为基准，并沿其垂直中心线进行上下移动。对全框镜架而言，从光学中心到镜圈的上边缘或下边缘测量均可，但必须一致。对半框或无框镜架，建议测量从光学中心到镜圈的上边缘的距离。

在光学中心水平偏差、水平单侧偏差、垂直互差这三项指标的检测中对人眼伤害最大的是垂直互差。人眼在上、下方向上调节力代偿能力很低，因此光学中心垂直差对人眼的伤害较大，则它的允许误差值也就相对小些。在日常的工作中，要经常检查焦度计的打印机构，避免由于打印机构产生的误差而导致产生的水平单侧偏差和垂直互差。国家标准也对该项误差作了很严格的规定，比如说规定±2.50 D～±8.00 D 的光学中心垂直互差≤1.0 mm，若未配备高精度的焦度计及自动磨边机，极不易验配合格；如果是 8.25D 以上（允差为 0.5 mm），更难保证所配眼镜合格；即使配备了高精度的加工设备，也应注意日常定期检测以保证设备的正常运行。

GB13511.1-2011 之 5.6.3 规定了配装眼镜光学中心垂直互差的允许范围，检测光学中心垂直互差。

【例 3－7】 R：－3.00DS；L：－2.00DS。RPH：22 mm，LPH：23 mm。检测右眼光学中心到镜框下缘槽最低点距离 22 mm，左眼光学中心到镜框下缘槽最低点距离 21 mm。

解析：查表见国家标准《配装眼镜 GB 13511—1999》5.6.3 中相关表格。

表 3－5

顶焦度绝对值最大的子午面上的顶焦度（D）	0.00～0.50	0.75～1.00	1.25～2.50	≥2.50
互差	≤0.50 △	≤ 3	≤ 2	≤ 1

光学中心垂直互差：2－1＝1(mm)

查表得知，左、右顶焦度相异，取右边的大值则为－3.00 D，光学中心垂直互差为1 mm，该项目检测符合国家标准。

6. 柱镜(散光)轴位及其检验方法

柱镜(散光)轴位误差表现为镜片在装配时与人眼的散光轴向方向不符，误差大时，会出现重影，视物高低不平。如果长期配戴这种眼镜，会造成视力下降。

GB13511.1—2011之5.6.4规定了配装眼镜的柱镜轴位允许偏差，如 GB13511.1—2011中相关表格。

表 3－6

柱镜顶焦度绝对值 D	0.25～≤0.50	>0.50～≤0.75	>0.75～≤1.50	>1.50～≤2.50	>2.50
轴位偏差(°)	±9	±6	±4	±3	±2

从表3－6中可以看出，判断轴位偏差，其对应的顶焦度与球镜无关，即不管球镜顶焦度是多少，检查柱镜轴位的允许偏差时，只看它的柱镜顶焦度大小。

【例3－8】　－3.00DS/－1.00DC×90°及－6.00DS/－1.00DC×90°，虽然球镜顶焦度不一样，但其轴位允许偏差却是一样的，查表可以知道其轴位允许偏差为±4°，则其轴位应在86°～94°的范围内才合格。如果配装眼镜无散光，此项检测可免。

【例3－9】　验光处方：R：－3.00DS/－1.00DC×90°；L：－8.00DS/－2.50DC×90°。

利用检定的顶焦度计实际检测结果：R：－3.00DS/－1.00DC×89°；L：－8.00DS/－2.50DC×92°。

右眼镜片：轴位误差|89－90|＝1°柱镜顶焦度1.00DC，轴位误差允许±4°，符合。

左眼镜片：轴位误差|92－90|＝2°柱镜顶焦度2.50DC，轴位误差允许±2°，符合。

7. 验光处方定配棱镜眼镜相关检测

验光处方定配棱镜眼镜主要指棱镜度偏差与基底取向偏差的检测。

根据国标中5.6.5定配眼镜的处方棱镜度偏差应符合规定。

表 3－7

棱镜度	水平棱镜允差	垂直棱镜允差
≤2 △	对≤3.25D　0.67 △ 对>3.25D 偏心 2 mm 产生的棱镜效应	对≤5.00D　0.5 △ 对>5.00D 偏心 1 mm 产生的棱镜效应
≤10 △	对≤3.25D　1 △ 对>3.25D　0.33 △＋偏心 2 mm 产生的棱镜效应	对≤5.00D　0.75 △ 对>5.00D 0.25 △＋偏心 1 mm 产生的棱镜效应
>10 △	对≤3.25D　1.25△ 对>3.25D　0.58 △＋偏心 2 mm 产生的棱镜效应	对≤5.00D　1 △ 对>5.00D 0.5 △＋偏心 1 mm 产生的棱镜效应

分别标记左、右镜片处方规定的测量点，并在左、右镜片的规定点上测量水平和垂直的

棱镜度数值,然后按以下规则计算水平和垂直棱镜度差值。如果左、右镜片的基底取向方向相同,其测量值应相减。如果左、右镜片的基底取向方向相反,其测量值应相加。左右两镜片顶焦度有差异时,按镜片顶焦度绝对值大的一侧进行考核。

【例3-10】 镜片的棱镜度为1.500△,顶焦度为3.00D,其水平棱镜度的允差为0.67△,垂直0.5△。

【例3-11】 镜片的棱镜度为2.00△,顶焦度为6.00D,其水平棱镜度的允差为6.00D×0.2 cm=1.2△;垂直棱镜度允差为6.00D×0.1 cm=0.60△。

【例3-12】 镜片的棱镜度为4.00△,顶焦度为3.00D,其水平棱镜度的允差为1△,其垂直棱镜度的允差为0.75△。

【例3-13】 镜片的棱镜度为4.00△,顶焦度为8.00 D,其水平棱镜度的允差为0.33+(8.00D×0.2 cm)=1.93△,其垂直棱镜度的允差为0.25△+(8.00D×0.1 cm)=1.05△。

【例3-14】 镜片的棱镜度为12.00△,顶焦度为2.00D,其水平棱镜度的允差为1.25△,其垂直棱镜度的允差为1△。

【例3-15】 镜片的棱镜度为12.00△,焦度为8.00D,其水平棱镜度的允差为0.58+(8.00D×0.2 cm)=2.18△,其垂直棱镜度的允差为0.50△+(8.00D×0.1 cm)=1.3△。

8. 双光眼镜相关检测

根据国标,双光眼镜检测应满足以下要求:

(1) 子镜片的垂直位置(高度)

子镜片的顶点的位置或子镜片高度与标称值偏差不大于±1.0 mm,两子镜片的高度互差不应大于1 mm。

(2) 子镜片水平位置

两子镜片的几何中心水平距离与近用瞳距的差值应小于2.0 mm。

(3) 子镜片顶端的倾斜度

子镜片水平方向倾斜度应不大于2°。

(4) 附加顶焦度值=视近顶焦度-视远顶焦度,如视近为:-4.00DS 视远为:-6.50DS 附加顶焦度值=-4.00-(-6.50)=-4.00+6.50=+2.50DS

【例3-16】 R:-3.00DS/-1.00DC×90°,子镜片顶点高度:18 mm。

L:-6.00DS/-1.500DC×90°,子镜片顶点高度:18 mm,近用瞳距:60 mm。

检测结果:

R:-3.00DS/-1.00DC×89°,子镜片顶点高度:17 mm

L:-6.00DS/-1.500DC×91°,子镜片顶点高度:19 mm

两子镜片几何中心水平距离:63 mm

配装眼镜镜片与镜圈的几何形状应基本相似且左右对齐,装配后不松动,无明显隙缝。

两子镜片顶点在垂直方向的互差:19-17=2(mm)。不符合两子镜片顶点在垂直方向的互差不得大于1mm。该项不合格。

两子镜片的几何中心水平距离与近用瞳距的差值应小于2.0 mm。偏差:63-60=

3(mm),该项不合格。

子镜片的顶点的位置或子镜片高度与标称值偏差不大于±1.0 mm。右眼偏差:18-17=1(mm),左眼偏差:19-18=1(mm),该项合格。

故此双光眼镜检测结果:不合格。

9. 批量生产老视镜相关检测

国标5.6.6批量生产老视眼镜需标明光学中心水平距离,光学中心水平距离的标称值与实测数值偏差应小于±2.0 mm。光学中心单侧水平偏差允差为±1.0 mm。同时在顶焦度方面规定批量生产老视眼镜的两镜片顶焦度互差不得大于0.12D,光学中心垂直互差应符合GB13511.1—2011中5.6.3表2中的规定。

【例3-17】 R:+2.00DS;L:+2.00DS,光学中心水平距离标称值:64 mm。

检测结果:R:+2.010DS;L:+2.17DS

光学中心水平距离实测数值:64.5 mm

两镜片顶焦度互差为 |2.01DS-2.170DS|=0.16D,不符合批量生产老视眼镜的两镜片顶焦度互差不得大于0.12D。

光学中心水平距离的标称值与实测数值偏差为 64.5-64=0.5(mm),符合应小于±2.0 mm的规定。

由于国标对批量生产老视眼镜对每一项技术要求进行逐项检验,若有一项不合格,则该副眼镜不合格,该眼镜由于光学中心水平距离的标称值与实测数值偏差不符合国家标准。故整体检测结果:不合格。

注:根据视光学原理,批量生产老视镜适合用于远用度数一致,且瞳距在常规近用瞳距的范围内使用。根据现代眼视光学理论,由于不同人群双眼屈光不正不同、瞳距不同,甚至可能有未能发现的散光,所以批量生产老视眼镜对老视人群,为非最佳的矫正工具,不适应现代社会个性化视光学矫正的需求,通常只适合于一些应急需求老视镜的场合。

10. 眼镜表面质量检测(含镜片中心厚度和边缘厚度)

表面质量包括:眼镜架、眼镜镜片两个方面。

(1)眼镜架

国家标准《眼镜架 GB/T14214—2003》中5.4。在不借助于放大镜或其他类似装置的条件下目测检查镜架的外观,其表面应光滑,色泽均匀,没有 $\varphi \geqslant 0.5$ mm 的麻点、颗粒和明显擦伤。具体见本书镜架标准一章。

(2)眼镜镜片

国家标准《眼镜镜片 GB10810.1—2005》中5.1.6镜片标准中规定以基准点为中心,直径在30 mm区域内不允许存在有害视力的各类疵病,而在鉴别区域外可允许独立、微小的内在和表面缺陷存在。具体见本书镜片标准一章。

另外,镜片的光学中心厚度也有要求,参照《眼镜镜片 GB10810.1—2005》及《光学树脂眼镜片 QB 2506—2001 》。

眼镜镜片的理化性能、顶焦度偏差、光学中心和棱镜度偏差、厚度偏差、色泽、内在疵病和表面质量必须符合GB10810.1—2005规定的要求。

11. 配装眼镜的装配质量检测与整形要求

两镜片材料色泽应基本一致。

眼镜外观应无崩边、钳痕、镀（涂）层脱落及明显擦痕、零件缺损等病疵。

配装质量包括镜片和镜架的吻合程度，两者之间不应有明显间隙，国家标准《配装眼镜 GB13511.1—2011》5.8 的规定，该间隙不得大于 0.5 mm。

配装眼镜的平整性和对称性指一副合格的眼镜、镜片、托叶、镜腿都应该是平整的、相互对称的。

综上所述，对加工制作完成后的成品眼镜的顶焦度、光学中心水平偏差、光学中心单侧水平偏差、光学中心垂直互差、柱镜轴位等五项最基本、最必要、可计量的技术指标应进行检测。同时还应针对标准，对特殊眼镜进行相应的检测，除此之外，还有一些合格眼镜的定性指标尚未列入讨论范围。但无论如何，严格规范的检验制度都是必不可少的，一旦发现问题，必须及时纠正，避免不合格的配装眼镜损害消费者健康。

【例 3 - 18】 质量检测综合分析题

原眼镜配镜处方：OD：－2.00DS/－1.00DCX90；OS：－1.00DS/－0.50DCX45；PD 64 mm，RPD32 mm，LPD 32 mm，RPH 17 mm，LPH 17 mm。

镜圈高度：30 mm

实际检测结果：

OD：－2.07DS/－1.00DCX93；OS：－1.03DS/－0.52DCX47。

光学中心水平距离：67 mm

右眼光学中心到鼻梁中线的距离：34 mm

左眼光学中心到鼻梁中线的距离：33 mm

右眼光学中心到镜框下缘槽最低点水平切线的距离：18 mm

左眼光学中心到镜框下缘槽最低点水平切线的距离：19 mm

根据配装眼镜验配标准，该验配应具体进行以下几方面的检查：

（1）顶焦度检测：实际在真实加工流程中，该检测在眼镜加工之前则应按照镜片质量检测标准进行检测，如不合格则停止进入加工流程。实际该镜片查表后，该片顶焦度合格。

（2）光学中心水平偏差：67－64＝3（mm）。该例根据查表计算 $R_H = -2.00D +(-1.00D) = -3.00D$，$L_H = -1.00 + (-0.50D) = -1.50D$。经计算 $R_H > L_H$，应以 R 眼进行查表。经查表，光学中心水平偏差允差 3 mm，此项符合。

（3）光学中心单侧水平偏差：R：34－32＝2（mm），L：33－32＝1（mm）。经查验配眼镜标准，光学中心水平偏差允差数值以后，除以 2 则为光学中心水平互差允差。本例光学中心单侧水平偏差允差 1 mm，此项不符合。

（4）光学中心垂直互差：19－18＝1（mm），$R = -2.00D + (-1.00D) = -3.00D$ $L = -1.00 + (-0.50D) = -1.50D$。经计算 R＞L，应以 R 眼进行查表。经查验配眼镜标准，光学中心垂直互查小于等于 1 mm，此项符合。

（5）轴位偏差：R：93°－90°＝3°，L：82°－80°＝2°。查表后得到：R 眼柱镜顶焦度绝对值为 1D，轴为偏差±4°，此符合，L 眼柱镜顶焦度绝对值为 0.50D，轴为偏差±6°，此项符合。

眼镜表面质量和配装眼镜的装配质量检测与整形要求也均符合(具体内容略)。故此配装眼镜整体检测合格。

一、处方转换题

1. 远用处方：R：＋2.50DS/－1.25DC×90，L：＋2.00DS/－1.50DC×75，add：＋2.50DS，则写出最后的处方包括远用和近用处方。

2. 远用处方：R：＋4.50DS/－1.25DC×180，L：＋2.50DS/－2.50DC×175，add：＋1.50DS，则写出最后的处方包括远用和近用处方。

3. 一顾客已知其近用处方如下：R：＋4.50DS/＋1.25DC×180，L：＋2.50DS/＋1.50DC×175，验光获知其 add：＋1.50DS。求其远用处方。

4. 一顾客已知其近用处方如下：R：－2.50DS/－0.75DC×90，L：－2.50DS/－1.50DC×95，验光获知其 add：＋1.75DS。求其远用处方。

二、名词解释

1. 远用瞳距

2. 瞳高

3. 近用瞳距

4. 镜眼距

5. 镜架几何中心水平距

6. 子镜片顶点高度

7. 光学中心水平偏差

8. 光学中心水平互差

9. 光学中心垂直互差

10. 光学中心距

11. 双光镜片

12. 渐进多焦镜

三、透镜联合换算为最简形式(分别将以下不同度数镜片度数叠加，换算为最简形式)

1. －3.00DS/－2.00DC×60/＋3.00DC×150

2. ＋5.00DS/－2.00DC×160/＋1.50DC×70

3. －5.50DS/－1.00DC×45/＋3.00DC×135/－2.50DS/

4. ＋4.50DS/－2.50DC×80/＋3.50DC×170/－3.50DS/

四、查表题(分别计算并查表写出以下处方眼镜的光学中心水平偏差允许误差范围和光学中心水平互差允许误差范围，光学中心垂直互差允许误差范围)

1. R：－9.00DS；L：－4.50DS；

2. R：＋6.00DS；L：＋2.50DS；

3. R：－6.00DS/－1.00DC×60；L：－4.50DS；

4. R：－8.00DS/－1.50DC×160；L：－6.50DS/－2.50DC×45；

5. R：＋3.50DS/＋1.00DC×60；L：＋5.50DS；

6. R：$+4.50DS/+1.50DC \times 120$；L：$-4.50DS$；

7. R：$+8.00DS/+1.50DC \times 30°$；L：$+4.50DS/+1.50DC \times 30$。

五、质量检测综合分析题（请从光学中心水平偏差、光学中心水平互差、光学中心垂直互差、轴位偏差等四个方面判断一副配装眼镜质量是否合格）

1. 要求配镜处方：

OD：$-5.00DS/-1.00DC \times 145$；OS：$-2.00DS/-0.50DC \times 45$；

PD：64 mm；RPD：32 mm；LPD：32 mm；RPH：18 mm；LPH：18 mm；

镜圈高度：35 mm。

实际检测结果：

OD：$-5.00DS/-1.00DC \times 150$；OS：$-2.00DS/-0.50DC \times 48$；

光学中心水平距离：67 mm；

右眼光学中心到鼻梁中线的距离：34 mm；

左眼光学中心到鼻梁中线的距离：33 mm；

右眼光学中心到镜框下缘槽最低点水平切线的距离：20 mm；

左眼光学中心到镜框下缘槽最低点水平切线的距离：20.5 mm。

2. 要求配镜处方：

OD：$+4.00DS/+1.50DC \times 60$；OS：$+2.50DS/+1.50DC \times 120$；

PD：62 mm；RPD：31 mm；LPD：31 mm；RPH：17 mm；LPH：17 mm；

镜圈高度：36 mm。

实际检测结果：

OD：$+4.00DS/+1.50DC \times 59$；OS：$+2.50DS/+1.50DC \times 123$；

光学中心水平距离：59 mm；

右眼光学中心到鼻梁中线的距离：29 mm；

左眼光学中心到鼻梁中线的距离：30 mm；

右眼光学中心到镜框下缘槽最低点水平切线的距离：15 mm；

左眼光学中心到镜框下缘槽最低点水平切线的距离：16 mm。

参考文献

[1] 瞿佳. 眼镜技术[M]. 高等教育出版社, 2005

[2] 王静. 棱镜眼镜棱镜度和棱镜基底取向检测方法的探讨[J]. 计量与测试技术, 2009, 36(5)

[3] 唐萍. 浅谈配装眼镜质量的过程控制[J]. 计量与测试技术, 2008, 35(9): 74—95

[4] 王晓. 配装眼镜质量检测应用[J]. 计量与测试技术, 2009, 36(8): 23—24

[5] 白云, 张桂香. 配装眼镜质量检测应用[J]. 中国计量, 2010(3): 84—85

[6] 李云生, 狄家卫. 配装眼镜的检验[J]. 中国眼镜科技, 2009(7): 122—124

[7] 王玲, 杨晓丽. 2011版配装眼镜质量检测标准解析与应用[J]. 中国眼镜科技杂志 2012.5 122—126

[8] 刘红军, 许亚娟, 许琳, 张翠芳. 国家标准 GB13511.1—2011《配装眼镜第1部分：单光和多焦点》部分技术指标解读[J]. 中国眼镜科技杂志, 2012.9 124—125

实验报告实例 3

一、实验目的

（1）掌握普通单光眼镜装配质量检验方法。

（2）掌握双光眼镜配装质量检验标准。

二、实验要求

要求顶焦度误差精度单位为 0.01D,距离偏差单位精确到毫米。

三、实验设备

镜片顶焦度计一台,各类型装配眼镜(标注原始处方镜片度数)若干,镜片厚度测定仪。

四、实验原理和方法

验光处方定配眼镜的光学中心水平偏差必须符合 GB13511—1999 中表 1 的规定。

验光处方定配眼镜的光学中心水平互差均不得大于表 1 中光学中心水平允差的二分之一。

配装眼镜的光学中心垂直互差必须符合 GB13511—1999 中表 2 的规定。

配装眼镜的柱镜轴位偏差必须符合 GB13511—1999 中表 3 的规定。

验光处方定配棱镜眼镜其棱镜屈光力偏差与基底取向偏差应符合 GB13511—1999 表 4 的规定。

双光眼镜检验要求:

（1）验光处方定配双光眼镜主镜片的光学中心水平偏差亦必须符合 GB13511—1999 表 1 的规定。子镜片几何中心水平距离与近瞳距的差值不得大于 2.5 mm。若配镜者对子镜片顶点高度有特殊要求的,不受上述要求限制。

（2）双光眼镜的子镜片顶点在垂直方向上应位于主镜片几何中心下方 2.5～5 mm 处。两子镜片顶点在垂直方向上的互差不得大于 1 mm。

（3）配装眼镜镜片与镜圈的几何形状应基本相似且左右对齐,装配后不松动,无明显隙缝。双光眼镜两子镜片的几何形状应左右对称,直径互差不得大于 0.5 mm。

五、实验步骤

（1）测量标记镜架的镜片的顶焦度值、瞳距、水平互差、垂直互差、光学中心水平允差、棱镜度等相关参数。

（2）测量双光眼镜相关参数。

（3）对应配装眼镜国家标准查找相应误差数值。

（4）将眼镜分别按其编号填入实验记录表格,并最终判断是否合格。

六、实验记录、数据、表格、图表。

（1）单光眼镜检测实验记录

	镜片组编号							
装配眼镜编组								
顶焦度数值								
光学中心水平偏差								
光学中心水平允差								
轴位偏差								
棱镜度偏差（△）								
基底取向偏差（°）								
正镜片边缘厚度								
合格或不合格								

（2）双光眼镜检测

	几何形状是否相似对称	两子镜片直径互差	主镜片的光学中心水平偏差	镜片几何中心水平距离与近瞳距的差值	子镜片顶点在垂直方向与主镜片几何中心的关系	两子镜片顶点在垂直方向的互差
双光眼镜 1						
双光眼镜 2						
双光眼镜 3						
双光眼镜 4						
双光眼镜 5						

七、实验注意事项

（1）注意镜片边缘厚度测定只针对正镜片。

（2）对照 GB13511—1999 配装眼镜国家标准进行检测,必要时参考 GB10810.1—2005《眼镜镜片》。

附件三　《配装眼镜》国家标准

附件四　　国际配装眼镜标准

附件五　　美国配装眼镜标准

第四章 防辐射镜片质量检测

电磁辐射已经成为重要的环境污染源,直接影响人类的生存环境,联合国人类环境会议已将电磁辐射列为必须控制的公害之一。电磁辐射存在广泛,不论在职业场所,还是在家庭环境中,人类会受到不同程度的电磁场辐照。经常接触的是从短波段 30 MHz 到微波段 3 000 MHz 的电子产品,根据其频率特征可以对人体造成热效应、非热效应、累积效应。人眼组织含有大量的水分,易吸收电磁辐射功率,而且眼部血流量少,故在电磁辐射作用下,眼球的温度容易升高。温度升高是造成白内障的主要条件。某些频段的电磁辐射对角膜、房水、玻璃体、视网膜也都有不同程度的伤害。此外,长期受到低强度电磁辐射的作用,可促使视觉疲劳,眼睛不舒适和眼干等症状发生。

第一节 防辐射镜片基础知识

电磁波被广泛应用在航空航天、电子通信、雷达、卫星等各个行业领域,因此电磁波的危害已成为社会问题。从电路的设计本身无法解决电磁波对人体的伤害,因此使用电磁波吸收材料是解决电磁波危害的重要手段。防辐射镜片正是利用金属氧化物对对电磁波具有一定的吸波和透波作用来实现其防辐射功能的。

一、电磁辐射

电磁波是电磁场的一种运动形态。电与磁一体两面,变动的电会产生磁,变动的磁则会产生电。变化的电场和变化的磁场构成了一个不可分离的统一的场,即电磁场,变化的电磁场在空间的传播形成了电磁波。电磁波为横波,可以借助有形介质进行传递。当频率较低时,主要借助有形的导电体进行传递,其能量几乎全部返回原电路而没有辐射。电磁波频率高时,可以在游行介质内传递,亦可以在自由空间内传递。在自由空间内传递的原理是在高频率的电磁振荡中,磁电互变快,能量不可能全部返回原振荡电路,于是电能、磁能随着电场与磁场的周期变化以电磁波的形式向空间传播能量,这就是一种辐射。电磁波的磁场、电场及其行进方向三者互相垂直。振幅沿传播方向的垂直方向作周期性变化,其强度与距离的平方成反比,其能量功率与振幅的平方成正比,其速度等于光速 c(每秒 $3 \times 10^8 \text{m/s}$)。通过不同介质时,会发生折射、反射、绕射、散射及吸收等。波长越长其衰减也越少,电磁波的波长越长也越容易绕过障碍物继续传播。

电场和磁场的交互变化产生的电磁波,即为电磁辐射。电磁辐射是以一种看不见、摸不着的特殊形态存在的物质。人类生存的地球本身就是一个大磁场,它表面的热辐射和雷电都可产生电磁辐射,太阳及其他星球也从外层空间源源不断地产生电磁辐射。围绕在人类身边的天然磁场、太阳光、家用电器等都会发出强度不同的辐射。电磁辐射所衍生的能量,取决于频率的高低,频率愈高,能量愈大。频率极高的 X 光和伽马射线可产生较大的能量,能够破坏合成人体组织的分子。事实上,X光和伽马射线的能量可以令原子和分子电离,因此被单独列为"电离"辐射。X光和伽马射线所产生的电磁能量,有别于射频发射装置所产生的电磁能量。射频装置的电磁能量属于频谱中频率较低的那一端,不能破坏把分子紧扣一起的化学键,故被列为"非电离"辐射。这两种射线在医学上具有广泛的应用,但照射过量将会损害健康。

电磁波频谱包括形形色色的电磁辐射,从几赫兹极低频电磁辐射至几亿赫兹的极高频电磁辐射。两者之间还有无线电波、微波、红外线、可见光和紫外光等。按照辐射种类可分为游离辐射、有热效应的非游离辐射、无效效应的非游离辐射。

电磁波的频率范围是从 3 kHz～30 kHz 的超长波到 300 GHz～3 Thz 的波长,电磁辐射按其频段可以进行如下分类。

表 4-1　电磁辐射的分类

频段名称	频段范围 (含上限不含下限)	波段名称	波长范围 (含上限不含下限)
甚低频(VLF)	3 千赫～30 千赫(KHz)	甚长波	100 km～10 km
低频(LF)	30 千赫～300 千赫(KHz)	长波	10 km～1 km
中频(MF)	300 千赫～3 000 千赫(KHz)	中波	1 000 m～100 m
高频(HF)	3 兆赫～30 兆赫(MHz)	短波	100 m～10 m
甚高频(VHF)	30 兆赫～300 兆赫(MHz)	米波	10 m～1 m
特高频(UHF)	300 兆赫～3 000 兆赫(MHz)	分米波	100 cm～10 cm
超高频(SHF)	3 吉赫～30 吉赫(GHz)	厘米波	10 cm～1 cm
极高频(EHF)	30 吉赫～300 吉赫(GHz)	毫米波	10 mm～1 mm
至高频	300 吉赫～3 000 吉赫(GHz)	丝米波	1 mm～0.1 mm

二、吸波材料

吸波材料是指能吸收投射到它表面的电磁波能量,并通过材料的介质损耗使电磁波能量转化为热能或其他形式的能量。由于各类材料的化学成分和微观结构不同,吸波原理也不尽相同。但是材料的吸波特性可以用宏观的电磁理论进行评价分析,即使用材料的介电常数和磁导率来评价吸波材料的反射和传输特性。吸波材料的分类为:

1. 按材料成型工艺和承载能力

可以分为涂敷型吸波材料和结构型吸波材料。前者是将吸收剂(金属或合金粉末、铁氧体、导电纤维等)与粘合剂混合后,涂敷于目标表面形成吸波涂层。后者是具有承载和吸波的双重功能,通常是将吸收剂分散在层状结构材料中,或者采用强度高、透波性能好的高聚物复合材料(如玻璃钢、芳纶纤维复合材料等)为面板,蜂窝状、波纹体或角锥体为夹芯的复合结构。

2. 按吸波原理

吸波材料可以分为吸收型和干涉型两大类。吸收型吸波材料本身对雷达波进行吸收损耗,基本类型有复磁导率与介电常数基本相等的吸收体、阻抗渐变宽频吸收体和衰减表面电流的薄层吸收体。干涉型吸波是利用吸波层表面和底层两列反射波的振幅相等、相位相反进行干涉抵消,这类材料的缺点是吸收频带较窄。

3. 按材料的损耗机理

吸收材料可以分为电阻型、电介质型和磁介质型三大类。电阻型吸波材料的电磁能主要衰减在材料电阻上,如碳化硅、石墨等。电介质型吸波材料主要机理为介质极化弛豫损耗,如钛酸钡之类材料。磁介质型吸波材料的损耗机理主要为铁磁共振吸收,如铁氧体、羟基体等。

4. 按研究时期

可分为传统型吸波材料和新型吸波材料。铁氧体、钛酸钡、金属微粉、石墨、碳化硅、导电纤维等都属于传统型吸波材料。这些吸波材料的共同缺点是吸收频带较窄、密度较大。其中铁氧体吸波材料和金属微粉吸波材料性能较好。新型吸波材料包括纳米材料、手性材料、导电高聚物、多晶体纤维及电路模拟吸波材料等。

三、防辐射镜片

防辐射镜片所指的辐射是狭义的电磁辐射,而且多数情况下只针对于电磁辐射的特定频段。抗辐射镜片是依照电磁干扰遮蔽原理采用特殊镀膜工艺,经过特殊电导体薄膜处理,使镜片具有抗电磁辐射的功能。抗辐射物质是一种金属化合物,在镜片表面形成一种屏障,将低频辐射及微波进行反射和吸收,有效滤除电磁辐射波。严格来说防辐射镜片的防辐射性能特指可见光及紫外波段以外的所有电磁辐射。电磁波通过不同介质时,会发生折射、反射、绕射、散射及吸收等。为了有效地阻止有害电磁波进入人眼,必须在镜片中添加特定材料或者在镜片表面镀特定膜层,从而能够将特定频段的电磁波通过折射、反射、吸收等方式屏蔽,同时要保证可见光能够正常透过镜片进入人眼之中。由于镜片折射率差异较大,选择添加防辐射材料很难保证镜片稳定的光学特性,因此选择具有吸波特性的材料镀膜至镜片表面是实现镜片防辐射功能的重要形式。应用于镜片镀膜的材料必须在超薄厚度的前提下具有良好的吸波作用和透明导电的特性,对于可见光区具有非常优良的透过率。能够产生吸波作用的材料主要有羟基铁、导电高聚物、多晶铁纤维、金属氧化物超细粉末等。多数吸波材料的共同缺点就是不透明,无法应用于镜片镀膜中。经过细化的金属氧化物吸收剂粒子的磁、电、光等物理性能发生了质的变化,同时具有吸波、透波等功能。

防辐射镜片按其作用原理可以分为吸收型防辐射镜片和干涉型防辐射镜片。吸收型防辐射镜片是利用材料吸收入射的电磁波,并将电磁能转变成热能。干涉型防辐射镜片是利用电磁波在传播过程中到达各膜层分界面以及膜层和镜片基体分界面上会发生反射、吸收和透射三种光学作用以此改变电磁波传播方向或者使电磁波产生干涉作用而相互抵消。

防辐射镜片可以选择采用特殊工艺将金属氧化物超细粉末镀膜至镜片表面的方法来阻挡有害电磁波。由于金属氧化物膜层对于可见光的透过率很高,同时能够对某些频段的有害电磁波有效阻挡,可以满足眼用镜片的需求。当电磁波到达镜片外表面膜层时,产生反射、吸收和折射的作用。外表面膜层只吸收很小一部分电磁波,而反射和折射是主要的。折射过的电磁波通过镜片基体后有少量的反射和吸收,大部分电磁波正常透射到达镜片内表面,内表面膜层反射的电磁波和从外表面透射到达镜片基体的电磁波在满足一定条件下产生干涉作用,相互抵消。镀膜方式也可以采用单面多层镀膜,利用多层膜之间产生干涉相消来阻挡电磁波的通过。将吸波材料镀膜至镜片表面,利用吸收或者干涉相消的原理使镜片具有防辐射的作用。

防辐射镜片选择的吸波材料必须是具有透光特性的吸波材料,其原理可以分为吸收型和反射型两大类。吸收型光学透明吸波材料要求电磁波谱完全损耗在透明薄膜之中,不发生反射也不透过透明的基体。目前主要有透明导电高聚物和电路模拟吸波材料两种。反射型光学透明吸波材料要求较好的透光性和反射性,表现为薄膜对特定波段电磁波反射或者截止。反射型光学透明吸收薄膜可以分为金属良导体薄膜和金属氧化物薄膜,如 $Bi_2O_3/Au/Bi_2O_3$、$TiO_2/Au/TiO_2$、$SiO/Au/ZiO_2$、$TiO_2/Ag/TiO_2$ 和氧化铟锡(ITO)膜系。在防辐射镜片中广泛使用的是氧化铟锡膜系。

第二节 防辐射镜片市场分析

一、防辐射镜片市场现状

防辐射镜片是随着以电脑为主要视觉终端的广泛普及而诞生的新型视觉应用产品。由于缺乏统一的检测手段和国家标准,防辐射镜片市场相对比较混乱,多数厂家以防紫外线功能来代替防辐射功能来炒作概念。实际上以电磁波来说,紫外线只占整个电磁波谱的很小的一部分,而且防紫外线功能是树脂镜片的基本要求之一,在 GB10810.3—2006 眼镜镜片及相关眼镜产品的第 3 部分透射比规范及测量方法中明确规定了眼镜类产品在波长 200～380 nm 紫外线的透射比要求。因此,目前所宣称的防辐射眼镜应该是特定针对于可见光和紫外线以外的电磁辐射。由于电磁辐射波谱范围较广,因此无法有一种产品能够覆盖全部电磁辐射范围,只能针对于生活中常见电磁辐射进行有效的控制或减少,以此达到减少电磁辐射对眼睛的伤害。目前防辐射镜片的国外厂家主要以柯达为主。柯达镜片主要有 CleAR 膜层、Clean'N'CleAR 膜层。CleAR 膜层在减少 380～700 nm 的可见光在镜片表面的反射上表现卓越。作为柯达镜片应用最广泛的膜层,CleAR 膜层的透光率达到 99.6%。Clean'N'CleAR 膜层同样也是一款表现优异的膜层,新技术的运用,提高了膜层表面的光滑度及抗静电能力。Clean'N'CleAR 膜层的超级防水/防油层和超防静电层保证了良好的透光度和非凡的表面耐污能力。但是国内有多个厂家生产防辐射镜片,基本原理都是以镀有特殊金属氧化物的金属膜层来实现其防辐射的功效。比如镇江万新光学眼镜有限公司生产的"太空盾"镜片使用的原料是具有较强的导电能力氧化铟锡(ITO),通过真空蒸发和离子辅助的工艺方法,使其吸附在镜片上,使原不导电的镜片具有导电能力,产生屏蔽,有效地阻碍有害电磁波穿透,起到保护眼睛的作用。

二、防辐射镜片发展的影响因素

防辐射镜片是电磁辐射过度增加后的新兴高科技产品。由于用眼需求的提高以及电脑的广泛普及,对防辐射镜片的市场前景还是非常看好。但防辐射镜片的全面发展还需要一个漫长的过程,真正成为眼镜行业的主流产品还受到很多因素的影响。

1. 有利因素

(1) 国家有关部门已经意识到防辐射镜片市场存在的问题,正在着手规范防辐射镜片市场,并加强检测和制定标准;

(2) 部分企业创新意识的提高、消费者的自我判断能力的提高以及媒体对于防辐射镜片的宣传,为防辐射镜片的发展提供了良好的方向;

(3) 吸波材料的研究和发展成为全新的重点研究领域,这对防辐射镜片的技术水平的推进和新产品的诞生提供了可能。

2. 不利因素

(1) 防辐射镜片标准的检测方法复杂,需要针对公众可能接触到的电磁辐射来研发设计新产品。但中国企业的自主研发能力偏低,缺乏自有的知识产权,对产品的创新意识淡薄,缺乏专门的研究机构和人员,设计开发能力不强。

(2) 眼镜行业以中小企业为主,多数企业管理水平不高、技术落后、产品质量低,价格成了其主要竞争武器,中低档产品产能过剩,存在炒作概念的现象。

三、防辐射镜片发展趋势预测

1. 研发设计能力的提高是根本

产品研发是企业竞争能力的突出表现。由于技术水平的同化性,技术应用开发成为企业主要的研发方向。防辐射镜片涉及电磁辐射、吸波材料和光学性能,需要较强的综合设计研发能力。有效地链接产品研发与电磁辐射学科研究,对防辐射镜片性能的提高将产生重要的促进作用。

2. 管理创新意识的增强是重点

在知识经济时代里,科学前沿不断深化,高技术领域突飞猛进,信息技术、遗传技术、纳米技术、显微技术和氢核能技术被广泛运用,数字化、网络化、信息化技术将会改变工业的面貌。眼镜行业需要改变传统的低产值生产制造行业的特点,改变管理观念,加强知识管理,即自主研究、产品开发和职工培训等多方面的提升。

3. 市场推广力度的加强是关键

新产品的诞生需要消费者的认知和认可。尤其对于在比较混乱的市场状态下推广全新功能的防辐射镜片。因此未来眼镜市场是否能接受防辐射镜片取决于各生产厂家构建合理的市场推广模式和选择有效的产品营销策略。

第三节 防辐射镜片质量问题及检测方法

防辐射镜片的质量问题以及功效受到生长厂家和使用者的关注。目前市场上的防辐射镜片存在的问题非常严峻,检测方法不统一和检测标准不同导致防辐射镜片质量参差不齐,甚至存在有些厂家利用完全没有防辐射功能的普通镜片来宣称其具有防辐射功效。这是由于防辐射镜片的质量标准及检测办法目前尚没有统一的国家标准。国家发改委于 2005 年发布了国家眼镜玻璃搪瓷制品质量监督检验中心起草的《镀膜眼镜镜片减反射膜膜层性能质量要求》的强制性轻工业行业标准,对减反射膜膜层的性能质量进行了强制规定。但在该标准中没有对防辐射镜片做任何的规定。

目前国家没有专门针对于防辐射镜片的检测标准和检测方法,各个生产防辐射镜片的厂家都制定自己的检测标准和检测方法。有关防辐射镜片的主要检测方法包括外观观察和测量电阻的方法。外观观察主要从膜层颜色、镜片特征等多方面进行,对于普通消费者来说很难分辨。测量电阻的方法的原理是利用防辐射镜片的表面是采用具有导电特性的金属膜层,当采用万用表在镀防辐射镜片的表面把表调至欧姆档(×10K)上进行测量时,能够测到几千欧不等的电阻。

第四节 防辐射镜片标准解析

防辐射镜片是指可以阻挡某种特定电磁波谱的镜片。一般来说使用场合可以分为作业场所防护和公众防护两类。

一、激光辐射卫生标准

1. 激光对眼的伤害

眼是人体对激光最敏感的器官。由于激光的特性,可使能量在空间和时间上高度集中。由于眼晶状体具有聚焦的作用,使视网膜在单位面积上所受激光照射的能量(功率),比相应的角膜入射量提高了近 10 万倍。激光单色性好,在眼底的色差小。由于脉冲激光比瞬目反射快得多(人眼瞬目反射时间通常是 $150 \sim 250$ ms,而激光脉冲可短至 10^{-6} s 甚至 10^{-12} s 级)。再加上在极短的瞬间,在极小的面积上能量的集中释放,所以,即使是低剂量的激光照射也可引起眼角膜或视网膜的严重损伤。受激光损伤,轻者呈现视网膜凝固水肿损伤斑,为灰白色,病程 $1 \sim 2$ 周,水肿消退。损伤重者视网膜灼伤,出现裂孔、出血,病程为 $3 \sim 4$ 周,一旦出血吸收后,留有色素沉着并形成斑痕。当病变范围涉及黄斑区,则视力严重下降。相当一部分人视力降到 0.1 以下。

表 4-2　不同波长激光眼损伤部位

波长分区	波长范围(nm)	主要损伤部位
紫外激光	180～400	角膜、晶状体
可见激光	400～700	视网膜、脉络膜
近红外激光	700～1 400	视网膜、脉络膜、晶状体
中、远红外激光	1 400～10^6	角膜

2. 激光安全的强制标准

现在我国使用关于激光安全的强制标准有:CJB-2408-95 激光防护眼镜防护性能测试方法,GJB-1762-93 激光防护眼镜生理卫生防护要求,JB/T 5524-91 实验室激光安全规则,作业场所激光辐射卫生标准 GB 10435—1989。

在作业场所激光辐射卫生标准 GB 10435—1989 中明确了眼直视激光束的最大容许照射量。其波长、照射时间和最大容许照射量的关系见表 4-3。

表 4-3　眼直视激光束的最大容许照射量

	波长(nm)	照射时间(s)	最大容许照射量
紫外	200～308	10^{-9}～3×10^4	3×10^{-3} J·cm^{-2}
	309～314	10^{-9}～3×10^4	6.3×10^{-2} J·cm^{-2}
	315～400	10^{-9}～10	$0.56t^{1/4}$ J·cm^{-2}
	315～400	10～10^3	1.0 J·cm^{-2}
	315～400	10^3～3×10^4	1×10^{-3} W·cm^{-2}
可见光	400～700	10^{-9}～1.2×10^{-5}	5×10^{-7} J·cm^{-2}
	400～700	1.2×10^{-5}～10	$2.5t^{3/4}\times10^{-3}$ J·cm^{-2}
	400～700	10～10^4	$1.4C_B\times10^{-2}$ J·cm^{-2}
	400～700	10^4～3×10^4	$1.4C_B\times10^{-6}$ W·cm^{-2}
红外	700～1 050	10^{-9}～1.2×10^{-5}	$5C_A\times10^{-7}$ J·cm^{-2}
	700～1 050	1.2×10^{-5}～10^3	$2.5C_At^{3/4}\times10^{-3}$ J·cm^{-2}
	1 050～1 400	10^{-9}～3×10^{-5}	5×10^{-6} J·cm^{-2}
	1 050～1 400	3×10^{-5}～10^3	$12.5C_At^{3/4}\times10^{-3}$ J·cm^{-2}
	700～1 400	10^3～3×10^4	$4.44C_At^{3/4}\times10^{-4}$ W·cm^{-2}
远红外	1 400～10^6	10^{-9}～10^{-7}	0.01 J·cm^{-2}
	1 400～10^6	10^{-7}～10	$0.56t^{1/4}$ J·cm^{-2}
	1 400～10^6	>10	0.1 W·cm^{-2}

在 GB/T17736—1999 激光防护镜主要参数测试方法中明确了采用激光防护镜光密度、可见光透射比和损伤阈值来评价激光防护镜的作用和效果。

3. 激光防护眼镜的选用

（1）吸收式、反射式激光防护镜

反射式激光防护镜在基底光学玻璃表面镀以多层的反射介质层。该类型产品的优点是工艺简单、可见光透过率高、衰减率较高、光反应时间快。缺点一是对光源具有严重的选择性。入射光源必须正对防护镜面（入射光为镜面法线方向），其防护作用才最大。否则会出现蓝漂，入射角越大，防护波长越往短波漂移。当防护波段不够宽或防护波长偏短时可能出现斜入射时的完全失效。二是反射介质层易脱掉，而且脱落之后不易肉眼观察，这也是最危险的。国内的反射介质层一般一年左右都会发生脱落。光衰减率越高镀的介质层越厚，越容易脱落。

吸收式防护镜是在基底材料 PC 中添加特种波长的吸收剂。该类型产品的优点是对光源没有选择性，可以安全防护各种漫反射光；任何角度的入射光都得到同样高效的防护。衰减率较高；表面不怕磨损，即使有擦划，不影响光的安全防护；光反应较快；同时对激光器操作中产生的刺眼白光有很好的屏蔽性。其缺点是可见光透过率较低。

（2）激光防护眼镜的选择

激光防护镜有多种类型，所用材料不同，原理各异，应用场合也不同。因此，要提供对激光有效的防护，必须按具体使用要求对激光防护镜进行合理的选择。选择防护镜时，首先根据所用激光器的最大输出功率（或能量）、光束直径、脉冲时间等参数确定激光输出最大辐照度或最大辐照量。其次，按相应波长和照射时间的最大允许辐照量（眼照射限值）确定眼镜所需最小光密度值，并据此选取合适防护镜。选择的具体条件主要有：最大辐照量 H_{max}（J/m^2）或最大辐照度 E_{max}（W/m^2）、特定的防护波长、在相应的防护波长所需最小光密度值、防护镜片的非均匀性、非对称性、入射光角度效应、抗激光辐射能力、可见光透过率、结构和外形等。

二、可见光与紫外线透射比

视觉的形成离不开光源。对于人眼可见的 380～760 nm 光线只是太阳发射的电磁辐射波谱中的一小部分，并受到地球大气吸收和散射的影响。对眼睛产生影响的电磁波谱主要集中在可见光及其附近的紫外和红外波段。波长在 100～380 nm 的部分称为紫外线。紫外线对眼的损害包括对角膜、结膜、虹膜、晶状体、相关上皮的损伤。在 GB 10810.3—2006 眼镜镜片 第三部分：透射比规范及测量方法中规定了眼镜类可见光与紫外线的透射比要求，详见表 4-4 所示。

表 4-4　眼镜类的透射比要求

分类	可见光谱区	紫外光谱区	
	τ_V（380～780）nm	τ_{SUVA}（315～380）nm	τ_{SUVA}（280～315）nm
UV-1		≤1%	
UV-2	>80%	1%<τ_{SUVA}≤10%	≤1%
UV-3		10%<τ_{SUVA}≤30%	

注1：装成老视镜或近用镜只需满足可见光谱区的透射比要求即可。

注2：装成镜左片和右片的光透射比相对偏差不应超过 15%。

三、减反射膜层

在 QB2682—2005 镀膜眼镜镜片减反射膜层性能质量要求中用光反射比和平均反射比来检验镀膜眼镜镜片的减反射膜层。在该标准中特别提出所有测试只针对于镀膜眼镜镜片中的减反射膜层。具体要求如下：

(1) 减反射膜镜片单表面的光反射比 ρ_v 应小于 2.5%；

(2) 明示光反射比 ρ_v 为 W(%)的,则 ρ_v 应小于 1.2W(%)；

(3) 明示平均反射比 ρ_m 为 W(%)的,则 ρ_m 应小于 1.2W(%)；

(4) 镜片表面有效孔径内边缘与中心的反射比差值$|\rho_{中心} - \rho_{边缘}|$应小于 0.3%。

在所有关于眼镜膜层和防护功能的国家标准中,都没有提及包含多频段的防辐射眼镜的检测方法和质量标准。

四、防辐射镜片检测标准

国家眼镜质量监督检验中心委托金陵科技学院负责起草了防辐射镜片检测标准(草稿),但该标准目前尚未正式发布,在本书中分析探讨仅供参考。该标准中关于镜片的防辐射性能提出了具体要求,其中主要内容包括：

(1) 防辐射镜片的防辐射性能特指可见光及紫外波段以外的电磁辐射。

这一条的重要意义在于对防辐射镜片的防辐射功能提出了更准确的电磁波谱范围,目前市场上的防辐射镜片形形色色,很多厂家打着防辐射镜片的旗号,但实际上是利用防紫外线的功能来欺骗消费者。而实际上在 GB 10810.3—2006 眼镜镜片 第三部分:透射比规范及测量方法中已经明确了除老视镜和近用镜外的镜片都必须满足防紫外线的具体要求。在新的标准草案中明确了防辐射性能有利于规范防辐射镜片市场。

(2) 检测系统的周围环境温度应为 15～35℃,相对湿度 45%～75%,气压 86 kPa～106 kPa。检测环境必须满足国家电磁辐射防护规定 GB8702 中 2.2.2 表 2 公众照射导出限值。检测位置需在普通钢筋混凝土构造的室内进行,一般取距离地面及周围墙面 1.5～2 m的位置测量。

这一条的提出是指对于大部分配戴防辐射镜片的人群而言的工作生活环境,而在一些特定环境中性能可能会存在明显的变化。在 GB8702 中对于公众电磁辐射照射导出限值规定了在 24 h 内,环境电磁辐射场的参数在任意连续 6 min 内的不同频率范围内的电场强度(V/m)、磁场强度(A/m)、功率密度(W/m²)平均值的对照参考结果。

(3) 使用符合国家标准的频谱分析仪对空间频率进行分析,在符合要求的空间环境中选择能量最强的频率进行测量。每次测量选择连续 6 min 内的稳定状态的最大值记录该点的测试结果 P_1。然后在频谱分析仪测试探头之前加镜片在同一点按同样方法进行测量和记录数据 P_2。取增加镜片后的测量数据 P_2 与第一次测量数据 P_1 的衰减比值 τ 作为防辐射镜片的分级分类数据,其计算方法如下：

$$\tau = \frac{P_1 - P_2}{P_1}$$

防辐射性能在增加镜片前后的衰减比 τ 满足表 4-5 要求。

表 4-5　防辐射镜片分类标准

衰减比 τ	类别
$\tau \geqslant 50\%$	A 类防辐射镜片
$10\% \leqslant \tau < 50\%$	B 类防辐射镜片
$1\% \leqslant \tau < 10\%$	C 类防辐射镜片

本次征求意见稿没有沿用一贯的测量电阻或者具体辐射值的方法，而采用了衰减比的办法。衰减比对于配戴者而言更具有实际指导意义。因为测量电阻或者具体辐射值而言都有很多不确定性，对测量环境也提出了很高的要求。采用衰减比值的方法能更清晰地描述防辐射镜片的性能和实际防辐射能力。对于防辐射镜片采用以百分比进行分类分级的方式有利于镜片厂家不断创新技术，提高防辐射镜片性能。

习　题

1. 根据电磁辐射的频率特点，对人体产生的效应包括_____、_____、_____。
2. 多食用一些胡萝卜、豆芽、瘦肉、动物肝脏等富含_____和_____的食物，以利于调节人体电磁场紊乱状态，加强肌体抵抗电磁辐射的能力。
3. 电磁辐射的防护措施主要有_____和_____。
4. 吸收材料按吸波原理可以分为_____型吸收材料和_____型吸收材料两大类。
5. 眼用树脂镜片的性能特点多以不同工艺、不同膜层来实现。其主要光学薄膜有_____、_____、_____、_____等。
6. 减反射膜是利用光的_____原理，使通过膜层的光相互抵消以达到减反射的目的。
7. 防辐射镜片按其作用原理可以分为_____防辐射镜片和_____防辐射镜片。
8. 新型吸波材料包括_____、_____、_____、多晶体纤维及电路模拟吸波材料等。
9. 在防辐射镜片中广泛使用的膜系是_____。
10. 单位时间内单位质量的物质吸收的电磁辐射能量称为_____。
11. 阐述不同波长激光对眼损伤的具体部位。
12. 简述人体各器官与电磁波频率的关系。
13. 简述电磁辐射对人体的危害。
14. 简述激光防护眼镜的选择原则。
15. 比吸收率 SAR 的值由哪些因素决定？

参考文献

[1] 刘顺民，刘军民，董星龙等. 电磁波屏蔽及吸波材料[M]. 北京：化学工业出版社，2006
[2] 罗穆夏，张普选，马晓薇. 电磁辐射与电磁防护[J]. 防护装备技术研究，2009(5)
[3] 崔玉理，贺鸿珠. 吸波材料的研究现状及趋势[J]. 上海建材，2011(1)
[4] 杜斌，杨双合等. 电磁辐射屏蔽材料的研究进展综述[J]. 科技信息，2009(3)

［5］　熊俊,宋涛.防辐射材料的研究进展［J］.中国组织工程研究与临床康复,2010(3)

［6］　张翠,万毅.电磁辐射及防辐射措施的研究［J］.科技天地,2006(5)

［7］　陈素芳.论电磁污染的危害及其防护［J］.高等函授学报(自然科学版),2004,18(5)

［8］　许正平,曾群力.电磁辐射的生物学效应及其应用和预防［J］.国际学术动态 2004(3)

［9］　陈光华,黄少文,易小顺.电磁屏蔽材料与吸波材料的性能测试方法及进展［J］.兵器材料科学与工程,2010(3)

［10］　孙国安.电磁场与电磁波理论基础［M］.南京:东南大学出版社,1999

［11］　(英)E. H. Read.电磁辐射［M］.必子宏译.北京:高等教育出版社,1988

［12］　成立顺,孙本双等.ITO 透明导电薄膜的研究进展［J］.稀有金属快报,2008(3)

［13］　杨盟,刁训刚等.氧化铟锡 ITO 薄膜的透明吸波特性研究［J］.功能材料与器件学报,2006(10)

［14］　张桂素,陈宗礼等.激光防护镜防护性能测试方法国家军用标准研究［J］.激光杂志,2001(3)

［15］　刘宝华,孔令丰,郭兴明.国内外现行电磁辐射防护标准介绍与比较［J］.辐射防护,2008(1)

［16］　常天海.氧化铟锡薄膜在光学太阳反射镜上的应用［J］.华南理工大学学报(自然科学版),2003(9)

实验报告实例 4

一、实验目的

1. 掌握频谱分析仪的使用方法。
2. 对防辐射镜片进行相关参数测量。

二、实验内容

掌握频谱分析仪的使用方法,对防辐射镜片进行相关参数测量,要求测量数据并对镜片进行抗辐射性能分析。

三、实验原理、方法和手段

使用符合国家标准的频谱分析仪对空间频率进行分析,在符合要求的空间环境中选择能量最强的频率进行测量。每次测量选择连续 6 min 内的稳定状态的最大值记录该点的测试结果 P_1。然后在频谱分析仪测试探头之前加镜片在同一点按同样方法进行测量和记录数据 P_2。取增加镜片后的测量数据 P_2 与第一次测量数据 P_1 的衰减比值 $\tau = \dfrac{P_1 - P_2}{P_1}$ 作为抗辐射镜片的分级分类数据。

抗辐射性能在增加镜片前后的衰减比 τ 满足表 4-5 的要求。

四、实验组织运行要求

根据本实验的特点、要求和具体条件,采用"以集中授课与学生自主训练为主的开放模式相结合的教学形式"。

五、实验条件

频谱分析仪一台,普通加膜镜片、防辐射镜片若干。

六、实验步骤

1. 练习使用频谱分析仪。
2. 测量增加镜片前后的电磁辐射能量。
3. 对应计算防辐射镜片的等级。
4. 填写相应实验记录表格。

七、思考题

防辐射镜片的测量参数会受到哪些因素的影响?

八、实验记录、数据、表格、图表(见实验报告)

镜片编号	1	2	3	4
初始电磁辐射能量				
增加镜片后电磁辐射能量				
衰减比值				
防辐射镜片等级				

九、其他说明

1. 注意选用普通加膜镜片和防辐射镜片以分别测定镜片相关参数。
2. 可以对照镜片国家标准进行相关比较。

附件六 《防辐射镜片》检测标准(草稿)

1 总则

1.1 为防止电磁辐射污染、保护环境、保障公众健康、提高行业规范,制定本标准。

1.2 本标准适用于江苏省境内一切标记防辐射功能的镜片检测与分级。

1.3 本标准规定了防辐射眼用镜片的防辐射膜层性能要求、试验方法和检验规则。

1.4 本标准中的适用频率范围为 100 kHz—300 GHz。

1.5 一切生产防辐射镜片的单位或部门,均可以制定各自的防辐射限值(标准),各单位或部门的管理限值(标准)应严于本规定的限值。

2 规范性引用文件

下列文件中的条款通过本标准的引用而成为本标准的条款。凡是注日期的引用文件,其随后所有的修改单(不包括勘误的内容)或修订版均不适用于本标准,然而,鼓励根据本标准达成协议的各方研究是否可使用这些文件的最新版本。凡是不注日期的引用文件,其最新版本适用于本标准。

GB/T 2828.1—2003 计数抽样检验程序 第 1 部分 按接收质量限(AQL)检索的逐批检验抽样计划

GB/T 2829—2002 周期检验计数抽样程序及表(适用于对过程稳定性的检验)

GB 10810.1—2005 眼镜镜片 第一部分:单光和多焦点镜片

GB 10810.3—2006 眼镜镜片 第三部分:透射比规范及测量方法

QB 2682—2005 镀膜眼镜镜片减反射膜层性能质量要求

GB 8702 电磁辐射防护规定

3 名词术语

3.1 电磁辐射(electromagnetic radiation):能量以电磁波的形式通过空间传播的现象。

3.2 比吸收率(specific absorption rate SAR):指生物体每单位质量所吸收的电磁辐射功率,即吸收剂量率。

3.3 功率密度(power density):在空间某点上电磁波的量值用单位面积上的功率表示,单位为 W/m²。或在空间某点上坡印廷矢量的值。

4 技术要求

4.1 测试条件

4.1.1 除非另有规定,本部分检测系统的周围环境温度应为 15～35℃,相对湿度 45%～75%,气压 86 kPa～106 kPa。

4.1.2 镜片的光学参数、透射比要求均指在设计参考点得到的测量值。如为标明,则镜片的几何中心即为设计参考点。

4.1.3 整个检测系统应不受明显的振动、气流、烟尘的影响。

4.1.4 检测环境必须满足国家电磁辐射防护规定 GB8702 中 2.2.2 表 2 公众照射导出限值。

4.1.5 测量中应设法或者尽量避免周边偶发的辐射源的干扰,如出现异常数据需停止测量或者采取抗干扰措施。

4.2 镜片要求

4.2.1 材料表面质量

应符合 GB 10810.1—2005 中规定的要求。

4.2.2 顶焦度

应符合 GB 10810.1—2005 表 1 中规定的要求。

4.2.3 柱镜轴位方向

应符合 GB 10810.1—2005 表 2 中规定的要求。

4.2.4 附加顶焦度

应符合 GB 10810.1—2005 表 3 中规定的要求。

4.2.5 光学中心和棱镜度

应符合 GB 10810.1—2005 表 4 中规定的要求。

4.3 镜片几何尺寸

4.3.1 镜片尺寸

镜片尺寸按如下分类:

a) 标称尺寸(d_n):由制造厂标定的尺寸(以 mm 为单位);

b) 有效尺寸(d_e):镜片的实际尺寸(以 mm 为单位);

c) 使用尺寸(d_u):光学使用区的尺寸(以 mm 为单位)。

标明直径的镜片,尺寸偏差应符合下列要求:

a) 有效尺寸,(d_e):

$$d_n - 1\ mm \leqslant d_e \leqslant d_n + 2\ mm$$

b) 使用尺寸,(d_u):

$$d_u \geqslant d_n - 2\ mm$$

使用尺寸允差不适用于具有过渡曲面的镜片,例如缩径镜片等。

作为处方特殊定制镜片,由于其尺寸和厚度要符合所装配眼镜架的尺寸和形状的需要,上述允差对这些镜片不适用,可以由验光师和供片商商议决定。

4.3.2 厚度

有效厚度应在镜片前表面的基准点上,并与该表面垂直进行测量,测量值与标称值的允差为 $\pm 0.3\ mm$;

镜片的标称厚度应由制造者加以标定或由使用者和供片商双方协议决定。作为处方特殊配制的镜片见 4.3.1。

4.4 透射性能

符合 GB 10810.3—2006 表 1 中规定的要求。

4.5 抗辐射膜层性能

4.5.1　最低耐磨要求

按试验后,不应有可见的磨损。

4.5.2　加强型耐磨要求

按试验后,样品经磨擦后雾度值与未经磨擦雾度值之差值应不大于0.8%。

注:明示加硬的镜片应符合加强型耐磨要求。

4.5.3　外观

镜片的膜层不应有明显反射色泽差异,目视能观察到的膜纹不应存在。镜片的膜层在反射光中观察到而在透射光中观察不到的局部干涉色不应有明显的突变。

4.5.4　盐水试验

盐水试验后的镀层表面不应显示任何目视疵病(测试痕迹),例如皱皮、剥皮、裂缝、痕迹、云雾状等缺陷。

4.5.5　低温试验

低温试验后的镜片表面膜层应无龟裂、脱落。

4.5.6　高温试验

高温试验后的镜片表面膜层应无龟裂、脱落。

4.5.7　膜层附着度试验

试验后,不应有任何一个方格整个脱膜。胶带上不应有粘住的镀膜。

4.6　抗辐射性能

抗辐射性能特指可见光及紫外波段以外的电磁辐射。检测位置需在普通钢筋混凝土构造的室内进行,一般取距离地面及周围墙面1.5～2 m的位置测量。抗辐射性能在增加镜片前后的衰减比 τ 满足下表的要求。

表1

衰减比 τ	类别
$\tau \geqslant 50\%$	A 类抗辐射镜片
$10\% \leqslant \tau < 50\%$	B 类抗辐射镜片
$1\% \leqslant \tau < 10\%$	C 类抗辐射镜片

5　试验方法

5.1　顶焦度的测量方法

按 GB10810.1—2005 中试验方法 6.1 进行。

5.2　柱镜轴位的测量方法

按 GB10810.1—2005 中试验方法 6.2 进行。

5.3　光学中心和棱镜度

按 GB10810.1—2005 中试验方法 6.3 进行。

5.4　附加顶焦度

按 GB10810.1—2005 中试验方法 6.4 进行。

5.5　材料和表面质量

按 GB10810.1—2005 中试验方法 6.5 进行。

5.6　透射性能

使用透射比示值误差的绝对值不大于 2% 的分光光度计测定光谱透射比，测得的可见光透射比，紫外透射比应符合 GB10810.3—2006 中表 1 规定的要求。

5.7　膜层耐磨性

5.7.1　耐磨最低要求

按 QB 2682—2005 试验方法 5.4.1 进行。

5.7.2　耐磨加强型要求

按 QB 2682—2005 试验方法 5.4.2 进行。

5.8　膜层外观

按 QB 2682—2005 试验方法 5.5 进行。

5.9　盐水试验

按 QB 2682—2005 试验方法 5.6 进行。

5.10　高温试验

按 QB 2682—2005 试验方法 5.7 进行。

5.11　低温试验

按 QB 2682—2005 试验方法 5.8 进行。

5.12　膜层附着度

按 QB 2682—2005 试验方法 5.9 进行。

5.13　抗辐射性能

使用符合国家标准的频谱分析仪对空间频率进行分析，在符合要求的空间环境中选择选择能量最强的频率进行电磁辐射能量测量。每次测量选择连续 6 min 内的稳定状态的最大值记录该点的测试结果 P_1。然后在频谱分析仪测试探头之前加镜片在同一点按同样方法进行测量和记录数据 P_2。取增加镜片后的测量数据 P_2 与第一次测量数据 P_1 的衰减比值 $\tau = \dfrac{P_1 - P_2}{P_1}$ 作为抗辐射镜片的分级分类数据。

6　检验规则

出厂的批量产品按 GB/T2828.1 的一般检验水平为 4.0 进行验收或抽样，接收质量限为 4.0 见表 2。

表 2　抽样方案

产品质量范围 N	合格质量水平（AQL＝4.0）		
	抽样样本大小 n	接收数 Ac	拒收数 Re
0～90	10	1	2
90～150	20	2	3
151～280	32	3	4
281～500	50	5	6

（续表）

产品质量范围 N	合格质量水平（AQL＝4.0）		
	抽样样本大小 n	接收数 Ac	拒收数 Re
501～1200	80	7	8
1201～3200	125	10	11
3201～10000	200	14	15
10001～35000	315	21	22

7　标志和包装

7.1　标志

镜片每片装一纸袋，纸袋上应注明下列技术参数：

顶焦度值（D）；

直径（mm）；

基准点厚度（mm）；

设计基准点厚度（mm），如未标明，则该点即为镜片几何中心；

色泽（若非无色）；

镀层的情况；

材料的折射率（四位有效数字）及色散系数（三位有效数字）；

生产厂或供片商的名称或地址；

采用标准号；

注：基准点厚度也可以文件形式提供。

7.2　多焦点镜片、渐进多焦点镜片应附加标注：

子镜片顶焦度数值；

子镜片的规格尺寸（mm）；

右镜片或左镜片；

子镜片的棱镜度（△）；

设计款式或贸易用名。

7.3　包装

每片装一纸袋，根据不同的顶焦度分别装盒，包装盒上先注明7.1全部内容外，应标明数量、出厂日期和检验标记。

作业场所超高频辐射卫生标准 GB 10437－1989

本标准规定了作业场所超高频辐射的容许限值及测试方法。

本标准适用于接触超高频辐射的所有作业。

1　名词术语

1.1　超高频辐射

超高频辐射(即超短波)系指频率为 30 MHz～300 MHz 或波长为 10 m～1 m 的电磁辐射。

1.2　脉冲波与连续波

以脉冲调制所产生的超短波称脉冲波；以连续振荡所产生的超短波称连续波。

1.3　功率密度

单位时间、单位面积内所接受超高频辐射的能量称功率密度,以 P 表示,单位为 mW/cm^2。在远区场,功率密度与电场强度 E(V/m)或磁场强度 H(A/m)之间的关系如下：

$$P = E^2/3770 (mW/cm^2) \qquad (1)$$
$$P = 37.7 \times H^2 (mW/cm^2) \qquad (2)$$

2　卫生标准限值

2.1　连续波

一日内：8 h 暴露时不得超过 $0.05mW/cm^2$(14V/m)；4 h 暴露时不得超过 $0.1mW/cm^2$(19V/m)。

2.2　脉冲波

一日内：8 h 暴露时不得超过 $0.025mW/cm^2$(10V/m)；4 h 暴露时不得超过 $0.05mW/cm^2$(14V/m)。

3　测试方法

见附录 A(补充件)。

4　监督执行

各级卫生防疫机构负责监督本标准的执行。

附录 A　超高频辐射测试方法(补充件)

A1　测试对象

本方法用于超高频作业人员工作地点的辐射强度以及各种超高频设备泄漏辐射强度的测量。

A2　测量仪器

在国家尚未建立统一标准场前,可暂用北京 774 厂生产的 DCHY-801 型近区场电场测量仪。

A3　测试位置

A3.1　工作地点场强测量时,应分别测量操作位的头、胸、腹各部位。

A3.2　对设备泄漏场强测量时,可将仪器天线探头置于距设备 5 cm 处测量。其所测数值仅供防护时参考。

A4　测试方法

由于 DCHY‐801 型仪器的天线探头非各向同性，且仅能测电场强度，因此使用时，应将偶极子天线对准电场矢量，旋转探头读出最大值。测量时手握探头下部，手臂尽量伸直，测量者身体应避开天线杆的延伸线方向，探头周围 1 m 内不应站人或放置其他物品，探头与发射源设备及馈线应保持一定距离（至少 0.3 m）。

作业场所微波辐射卫生标准 GB 10436‐1989

本标准规定了作业场所微波辐射卫生标准及测试方法。

本标准适用于接触微波辐射的各类作业，不包括居民所受环境辐射及接受微波诊断或治疗的辐射。

1　名词术语

1.1　微波

微波是指频率为 300 MHz（兆赫）～300 GHz，相应波长为 1 m～1 mm 范围内的电磁波。

1.2　脉冲波与连续波

以脉冲调制的微波简称为脉冲波，不用脉冲调制的连续振荡的微波简称连续波。

1.3　固定辐射与非固定辐射

雷达天线辐射，应区分为固定辐射与非固定辐射。固定辐射是指固定天线（波束）的辐射；或运转天线，其被测位所受辐射时间（t_0）与天线运转一周时间（T）之比大于 0.1 的辐射（即 t_0/T）。此处的 t_0 是指被测位所受辐射大于或等于主波束最大平均功率密度 50% 强度时的时间。非固定辐射是指运转天线的 $t_0/T < 0.1$ 的辐射。

1.4　肢体局部辐射与全身辐射

在操作微波设备过程中，仅手或脚部受辐射称肢体局部辐射；除肢体局部外的其他部位，包括头、胸、腹等一处或几处受辐射，概作全身辐射。

1.5　功率密度

功率密度表示微波在单位面积上的辐射功率，其计量单位为 $\mu W/cm^2$ 或 mW/cm^2。

1.6　平均功率密度及日剂量

平均功率密度表示微波在单位面积上一个工作日内的平均辐射功率；日剂量表示一日接受微波辐射的总能量，等于平均功率密度与受辐射时间的乘积。计量单位为 $\mu W \cdot h/cm^2$ 或 $mW \cdot h/cm^2$。

2　卫生标准限量值

作业人员操作位容许微波辐射的平均功率密度应符合以下规定：

2.1　连续波

一日 8 h 暴露的平均功率密度为 $50\mu W/cm^2$；小于或大于 8 h 暴露的平均功率密度以式（1）计算（即日剂量不超过 $400\mu W \cdot h/cm^2$）。

$$P_d = \frac{400}{t} \qquad\qquad (1)$$

式中：P_d 为容许辐射平均功率密度，$\mu\mathrm{W/cm^2}$；t 为受辐射时间，h。

2.2　脉冲波(固定辐射)

一日 8 h 平均功率密度为 $25\mu\mathrm{W/cm^2}$；小于或大于 8 h 暴露的平均功率密度以式(2)计算(即日剂量不超过 $200\mu\mathrm{W \cdot h/cm^2}$)。

$$P_d = \frac{200}{t} \qquad\qquad (2)$$

脉冲波非固定辐射的容许强度(平均功率密度)与连续波相同。

2.3　肢体局部辐射(不区分连续波和脉冲波)

一日 8 h 暴露的平均功率密度为 $500\mu\mathrm{W/cm^2}$；小于或大于 8 h 暴露的平均功率密度以式(3)计算(即日剂量不超过 $4000\mu\mathrm{W \cdot h/cm^2}$)。

$$P_d = \frac{4\,000}{t} \qquad\qquad (3)$$

2.4　短时间暴露最高功率密度的限制

当需要在大于 $1\mathrm{mW/cm^2}$ 辐射强度的环境中工作时，除按日剂量容许强度计算暴露时间外，还需使用个人防护，但操作位最大辐射强度不得大于 $5\mathrm{mW/cm^2}$。

3　测试方法

本标准检测方法见附录 A(补充件)。

4　监督执行

各级卫生防疫机构负责监督本标准的执行。

附录 A

微波辐射测试方法

(补充件)

A1　测试对象

本方法用于微波作业人员操作位辐射强度的测量，以及各种微波设备的泄漏测量。

A2　测试条件及方法

1　测试位置

A2.1.1　为代表作业人员所受辐射强度，必须在各操作位分别予以测定。一般应以头和胸部为代表。

A2.1.2　当操作中某些部位可能受更强辐射时，应予以加测。如需眼观察波导口或天线向下腹部辐射时，应分别加测眼部或下腹部。

A2.1.3　当需要探索其主要辐射源，了解设备泄漏情况时，可紧靠设备测试，其所测值仅供防护时参考。

A2.2　测试条件

A2.2.1　微波设备处于通常的工作状态。

A2.2.2　测试中仪器探头应避免红外线及阳光的直接照射及其他外界干扰。

A2.3　测量仪器

测量使用仪器，在国家未建立统一标准场前，暂以江苏宿迁无线电厂生产的 RL－761型微波漏能仪，以及上海无线电二十六厂生产的 RCO－1A 微波漏能仪为测量使用仪器，但需定期校正。

A2.4　测试方法及数据处理

A2.4.1　在目前使用非各向同性探头的仪器测试时，将探头对着辐射方向，旋转探头至最大值。

A2.4.2　各测定点均需重复测试 2～3 次，取其平均值。

A2.4.3　测试值的取舍：全身辐射取头、胸、腹等处的最高值；肢体局部辐射取肢体某点的最高值；既有全身，又有局部的辐射，则取除肢体外所测得的最高值。

附加说明：

本标准由卫生部卫生防疫司提出。

本标准由浙江医科大学负责起草。

本标准主要起草人姜槐、邵斌杰。

本标准由卫生部委托技术归口单位中国预防医学科学院劳动卫生与职业病研究所负责解释。

第五章　太阳镜质量检测

太阳镜除了可以减少可见光的辐射强度外,还可以减少紫外线和红外线辐射。偏振太阳镜还可以用来消除水面、雪地、碎石路面的水平反射。太阳镜现今更多的被赋予了时尚气息。但太阳镜最根本的作用是为眼睛提供辐射防护。对太阳镜的基本要求是:消除不需要的可能对眼睛有损害的辐射波段;减少进入眼睛的环境光线强度,提供清晰、舒适的功能性视觉;保持正常的色觉,体现在能迅速、准确的识别交通信号灯;维持量得暗适应或夜间视觉;抗冲击性能和耐磨损性能好。

第一节　太阳镜基础知识

一、光线对眼的潜在损害

1. 与眼睛有关的电磁辐射

人类的日常活动离不开光线,通常眼睛所能感受到的光线为光谱中波长为 380 nm～780 nm 的部分,称之为可见光(visible light,VIS)。对于可见光,眼睛屈光介质的通透率大约为 90%。这部分光线只是太阳发射的电磁辐射波谱中的一小部分,并受到地球大气吸收和散射的影响。对眼睛产生影响的电磁波谱主要集中在可见光及其附近波段。通常习惯将波长在 100 nm～380 nm 的部分称为紫外线(ultraviolet,UV),波长在 780 nm～1 mm 的部分称为红外线(infrared,IR)。根据波长分类:

(1) 紫外线(UV)又分为:UVA,波长 315 nm～380 nm;UVB,波长 280 nm～315 nm;UVC,波长 100 nm～280 nm。

(2) 红外线(IR)又分为:IRA,波长 780 nm～1400 nm;IRB,波长 1 400 nm～3 000 nm;IRC,波长 3 000 nm～1 mm。

2. 辐射导致眼部组织损伤的机制

(1) 热效应

长期暴露在波长较长的辐射源环境下,局部组织因分子运动率增加,温度升高而产生热效应。波长较长的辐射光子能量较低,通常不会对眼组织造成损伤,但在高强度的低能量的长波辐射环境下,如一些高温职业环境(高炉及玻璃工人等)中,红外线(IR)会对眼睛造成伤害。

(2) 光化学效应

短波长的辐射对于眼睛的损害,特别是晶体和视网膜的损害更加明显。波长较短的辐射光子能量较高,可能会使局部组织化学键断裂而破坏分子结构,从而导致局部眼组织的损伤。一般对于眼组织而言,短波长的 UV 辐射危害比长波长的 IR 辐射危害更大。

（3）Draper 定律

辐射在被眼组织吸收时对眼睛产生损害，只有被系统吸收的那一部分入射能量才能对系统产生改变或影响。如果辐射能够直接穿透或被反射而没有被组织分子吸收则不会对组织产生影响，这个原理叫做 Draper 定律（Draper's law）。

3. 辐射在眼组织中的穿透特点

环境水平的微波和伽马（γ）射线等可以直接穿透眼组织。眼前段组织对短波紫外线（远紫外）和长波红外线（远红外）可全部吸收，长波紫外线（近紫外）可被晶状体吸收。可见光和短波红外线（近红外）辐射能够到达眼底视网膜。800 nm 左右的红外线辐射能够穿透角膜、房水和晶状体到达视网膜。这些被吸收的波段辐射会对眼组织的形态和生理功能产生影响。对人眼具有光化学生物效应的紫外线主要是 UVA 和 UVB 两部分。UVA 大部分被晶状体吸收，仅有少量可穿透屈光介质到达视网膜；UVB 主要被角膜和晶状体所吸收，波长在 295 nm～315 nm 的辐射能够穿透角膜和晶状体到达视网膜。UVB 有很高的光化学效应，过量辐射会在几个小时内引起角膜表面红斑和刺激；如果及时避免持续过量辐射，这种影响则是短暂的，可逆的。UVC 绝大部分被臭氧层所阻断，一般不会对人体造成伤害。

（1）泪膜和角膜可以吸收几乎 100% 的 UVC（＜290 nm），但是，随着波长的增加，穿透性迅速改善。例如，320 nm 的紫外线辐射角膜有 60% 的穿透率。一般认为，波长大于 300 nm 的紫外线辐射可通过绝大多数动物种类的角膜。

（2）正常年轻人晶状体可以吸收绝大部分 370 nm 以下的紫外线辐射。随着年龄的增长，人类晶状体的颜色逐渐变黄，开始吸收更多的 UVA，甚至较短波长的可见光。加之大气对紫外线辐射的吸收特性，晶状体吸收的紫外线辐射主要在 290 nm～370 nm 范围内，即 UVA 和 UVB。

（3）对于成人，仅仅少于 1% 的 320 nm～340 nm 和 2% 的 360 nm 的 UVA 可到达视网膜，这也说明晶状体吸收了到达晶状体的全部 UVB 和大部分 UVA。

4. 眼辐射损伤的主要特点与表现

对人眼造成损害的辐射主要是近紫外线、过强的可见光和近红外线。这些辐射除了来源于自然界外，还有很多来自于人工光源。

（1）紫外线对人眼的损害

依据其生物效应的不同，紫外线辐射可以分为三个波段：① 长波紫外线（UVA 或 UV-A，近紫外）：波长在 315 nm～380 nm，约占射向地球表面所有光线总量的 8%，能使皮肤晒黑，可引起表皮细胞中黑色素颗粒的增加，并可引发某些物质的荧光，易导致患白内障。② 中波紫外线（UVB 或 UV-B）：波长在 280 nm～315 nm，约占射向地球表面所有光线总量的 2%，能使皮肤呈赤斑，易引起角膜炎，且与人类皮肤癌呈剂量相关性。UVB 仅占到达地表的紫外线辐射中的 3%，却具有最大的生物学效应。③ 短波紫外线（UVC 或 UV-C，远紫外）：波长在 100 nm～280 nm，太阳辐射地球时，这部分紫外线可被地球外围大气层的臭氧完全吸收，所以辐射不到地球表面，一般对人体无伤害。生活中主要来源于人造紫外光源，具有杀菌作用。也可能引起皮肤癌。

到达地表的紫外线辐射量受到许多因素制约，例如季节、纬度、海拔、气候、日照时间、周围环境对紫外线辐射的反射率等。其中以太阳天顶角、臭氧浓度、云、地表反射率最为重要。地表紫外线辐射量并不等同于晶状体的紫外线辐射量。人类活动如个人习惯、户外活动时间长短、职业等对眼部紫外线辐射量的影响也是显而易见的,另外一些因素同样可以影响到眼部紫外线辐射量。组织损伤的程度存在剂量依赖关系,即照射时间越长,剂量越大,导致的损伤越严重。

紫外线辐射引起眼的损害包括对角膜、结膜、虹膜、晶状体、相关上皮的损伤。紫外线辐射对眼组织的常见损害包括:

① 角膜和结膜

紫外线辐射在结膜、角膜可导致翼状胬肉、结膜黄斑、光照性角膜炎、气候滴状角膜病变、带状角膜病变等。紫外线性角膜炎,labrador 角膜病(雪盲),红海角膜病等都属于光照性角膜炎,多是由于大量的紫外线反射造成角膜中央损害所致。人类突出的眉弓与深色的眉毛相配合可遮挡来自上方的紫外线照射。高耸的鼻梁可以遮挡来自鼻侧的紫外线辐射。略向前突的下颌及口唇则挡住下方反射而来的紫外线辐射,再配合下陷的眼窝,只有颞侧的紫外线辐射受到的阻挡较少,这或许可以解释为什么鼻侧的翼状胬肉、睑裂斑多于颞侧。翼状胬肉等结膜变性性改变也与紫外线的辐射有关。

暴露于紫外线的角结膜病变的主要有关症状包括眼睛变红、对光线敏感、流泪、感觉严重有异物、疼痛、眼睑痉挛等。辐射具有累积效应。短时间因暴露于紫外线辐射引起的轻微损害,其症状通常在 48 小时内减轻或消退。长时间的紫外线辐射会导致角膜永久性损伤。

② 晶状体

白内障是与紫外线辐射暴露有关的最显著的视觉损害,过量紫外线辐射被认为是白内障增加的主要原因。紫外线辐射对晶状体的损伤主要来源于光化学反应,光化学反应的直接效应是产生大量的氧化剂,其他来源的氧化剂或者抗氧化物质可以加强或减弱紫外线辐射的损伤效应。虹膜中具有大量的黑色素颗粒,可保护虹膜后面的晶状体组织免受紫外线辐射的损伤,因此虹膜的颜色对晶状体的紫外线辐射量有极大的影响。另外房水可以吸收一部分的紫外线辐射,而且房水中具有大量的抗氧化系统,可以中和紫外线辐射产生的氧化剂,因此前房深度对晶状体的紫外线照射量也有较大的影响。

晶体的吸收峰值在 280 nm～300 nm 波段,属于 UVB。由于该波段的吸收率很高,所以在辐射不是很强的情况下仍有可能对人眼晶状体造成损害。紫外线辐射为非电离光线,在被吸收后才能产生效应,其能量被细胞中核酸、蛋白质或其他一些大分子所吸收,一些能量转化为热能消散掉,而另外一部分则改变了某些大分子的空间结构或化学键,紫外线辐射对生物体的危害主要是毁坏蛋白质和 DNA,导致细胞受损。被紫外线照射的细胞 DNA 受到损伤以后,可引起所合成蛋白质的一系列变化,从而导致细胞功能改变,对晶状体细胞内的酶也可产生极大影响,当然这与紫外线辐射波长、物种以及细胞在晶状体中的位置有关。紫外线辐射对 DNA 和晶状体酶的影响最终作用于晶状体蛋白,经 UVB 照射后,α 晶状体蛋白发生重构,但其浑浊度升高。晶状体蛋白中含有丰富的色氨酸、酪氨酸和苯丙氨酸等氨基酸,由于吸收了紫外线,生成大量氧化剂,导致晶状体组织的氧化损伤,产生白内障。

由紫外线辐射引起的白内障多是皮质性白内障,而且晶体的浑浊表现为鼻侧晶状体皮质混浊多于颞侧:鼻下方 57%,颞下方 22%,颞上方 13%,鼻上方 8%。这可能与紫外线多来自于颞上方,经眼屈光系统聚焦于鼻下方有关。

③ 脉络膜与视网膜

眼脉络膜黑色素瘤的发病与紫外线辐射有关。其危险因素包括：蓝眼睛（对短波辐射的散射更多而到达眼底视网膜产生影响）、生活在低纬度地区、喜欢日光浴、使用日光灯、经常去海滩、长期居住在高原积雪地区、很少戴太阳帽或相关护目器具等。日光性黄斑病变多由于眼睛直接注视太阳而引起。这类病人大多不会失明，有一半的人在几个月之后可恢复原先的视力。暗视觉改变多由于在亮光下停留太久，影响暗视觉，这可能与视网膜的视杆细胞损害有关。年龄相关性黄斑变性也多与眼部的光损伤有关，而且经流行病学研究发现年龄相关性黄斑变性和蓝光的关系比紫外线更密切。

（2）红外线对人眼的损害

红外线是太阳光线中众多不可见光线中的一种，由德国科学家霍胥尔于 1800 年发现，又称为红外热辐射。太阳光谱上红外线的波长大于可见光线，波长为 750 nm～1 mm。红外线可分为三部分：① 近红外线（Near Infra-red，NIR）波长 760 nm～1 400 nm；② 中红外线（Middle Infra-red，MIR）波长 1 400 nm～3 000 nm；③ 远红外线（Far Infra-red，FIR）波长 3 000 nm～1 mm。

红外线穿透云雾的能力很强，由于波长越长能量越小，所以对眼睛造成损害的红外线波段在 780 nm～2 000 nm，主要为 NIR 和 MIR。日光中波长大于 3 000 nm 的红外线即 FIR，被大气层中的水蒸气和二氧化碳吸收，泪液和角膜能够吸收大部分波长在 1 400 nm 以上的辐射，所以一般来说，日光中的红外线辐射不会造成视网膜损害。人造红外线光源，如钨、碳、氙弧光灯、泛光灯，以及一些激光光源会产生远高于日光中的红外线辐射。

红外线通常由高温物体产生，对眼部的损伤主要是热作用，这是由于红外线的振动传播能量被组织吸收后，组织中的分子产生旋转、振荡变化，分子运动率增加，导致局部组织温度升高而引起热损伤。温度升高的同时导致生物分子空间结构发生细微变化，出现变性。组织中的酶等球形蛋白质因变性而丧失功能，最终导致细胞死亡。紫外线产生的热效应有较长的潜伏期，而红外线的热损害很快，能引起角膜蛋白凝固，虹膜充血、脱色素、萎缩，晶状体囊脱落、蛋白凝固、白内障，视网膜坏死性灼伤。

红外线辐射引起眼组织损伤的阈值与光源强度、暴露时间有关。角膜、虹膜和晶状体对红外线损害同样敏感，但是引起视网膜损害所需要的暴露量则更大一些。角膜对视网膜可能起一定保护作用，但是阈值下辐射的效应可以累积。而且，当光源发光强度很高、传递时间很短时，视网膜和晶状体都可能受到严重的损害，而角膜的损伤反而比较轻微。这种情况可见激光引起的眼组织损害。

红外线造成的眼部损害常见的有：由于长期暴露在低能量的短波红外线环境下（如高炉及玻璃工人）所造成的慢性睑缘炎、热性白内障，观察日蚀而引起的日蚀性视网膜灼伤。白内障的产生与短波红外线的作用有关，波长大于 1 500 nm 的红外线不引起白内障。

（3）可见光对人眼的损害

人眼正常的功能离不开可见光。视觉的形成主要是可见光经眼的屈光系统进入眼内到达视网膜，经感光细胞吸收光线产生光化学反应，再经双极细胞和神经节细胞的信息传递，通过视神经视路的信息转换并传递到视觉中枢形成视觉。角膜、房水、晶状体和玻璃体对大部分可见光辐射是通透的，正常水平的可见光一般并不损害人眼。

强度过高的可见光，可以来源于日光，或人造光源，这类辐射聚焦在视网膜上，使视网膜单位面积接受的辐射量远高于角膜单位面积的辐射能量,将对视网膜造成损伤。可见光的损害机制也包括热效应和光化学效应。热效应的产生大多集中在波长较长的红光及近红外线辐射区域,辐射能量被视网膜感光细胞、视网膜色素上皮细胞和脉络膜吸收。可见光中的长波和短波辐射都能引起光化学反应,其中短波能量较高,损害也较大,如蓝光损害。

可见光导致眼部组织的损伤主要有日光性视网膜病变。日光性视网膜病变,也叫日食盲,是因为直接注视太阳而缺乏必要的眼睛保护所致。眼屈光系统角膜和晶状体的折射作用使视网膜单位面积能量远远高于角膜单位面积能量,高能量的短波可见光(400 nm～500 nm)通过光化学作用破坏感光细胞的外节。因该波段属于蓝光区域,故称这种损害为蓝光损害。波长 440 nm 附近的蓝光是引起视网膜损害的最危险的可见光波段。在日常生活中,日光中的蓝光并不会引起视网膜损害。主要的蓝光损害来自于人造光源,因慢性积累而导致视网膜损害,因此在这些工作环境中眼睛对于蓝光损害的防护尤其重要。蓝光和紫外线在很多情况下来自于相同的光源,比如:弧光灯(探照灯),具有很高 UV,很高蓝光;太阳灯(275 W),具有高 UV,高蓝光;投影灯(350 W)具有低 UV,高蓝光;白炽灯(60 W)具有低 UV,低蓝光,相对安全。

日光性视网膜病变的主要症状有患眼出现致密的中心小盲区、视力下降、色觉障碍、视物变形等。很多病例发生在直接用肉眼观看日食。长时间注视太阳,除光化学变化外还会由于长波可见光和红外线辐射的吸收导致视网膜色素上皮热损伤。正常人眼的晶状体可以吸收部分紫外辐射,阻断部分蓝光,白内障手术后进行的人工晶体置换手术,使患者的视网膜受光损伤机会大大增加。

二、光学辐射防护

1. 光学辐射防护的原理

辐射引起的眼部组织损害可能是即时的,也可能是累积的。辐射防护的总体原则是"防患于未然"。以下是用来评估环境辐射是否达到需要防护程度的几种指标:

(1) 安全暴露时限(safety exposure duration,SED)

是组织辐射暴露阈值和光源照射强度之间的比值。SED 可以用来计算 UV、VIS 和 IR 的防护。光源可以是长波段,也可以是短波段,只要组织暴露阈值和光源照射强度是在同一个波段范围之内。SED 也可以用来评估滤光片提供防护的功能。

(2) 保护因子(protection factor,PF)

引起组织损害的照射强度阈值和光源照射强度之间的比值。可以用来计算 UV、VIS 和 IR 波段的电磁辐射的损害。

(3) 相对效应系数(relative effectiveness,RE)

在 200 nm～320 nm 紫外线波段,可以引起光敏感性角膜炎、白内障等损害的不同波长的相对权重系数,以 270 nm 最高为 1.00。

2. 光学辐射防护的主要形式

(1) 对紫外线的防护

人类接受的紫外辐射主要来自于自然界。臭氧层的不断消耗使得对紫外线的防护显得尤为重要,对紫外线辐射的光学防护主要采取吸收、偏振、干涉滤光的原理来去除过量的光辐射。

紫外线对眼组织的损伤应受到广泛的重视。人们于户外进行活动或从事焊接等特殊工作时,也应有意识地选择具有紫外线滤过功能的眼镜或接触镜,以保证眼睛的健康。而无晶体患者,应选择可吸收紫外线的人工晶体,确保视网膜免受损伤。

目前常用的防护措施是具有紫外线吸收作用的框架镜、太阳镜、接触镜、人工晶体。

（2）对红外线的防护

对红外线辐射的防护是采用真空环境下镀反射镜式金属膜层。吸收式镜片会将 IR 以热能的形式再次辐射,很容易穿过眼组织到达视网膜。膜层最常用的金属是金、银、铜和铝。膜层厚度与相应的辐射波长相比,要尽可能小,厚度过大会使反射减少。在考虑对红外线的防护时可结合对紫外线等其他辐射的防护。

（3）对可见光的防护

对过量可见光辐射的防护主要是采用太阳镜。对于清晰、舒适的视觉来说,$1\,370\ cd/m^2$（400ft L）的亮度是比较理想的。这相当于是在充足阳光照耀下的树荫下面的光强度。

太阳镜以透光率或光学密度来表示,在工业界也有用光影系数（shade number）来表示。光影系数与光学密度的关系为:光影系数＝7/3 光学密度＋1。太阳镜光学密度一般要在1.0 以上。

太阳镜减少光的辐射主要通过镜片材料的吸收和表面反射实现:

① 吸收玻璃,是在生产过程中将染色剂均匀分布到镜片材料中。通常是通过在镜片中添加金属氧化物实现辐射防护的目的。在玻璃中添加氧化铁可以吸收 95% 的 UV 和 IR 辐射。添加金属氧化物通常会使镜片产生颜色改变,如氧化钴呈现蓝色、氧化铬呈现绿色、氧化铜呈现青色。在玻璃中加入硅酸和硼酸会增加 UV 透过率。吸收式树脂镜片是在镜片生产过程中或表面加工及割边完成后将有机颜料添加到镜片中。彩色吸收式滤光片可以用来改善视觉功能。滤光片实际上改变的是物体和背景之间的对比度。但是仅凭镜片的颜色或染色来判断其辐射防护功能是不恰当的,例如灰色或中性玻璃片通常可以透过紫外线和红外线,不适宜用作职业 UV 和 IR 防护镜,但是因为其不影响色觉,故可以作为普通太阳镜。

② 吸收树脂,是指将树脂材料或成镜浸泡到染料中,染料可以渗透到表面下 1 mm。CR39 只能吸收紫外线和可见光,而红外线的吸收会使镜片变形。PC 材料则可以吸收红外线。但树脂滤片的颜色并不能说明其透光特性。

③ 反射滤片,在真空环境下于镜片后表面镀一层薄的金属膜,能增加该表面的反射。反射镜片通过将过量的辐射进行反射而进行辐射防护。由于膜层的后表面和空气直接接触,会导致高比例的反射,通常在上面再镀一层氟化镁（即减反射膜）,以减少过多的后表面反射光进入眼睛。表面镀有反射膜的反射式滤光片。反射型镜片主要于镜片表面镀有一层真空金属膜,即可透过可见光、反射红外线,但对紫外线的吸收能力不是很强。

④ 梯度染色,即染色的深度在镜片表面呈现连续变化,通常用于树脂镜片。

⑤ 偏振式滤光片。此种镜片除了吸收过量辐射外,还可以吸收各反射面产生的平面偏振光。反射光线被完全平面偏振,振动面和反射面平行（水平方向）,如果过滤偏振镜片的偏振轴设定为垂直方向,反射光线就会被吸收。由此,偏振滤光片就能过滤反射的眩光光线,

使眼睛看到被非偏振光照射的物体。被偏振片传递的偏振光大约是入射光的32%。

　　⑥干涉式滤光片。由多层电绝缘膜组成,使特定波长的光谱通过。通过控制膜层的材料(即控制折射率)可以改变所通过的光线波长。干涉镜对入射角和气温改变比较敏感,改变入射角和温度都会改变波的干涉,从而改变透过光的波长。

　　除了偏振镜以外,太阳镜一般都不能消除眩光,也不改变对比度。太阳镜只是把眩光减少到眼睛可以耐受的强度水平。普通太阳镜是以相同比例吸收来自物体及其背景的照射强度的,所以对比度并未改变。特殊用途的太阳镜可以以不同比例吸收物体和背景的光,从而改变对比度。眼镜片透光率要在40%以下才能作为防护用太阳镜。彩色太阳镜可以改变眼睛对颜色的分辨能力,所以夜间驾驶一般不可以配戴太阳镜。两片眼镜片的透光率存在差异会影响深度知觉。太阳镜片表面加工质量不好会造成视觉畸变、头痛、眼疲劳等症状。

第二节　太阳镜市场分析

　　太阳镜从用途上可分为一般的遮阳镜、浅色太阳镜和特殊用途太阳镜(滑雪、爬山、海滩等)三大类。遮阳镜为一般常用的太阳镜,对太阳光有较明显的遮挡作用,能减轻强光刺激对人眼造成的伤害。浅色太阳镜对太阳光的阻挡作用不如遮阳镜,但其色彩丰富,适合与各类服饰搭配使用,有很强的装饰作用。特殊用途太阳镜具有很强的遮挡太阳光的功能,常用于海滩、滑雪、爬山等太阳光较强烈的野外。

　　据不完全统计,作为眼镜及太阳镜的生产和进出口第一大国,我国有约6 000家眼镜生产企业、超过3万家眼镜零售企业,在我国境内制造的太阳镜产品的年出口额为6亿~7亿美元,占世界太阳镜总产量的30%~40%。

一、太阳镜市场销售现状分析

1. 太阳镜市场现状

　　无论是从时尚的角度,还是保健的角度,太阳镜已经不再只是两片有色的玻璃片那么简单,它牵动着无数商家和消费者的心。通过有关机构走访全国各地许多大中小城市眼镜市场、大商场以及眼镜连锁店发现,太阳镜价格可谓五花八门,在大商场一般的太阳镜要卖到千元以上,而国内的一些品牌太阳镜,价格大都在几百元,而在眼镜市场,多数太阳镜价格仅为几十元,有的同一档次的太阳镜,价格也有几倍的差距。

　　虽然国外一些知名的品牌太阳镜价格高得让人生畏,但是对于一些高端消费者和时尚人士来说,品牌效应、工艺以及科技含量等因素,是品牌产品价格水涨船高的主要原因。相较而言,对于市场上种类繁多的各种"牌"的太阳镜却存在质疑:"几十元的太阳镜和几百元的差距在哪里?"作为消费者,如何选择合适的令人放心的太阳镜产品,是一个难题。

　　现今,国内市场上的价格较低的太阳镜货源大多来自浙江台州、临海,以及江苏等地的企业,标价在300~400元的太阳镜,通常情况下以1~3折的折扣就能拿到。若来自广东小作坊里的太阳镜,其售价常常是进价的10倍左右,而且根本没有售后服务的保证。有些太阳镜,30 元和 300 元质量上没有差别。目前,国内一些较高价位品牌太阳镜生产地主要是台湾、香港的独资企业或合资企业,多集中在广东、福建等地,其产品质量一般都符合国际标准。产品除覆盖国内市场外,还大量出口到国外。其产品特征为:外包装眼镜袋上印有"PARIM 派丽蒙"字样;镜片贴有"UV－400"标签或激光标签;专用防伪吊牌上条形码清晰,印有"符合美国 F·D·A 标准"字样;产地、电话、厂址清晰。

在许多眼镜店里,营业员总会把太阳镜的各种专业功能作为推销的重点,当然对同一品牌而言,功能越多,价格相对越高。太阳镜基本的功能是减少强光刺激,防止紫外线对眼睛造成的伤害。有些太阳镜功能对普通消费者来说用不着,如果只为满足日常出行防晒需求,只要是正规厂家出的,在保证质量前提下,一二百元就可以买到性价比不错的太阳镜。但是,一些不法商家往往抓住多数消费者的盲从品牌,追求时尚,而花费不要太多的心理,制造和销售伪劣产品。不少人对太阳眼镜的挑选仍停留于美观的考虑,认为太阳眼镜是摩登的饰品,购买时以眼镜的外形为第一考虑的要件,就连服饰店也会摆一大堆的太阳眼镜供人选购以搭配服饰。有些劣质太阳镜以普通玻璃镜片冒充防紫外线镜片,有的太阳镜镜片是次品,甚至是回收的。还有许多产品根本没有厂名、地址、厂家联系电话,更没有标签。长期戴这些质量低劣的太阳镜,将会对眼睛造成伤害。

2. 如何选购太阳镜产品

国产太阳镜,尽管品牌众多,但消费者能够叫得上名的品牌寥寥无几。相比之下,很多消费者尽管不会选择进口品牌的太阳镜,但是对一些知名品牌还是略知一二的,而对众多国产品牌,知道的人却不多。很多消费者在购买太阳镜的时候并没有太在意它的品牌,只是觉得适合自己佩戴就买了,花费也一般不高。国产太阳镜不太重视自身的宣传,有些虽材质一样,大牌能要价几千元,而国产的一般也就几百元,再高就卖不出去了。而且国产品牌在设计上没有下功夫,更多的是模仿,没有注入自己的个性元素。由此造成许多注重品牌和质量的消费者更多地选择国际知名品牌。

(1) 根据太阳镜的防紫外标志进行选择

太阳镜的主要作用是防强光和弦光,特别是防紫外线照射,在夏天保障眼睛健康不受损害。因此,简单地说,在购买时一定要注意镜片及包装上有无"UV400"和"防紫外线"标志、标识。根据 QB2457—1999 对标志的要求,每副眼镜均应标明执行的标准代号(QB2457等)、类别(遮阳镜或浅色太阳镜等)及生产厂名和商标。类别的标明,可供消费者在挑选太阳镜时能根据用途和场所进行正确选购。

一副符合我国现行标准的太阳镜,并不一定具有防紫外或抗冲击等附加的防护性能,只有当产品上有明示性能时,才会对这些指标进行考核:

① 有关防紫外功能的标识

紫外线是指波长在 100 nm～380 nm 之间的太阳光线,包括三类:UVA 波段为315 nm～380 nm,UVB 波段为 280 nm～315 nm,UVC 波段为 100 nm～280 nm。到达地球表面的太阳光线(290 nm～2 000 nm)中紫外线约占 13%,其中 UVA 占 97%,UVB 占 3%,UVC 接近于 0。紫外线对人眼的损伤主要决定于紫外线的波长、辐射时间和辐射强度以及人眼自身防卫机制的强弱,角膜、晶状体是最常受到紫外线损害的眼部组织,日光性角膜炎和角膜内皮损伤、日光性白内障是与之最相关的眼部疾病。为了保护眼睛的健康,可以选择具有防紫外功能的太阳镜,尽量消除 380 nm 以下的紫外线。选购时应特别注意玻璃镜片的防紫外功能,从抽查统计情况来看,玻璃片很难完全达到防紫外的要求。

②　有关安全性能的标识

具有安全防护性能的太阳镜,其镜片采用诸如 PC 片等抗冲击的材料制作,在标签和说明书上往往会标上"有抗冲击性能"、"通过美国 FDA 认证"、"符合欧美最高标准"等等,如果产品能达到标识上的要求,对于摩托车手、驾驶员等对安全性能有特殊要求的消费者就是一种很好的选择。

很多人都误认为镜片颜色的深浅与防紫外线性能成正比,事实是镜片颜色的深浅仅指可见光的透过率,用肉眼就可以判断,而紫外线是肉眼不能观察到的,镜片防紫外线性能就只能通过紫外光谱分析仪才能检测到。简单的一个测试防紫外线的方法是:取一张百元的人民币钞票放入紫光灯的光区内,打开灯开关后,人民币上的图案在灯光下呈黄色显示,十分清楚。此时再将太阳镜片放在人民币上,图案因紫外线被阻挡会立即消失,这说明太阳镜具有阻挡紫外线的能力。若图案在反射区内没有消失,提示该太阳镜没有防紫外线的功能,这样的太阳镜不合格,不能买。

(2)　根据太阳镜的质量和功能进行选择

消费者选购太阳镜,首先要确定自己选购的目的是为遮阳,还是为了配服饰、起装饰;除了遮阳以外,是否还有防紫外功能方面的要求;对镜片的安全性能有无特殊要求;只有明确这些目的,再结合款式和戴在本人脸部的实际效果,才能购买一副合适的太阳镜。目前在市场销售的太阳镜主要有两种类别:一类是"遮阳镜",人在阳光下通常要靠调节瞳孔大小来调节光通量,当光线强度超过人眼调节能力,就会对人眼造成伤害。遮阳镜能起到遮挡阳光的作用,减轻因眼睛过度调节造成的疲劳或由强光刺激造成的伤害;另一类是"浅色太阳镜",也是近几年比较流行的品种,主要起到装饰作用,当阳光不强烈的时候也可使用。浅色太阳镜由于其色彩鲜艳、丰富,款式新颖、多样,受到了年轻一族的青睐,时尚女性对其更是宠爱有加。对于这一类品种,如果没有科学的理解,会给使用者带来不利的影响。比如,长期配戴某些色彩的眼镜会导致人眼疲劳,如果配戴者误把这类眼镜也当遮阳镜用,不但起不到遮阳的效果,还可能损伤人的眼睛。

镜片颜色深浅的选择,应视所需活动的场所而定,针对不同的光源和场合,镜片的颜色会影响遮光效果。要使太阳镜能有效遮挡夏季强光,眼镜的颜色应有足够的深度,但骑车或驾车者,不要选择颜色太深的镜片。黄色、橙色和浅红色的太阳镜易导致眼睛过度疲劳,但黄色镜片分辨红、绿的性能较好,适于分辨交通信号和标记。

最后,在选择时还要注意镜片表面要光滑、无波纹、无瑕疵、无气泡、无磨痕,将镜片平放,从水平方向上看镜片无翘曲。可将太阳镜拿到距眼睛 45 cm 处,透过眼镜观察周围的垂直线和水平线,再将眼镜上下前后移动。如发现直线歪曲或摆动的情况,说明该镜片变形,不宜购买,凹凸不平或有痕迹、气泡的镜片也不宜选购。

(3)　根据太阳镜与面部的搭配进行选择

太阳镜作为时尚品,在选购时还要考虑眼镜与脸型、衣着、气质等的协调搭配。特别是面部五官对太阳镜的选择具有一定的限制。

　　眉毛对脸部形象的影响举足轻重,眉毛与太阳镜框架的上端相齐,稍稍高于框架最为理想。上翘的眉毛、眉梢自然无法与太阳镜框架对拢,但眉头必须与框架相合。不宜选择框架也是上翘的太阳镜,避免产生"翘"上加"翘"的滑稽感,此时须选择框架平直的太阳镜。眼睛在镜片中的不同位置会给人不同的印象。一般来说,眼睛位置偏上,显得吊儿郎当,无精打采;偏下则感觉滑稽。如将眼镜横向一分为二,眼睛处于"分界线"稍稍偏上的位置为最佳。眼睛位置的调节可通过眼镜的鼻垫及眼镜腿进行。鼻子是脸部唯一纵向的线条,强调该线条,可增强脸部的立体感。鼻子短的人应挑选镜片框架接头处于上方的太阳镜;反之则应选择接头在下方的太阳镜,可有效地"缩短"鼻子的长度。镜片框架接头高的太阳镜同样适合鼻子较大的人,若框架不触及鼻子,且框架本身较细的太阳镜,效果更佳。细长脸型的人应取上下纵幅较宽的圆形眼镜,以弥补长脸的"缺陷"。细长的脸型难免欠"柔",可选择粉红或葡萄酒红等暖性色调的镜片来增加面部的柔和感。眼镜腿设计于镜片下方的眼镜,脸部侧面的长度也因此得以"修正"。借助太阳镜,一定程度上可"改善"脸型。胖胖的圆脸适合框架粗大的眼镜,若选择框架线条纤细柔和的太阳镜,会"添油加醋"地将脸庞衬托得更大。镜片也应挑选深色的,有"收紧"脸庞的视觉效果。另外,在衣着服饰与眼镜的搭配上也可以选择风格相近、协调一致搭配或风格迥异的混搭,来展现每个人的时尚气质,把太阳镜与人体更完美地结合起来。

　　总之,作为消费者,在选择太阳镜产品时要考虑产品的质量、品牌、风格、款式的协调等方面,学会保护自己。在购买产品时应索取完整的包装,并将其保存好,这些是制造厂对产品性能的承诺。或让商家将这些附加的防护功能注明在发票上,一旦发生纠纷,就不至于因缺乏证据而被动。

二、太阳镜品牌及流行趋势分析

　　太阳镜作为时尚品,近年来在全世界具有很好的销售成绩,成绩的取得不仅仅是由于太阳镜优美的外观设计和以及大量产品的上市。还在于人们越来越看重太阳镜的防紫外作用,在带来的美的同时还能更好地保护我们的眼睛。需求的增加更加促进了太阳镜产业的快速发展,就全世界而言,众多的大品牌都有太阳镜产品,根据市场调查,销量和知名度较好的太阳镜品牌如下:

　　(1)雷朋(鹏)Ray-Ban(始创于1930年美国,美国空军飞行员专用品,专业的太阳镜企业,美国博士伦公司旗下产品)。Ray为眩光,Ban为阻挡,其产品上有著名的刀刻"RB","RB"是由技艺高超意大利工匠在昂贵的坚硬的钢化玻璃片上完美雕刻的,指甲过处,有明显的凹凸感。仿品镭射或者印刷的,感觉平淡,没有凹凸感。从品牌创立至今,雷朋一直是世界上最畅销的太阳镜品牌,该品牌的高品质和优雅设计及不断革新的光学技术使得高品质镜片成了雷朋太阳镜的最大卖点之一。该品牌镜片以玻璃镜片为主,遮光效果极强,所有镜片都能够百分百阻挡紫外线,同时能过滤红外线等有害光线。同时也有偏光膜技术,镜架的设计同样出色,保证舒适的佩戴。同时雷朋太阳镜的种类不断增加,形成了传统、现代和未来三种风格系列。根据不同消费对象,分为绅士、淑女、运动三种类型:绅士型稳重高贵、淑女型潇洒飘逸、运动型阳光动感。永恒的设计、简洁的款式和质优的风格是这一品牌经久不衰的重要元素。

　　(2)保圣Prosun(中国台湾贸利MAOLIN集团1991年创建,1993年进入中国大陆市场,厦门全圣实业有限公司)。

(3)海豚 PORPOISE(浙江名牌,浙江省著名商标,国内零售市场最畅销的品牌之一,浙江信泰集团有限公司)。

(4)鹰视太阳镜(美国品牌),源自美国宇航局喷气推进器实验室,美国宇航局)。

(5)暴龙太阳镜(知名畅销品牌,厦门雅瑞光学有限公司)。

(6)派丽蒙 PARIM(1992 年进入内地市场的中国台湾时尚品牌,现为福建名牌产品,厦门派丽蒙光学厦门有限公司)。

(7)古奇欧·古孜 GUCCI(开始于 1923 年意大利佛罗伦萨,是意大利著名是时装集团旗下产品,世界著名奢侈品品牌,意大利 GUCCI 公司)。

(8)迪奥 Dior(Christian dior 始于 1946 年法国,代表高贵典雅生活风格精华的世界知名品牌,路威明轩香水化妆品上海有限公司)。

(9)宝姿 PORTS(世界品牌,1961 年源于法国,著名服装公司)。

(10)海伦·凯勒(较专注于女士太阳镜产品,厦门金至实业有限公司)。

(11)浪特梦太阳镜(浙江名牌,知名品牌,及太阳镜研究、设计开发、制造、销售于一体的大型眼镜企业,浙江盈昌眼镜实业有限公司)。

(12)彪马 PUMA 太阳镜,此品牌太阳镜多以运动活力为特色,面弯较大,产品富有动感。

(13)普拉达 Prada 太阳镜,近年眼镜以色彩丰富为特色,设计许多糖果色,清新可爱。

此外,还有范思哲 VERSACE 太阳镜;皮尔卡丹 PierreCardin 太阳镜;CK(Calvin Klein)太阳镜;杜嘉班纳 D&G 太阳镜;阿玛尼 Amani 太阳镜。

以上品牌的太阳镜产品均具有较高的知名度,产品质量较好,设计风格与工艺突出,价格也从高到中等不一,但是一般正品的价格不会很低,市场上一些仿冒产品由于产品的紫外线防护标志及镜片的光学性能等方面质量参差不齐,在选购时要注意鉴别。

太阳镜因其时尚性和流行性及防护性的特点,在生活品质逐渐提高的情况下,越来越受到人们的广泛关注,太阳镜的设计风格和款式也在随着时代的不断发展而不断更新,珠宝首饰元素的运用使得太阳镜的装饰性功能更加突出,越来越多的花饰图案通过镭射、雕刻、喷漆、镶钻等工艺置入镜身。新的加工材料与工艺的延续性将是太阳镜领域发展的持久动力。

三、太阳镜质量现状分析

1.太阳镜质量检验标准

判断太阳镜的优劣可以从质量与审美两方面审视。审美观带有个人因素,质量则是有一定标准的。太阳镜可以防止太阳光强烈刺激对人眼造成伤害,又能起到一定的装饰作用,在炎炎夏日受到了不同年龄层次消费者的喜爱。然而不合格的太阳镜,不仅起不到应有的保护作用,有些劣质产品甚至会对人眼造成伤害,因此,国家对太阳镜产品实行工业产品生产许可证管理。目前世界上通用的标准为美国食品与医药卫生检验局(FDA)标准。

（1）根据 FDA 标准

① 镜片在保障透光率的同时，要滤除阳光中 90％以上的紫外线，镜片应贴"UV-100PROTCTION"标签，当 100％滤除紫外线时，应贴"UV-400PROTECTION"标签，因此查看镜片上的 UV 标签相当重要。

② 镜片不能有光学镜片才有的"屈光度"。一般如果屈光度超过 15％，佩戴时就会有头晕目眩的感觉。

③ 镜片必须有较高的强度并通过耐冲击试验。

（2）根据 QB2457—1999《太阳镜》（具体标准见第四部分标准解析）

① 表面质量和内在疵病，应符合 GB10810 中 5.1.4 的要求。

② 镜片的光学性能（顶焦度、棱镜度），应符合 GB10810 的要求。

③ 镜架要求，应符合 GB/T14214 的要求。

④ 装配精度与整形要求，应符合 GB13511 的要求。

⑤ 透射特性：

a. 光透射比：镜片的光透射比应按照其分类符合表 5-1 的指标。

表 5-1　太阳镜类的透射比要求

分类	可见光谱区	紫外光谱区	
	（380～780）nm	（315～380）nm	（280～315）nm
1	43％<τ_V≤80％	≤5％	≤1％
2	18％<τ_V≤43％		
3	8％<τ_V≤18％		
4	3％<τ_V≤8％	≤0.5τ_V	

注 1：装成太阳镜左片和右片之间的光透比相对偏差不应超过 15％。
注 2：夜用驾驶镜在紫外光谱区范围内没有透射比要求。
注 3：偏光太阳镜按照镜片的分类及包装标志见国家标准。
注 4：以遮阳目的为主的均匀着色或渐变着色镜片分类及包装标志见国家标准。

b. 平均透射比（紫外光谱区）：镜片的平均透射比应按照其分类符合表 5-1 的指标，若镜片被设计作为特殊的防紫外线镜片，其 315 nm～380 nm 近紫外区的平均透射比值应由生产商详细说明。

c. 有关交通信号识别的透射比特性。

2. 国内太阳镜市场的主要质量问题

通常各级质量技术监督局对太阳镜产品质量进行专项监督抽查。现行抽查依据 QB2457—1999《太阳镜》和 GB10810.3—2006《眼镜镜片及相关眼镜产品第 3 部分：透射比规范及测量方法》以及产品的明示质量担保，对镜片材料和表面质量、球镜顶焦度偏差、柱镜顶焦度偏差、棱镜度偏差、镜架外观质量、装配质量、整形要求、可见光透射比、光透射比相对偏差、平均透射比（紫外光谱区）、色极限、交通信号透射比、防紫外性能（企业明示指标）、抗冲击性能（企业明示指标）和产品标识等项目进行检验。常见的产品质量问题主要有：

(1) 平均透射比(紫外光谱区)超标

平均透射比(紫外光谱区)超标，会造成过多的 UVA、UVB 进入人眼，从而对人眼造成伤害。

(2) 产品标示的防紫外性能"名不副实"

标称"100％UV Protection"，防紫外性能指标(企业明示指标)实际测量值要大于标准规定值近 50 倍。

(3) 可见光透射比不合格

遮阳镜与浅色太阳镜用途不同，对于可见光透射比的标准要求也不同。如果错标产品类别(例如将遮阳镜标示为浅色太阳镜或将浅色太阳镜标示为遮阳镜)，就会造成该项目不合格。

第三节　太阳镜质量问题及检测方法

一、太阳镜质量问题

除上述国内市场的太阳镜的主要质量问题，如：平均透射比(紫外光谱区)超标；产品标示的防紫外性能"名不副实"；光透射性能不良等外，目前市场上流行梯度渐变色的太阳镜，通常镜片上部颜色深，下部颜色浅。渐变色太阳镜镜片都是由动态染色而成，由于生产中的一致性较难控制，各批之间颜色和梯度的差异比单色镜片差异大，如果太阳镜生产厂忽视此方面的控制，极其容易使产品左右眼的颜色和透过率不一致，除影响美观外还会增加左右眼的不同调节，严重时会产生视疲劳。

二、太阳镜的检测指标

检测的主要指标有：镜片的光学性能，镜架性能，装配与整形要求，透射特性(包括光透射比、紫外光谱区的平均透射比、有关交通讯号识别的投射比特性如色极限)，抗机械冲击力等。关键性指标如下：

1. 顶焦度偏差

太阳镜一般指光密度一致的无度数平光太阳镜，太阳镜的标称顶焦度值应为 0.00D，在 GB10810 中给出了平光镜片的顶焦度公差，即球镜≤±0.12D，柱镜≤±0.09D，也就是说太阳镜的顶焦度的残存值不能大于上述数值，当然顶焦度越小越好，0.00D 为最佳。镜片制造时的偏差或镜片与镜架的装配不符，都有可能产生顶焦度的偏差(即带有或正或负的顶焦度)，若超出一定范围，则佩戴者可能会感到视物变形，严重的则会影响佩戴者的视力健康。容易产生视觉疲劳、视力下降，给眼睛带来不必要的损伤。

2. 棱镜度

太阳镜的棱镜度也应为 0.00△，若镜片具有棱镜度，则会产生视物移焦，若超过标准允许的范围,则可能导致双眼视物不能合一,或产生高低的不平衡,加剧佩戴者的眼外肌及视觉神经无序调节,严重的还会导致神经调节紊乱,使佩戴者感觉视物变形、不舒适、易疲劳,或产生斜视等严重后果。太阳镜的棱镜度应≤0.25△,镜片棱镜度为零的镜片最佳。

3. 光透射比

光透射比项目是表征太阳镜功能的一个重要指标,光透射比是指透射光通量与入射光通量之比,这个比值代表在可见光波长范围内某镜片(介质)中光透过的量即透过率,也可以理解为照射光线(如阳光)在镜片中透过的量,它反映镜片的遮阳效果。我国现行产品标准按此功能分为三类:遮阳镜、浅色太阳镜和特殊用途太阳镜,而 GB10810.3 透射比规范和测量方法标准中将其细分为四类。QB2457—1999《太阳镜》标准规定:A. 浅色太阳镜光透射比为>40%;B. 遮阳太阳镜光透射比为 8%~40%;C. 特殊用途太阳镜光透射比为 3%~8%。不难看出从 A 类至 C 类太阳镜片的颜色是依次由浅至深的,也可以说镜片的滤光能力是依次加强的。不同类别的太阳镜的光透射比务必严格符合上述要求。类别不同,太阳镜的用途截然不同。

(1)太阳镜类的透射比要求,见表 5-1。

(2)驾驶用镜的透射比要求见 GB10810.3,对交通信号识别(包装标志)应符合下列要求:

① 光透射比

驾驶用镜的光透比 τ_V 不得小于 8%。

日用驾驶镜:在采用标准光源 D_{65} 的条件下,其设计参考点(或几何中心)处的光透射比 τ_V 必须大于或等于 8%。

夜用驾驶镜:在采用标准光源 D_{65} 的条件下,其设计参考点(或几何中心)处的光透射比 τ_V 必须大于或等于 75%。

② 光谱透射比

在(5 00~650)nm 波段内任意波长处的光谱透射比 $\tau(\lambda)$ 不小于 $0.2\tau_V$。

③ 交通信号灯识别的相对视觉衰减因子 Q

红色:≥0.8;黄色:≥0.8;绿色:≥0.6;蓝色:≥0.4。

④ 特殊功能驾驶用镜

除应满足太阳镜国家标准的要求外,还应同时满足生产厂家所标明的特殊功能的技术指标。

4. 紫外平均透射比(紫外光谱区)

反映了太阳镜的紫外线透过情况,透过越小,防紫外能力越强。在 315 nm~380 nm 的 UVA 波段,其平均透射比 $\tau_{SUVA} \leq \tau_V$;在 290 nm~315 nm 的 UVB 波段,其平均透射比 $\tau_{SUVB} \leq 0.5 \tau_V$。当太阳镜满足此项指标,就达到了防护的最基本要求,即在挡住强光的同时又没有增加对紫外光的接受量。由于戴上太阳镜,会降低进入人眼的光通量,致使佩戴者瞳孔增大,所以在同等外界条件下,如果太阳镜不能阻挡相应量的紫外光,人眼将接受比不戴太阳镜时更多的紫外光,即配戴不能防紫外线的深色太阳镜比不配戴太阳镜对眼睛的损害更大。

5. 交通信号透射比

交通信号透射比这一指标主要控制、保证通过不同颜色太阳镜看不同颜色的物体,能保持物体原来的颜色色度。这项技术要求对太阳镜也是非常重要的,试想若一副太阳镜交通信号透射比未达标,会导致配戴者对颜色的分辨率降低,产生色觉干扰,造成色觉混乱,对驾驶员来说,后果更是不堪设想。QB2457—1999《太阳镜》标准明确规定了交通信号透射比(τ_{sig})要求的标准值。对于浅色太阳镜,红色信号:$\geqslant 8\%$;黄色信号:$\geqslant 6\%$;绿色信号:$\geqslant 6\%$;遮阳太阳镜的交通信号透射比要求同上;对于特殊用途太阳镜,如滑雪、爬山、海滩等,对交通信号透射比这项指标暂无要求。

三、太阳镜的检测方法

太阳镜属于个体眼面部防护用品的范畴,衡量其质量的技术指标主要体现在顶焦度、防紫外线、抗机械冲击力、能否阻挡耀眼眩光等几个方面。

1. 顶焦度测量

多年来,国际上关于太阳镜顶焦度的测量方法一直没有统一。由不同测量方法、不同测量原理和不同测量仪器之间的差异所导致的对相同产品出现不同测量结果的情况时有发生,从而引发产品质量争议并进而上升为贸易技术壁垒,影响了国际贸易。

中国作为太阳镜的生产和使用大国,多年来一直使用焦度计。有文献介绍了中国标准化研究院开展的对望远镜法和焦度计法两种不同测量方法之间测量结果一致性的研究结果。但是,最新的 ISO/CD12311《太阳镜-一般用途》国际标准及欧盟 EN1836:2005《人的眼睛保护常规使用的太阳镜和滤光镜》标准则推荐使用望远镜法。在去年召开的国际标准化组 ISO 太阳镜测量方法标准工作组会议上,该工作组已将我国提出的焦度计测量方法写入 ISO 太阳镜检测方法国际标准中。

（1）顶焦度测量方法与原理

① 望远镜法

准确地说,望远镜法测量的是太阳镜的光焦度,即镜片后焦距的倒数,指的是镜片主面到后焦点的距离。可利用光具座搭建望远镜法的实验平台。该实验平台主要由光源、目标分辨率板、光阑、载物台、辅助透镜、读数显微镜、导轨等 7 个部分组成。望远镜法实验平台示意图如图5-1所示。

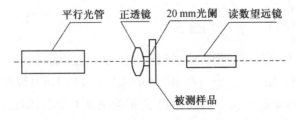

图 5-1　光具座搭建的望远镜法测量示意图

测量有色太阳镜时,应选择白光光源,并在光源后面放置毛玻璃,以使光束均匀。测量无色带光度镜片时,应在光源前增加绿色宽带滤光片,以消除色差并增加与焦度计法之间的可比性。ISO/CD12311 国际标准推荐使用固定图像的实物目标,在光具座上测量球面平光太阳镜时,应在光路中增加辅助镜头以帮助入射平行光的汇聚。ISO/CD12311 国际标准推荐使用 20 mm 的光阑进行测量。

② 焦度计法

焦度计法测量的是镜片的后顶焦度,即镜片后顶焦距的倒数,指的是镜片后表面顶点到后焦点的距离。自动焦度计的工作原理如图 5-2 所示,平行光经被测镜片 1 后,发生偏转,经过带孔光阑 2,落在光电位置探测器面阵 CCD 上。

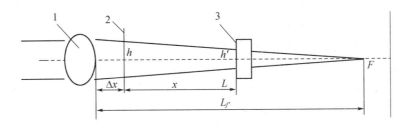

1—被测镜片;2—带孔光阑;3—光电位置探测面阵 CCD
图 5-2　自动式焦度计光学原理图

图 5-2 中 h,h' 为光线分别在光阑和在光电位置探测器面阵 CCD 处的高度;$\triangle x$,x 分别为被测镜片后顶点至光阑的距离,及光阑至面阵 CCD 的距离;$L_{f'}$ 为被测镜片后顶焦距。

③ 由两种测量原理引申的定义差别

镜片光焦度和镜片后顶焦度在定义上的差别如图 5-3 所示。

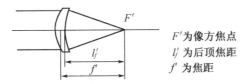

F' 为像方焦点
l_{f}' 为后顶焦距
f' 为焦距

图 5-3　镜片焦距和后顶焦距的差别

从图 5-3 可知,当被测样品为厚透镜时,其主平面和后表面不在同一个平面内,因此焦距和后顶焦距不同,由此导出的光焦度和后顶焦度也不同。一般而言,薄透镜可以忽略不计。

(2)顶焦度测量方法的比较分析

① 望远镜法

望远镜法在国内使用较少。在测量大尺寸或弯曲度较大的样品时比较方便;另外,在测量透射比较低的太阳镜时不会受到影响。但望远镜法同时存在下列不可忽视的缺点:主观判度误差较大;不能正确复现光源条件下的后顶焦度测量;缺乏校准方法;测量带光度,尤其是带柱镜度镜片时存在原理误差。

② 焦度计法

焦度计法是国内普遍使用的检测方法。具有方便、快捷,自动对焦,读数分辨力高;可测量平光、带光度尤其是带柱镜度的镜片;测量原理符合 ISO 定义等优势。但是,焦度计在测量透射比较低的有色太阳镜时,测量结果不稳定;对于大弯度的平光镜片难以定位;零位示

值缺乏校准手段,不同型号之间的仪器缺乏可比性等缺点和不足。具体如下:

a. 零位校准。焦度计法的测量过程相对简单,但其顶焦度示值在零位处缺乏校准,导致在不同焦度计上对相同样品的测量结果的发散较大。

b. 透射比。焦度计在测量透射比较低的有色太阳镜时,会出现示值不稳,造成读数困难。

c. 大曲率太阳镜。焦度计在测量表面曲率较大的太阳镜时,由于定位困难而导致测量误差较大。

2. 防紫外线检测

(1) 镜片紫外透射比检测原理

对太阳镜镜片进行透射比测量,不能处理为各个波长处光谱透射比的简单平均,而应该按照不同波长所处权重的不同,通过对光谱透射比进行加权积分得到。人的眼球是一个简单的光学系统,考核眼镜产品质量时必须首先考虑人眼对不同波长光辐射的敏感程度。总而言之,人眼对绿光敏感,所以绿色光波段的透射比高低对镜片光透射比的影响很大,即绿色光波段的权重较大;反之,由于人眼对紫光和红光不敏感,所以紫光和红光的透射比高低对镜片光透射比的影响比较小,即紫色光和红色光波段的权重也比较小。

镜片防紫外线性能的有效方法是对其进行 UVA 和 UVB 光谱透过率部分的定量测定和分析。按照 ISO8980—3 标准的规定,在可见光波段测量光透射比 τ 时,应首先得到光谱透射比 $\tau(\lambda)$,再采用标准光源 D_{65} 的光谱分布函数 $S_{D_{65}}(\lambda)$ 和日光下平均人眼光谱光视效率函数 $V(\lambda)$,并按照下列公式进行加权积分:

$$\tau_v = \frac{\int_{380nm}^{780nm} \tau(\lambda) \cdot V(\lambda) \cdot S_{D_{65}}(\lambda) \cdot d\lambda}{\int_{380nm}^{780nm} V(\lambda) \cdot S_{D_{65}}(\lambda) \cdot d\lambda} \times 100\%$$

在测量太阳紫外 A 波段(即 UV - A)透射比 τ_{SUVA} 和 B 波段(即 UV - B)透射比 τ_{SUVB} 时,应首先得到光谱透射比 $\tau(\lambda)$,再利用太阳辐射的光谱功率分布函数 $E_{sr}(\lambda)$ 和紫外辐射的相对光谱光视效率函数 $S(\lambda)$,按照下列公式进行加权积分:

$$\tau_{SUVA} = \frac{\int_{315nm}^{380nm} \tau(\lambda) \cdot E_{sr}(\lambda) \cdot S(\lambda) \cdot d\lambda}{\int_{315nm}^{380nm} E_{s\lambda}(\lambda) \cdot S(\lambda) \cdot d\lambda} \times 100\%$$

$$\tau_{SUVB} = \frac{\int_{280nm}^{315nm} \tau(\lambda) \cdot E_{sr}(\lambda) \cdot S(\lambda) \cdot d\lambda}{\int_{280nm}^{315nm} E_{sr}(\lambda) \cdot S(\lambda) \cdot d\lambda} \times 100\%$$

(2) 镜片紫外透射比检测仪器与方法

可利用光谱透过率测试仪对其进行紫外光区的光谱透过率测定,以此来判断样品的紫外透射性能的优劣。将光谱透射仪与计算机串行口相接,启动操作程序,在 23℃±5℃进行环境校正(在校准前必须确认测量部分没有镜片或滤光片),设定测试波长范围为 280～480 nm,在透过率曲线放大的情况下观察镜片的紫外线情况。最后,将被测试镜片分别放置在测试橡胶塞上进行透光率的测试(注意:测试前将镜片与测试橡胶塞擦拭干净)。

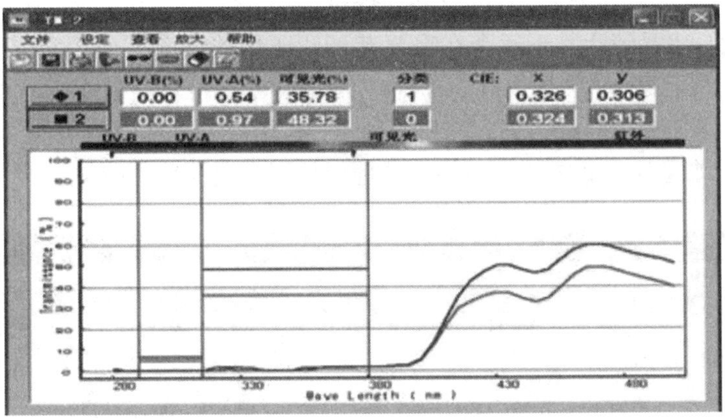

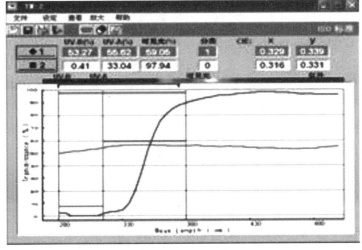

图 5-4　(××太阳镜透射比试验结果)

(3)紫外透射比测量中存在的问题

太阳镜中,对紫外波段的透射比计算采取了对光谱透射比进行简单平均的方法,并定义为平均透射比。另外,QB2457-99 所规定的中波紫外(UV-B)的波长范围是 290 nm~315 nm,公式如下:

$$\tau(\lambda_1,\lambda_2) = \frac{1}{\lambda_2-\lambda_1}\int_{\lambda_1}^{\lambda_2}\tau(\lambda)d\lambda$$

对相同的被测样品,如果采用 QB2457 和 ISO8980-3 两种定义进行测量,得到的紫外波段透射比结果是完全不同的。按照 ISO8980-3 的定义测量时,其在 UV-B 波段的透射比计算结果为 60.7%;而若按照 QB2457 的定义测量时,其在 UV-B 波段的透射比计算结果为47.1%。两种结果之间相差了 13.6%。由此可见,参照标准的差异将直接导致技术要求的差别,最终影响测量结果的准确性和客观性。测量眼镜产品的透射比时,这个问题是不能忽视的。

以下为某水晶镜片与玻璃白片的防紫外线性能测试结果与分析。

图 5-5　玻璃片与水晶片光透射比结果

　　图 5-5 是玻璃片与水晶镜片的光线透过率曲线,实验选用的水晶片为天然茶晶,其可见光透过率为 59.05%,在 UV-B 的紫外光透过率为 53.27%,在 UV-A 的紫外光透过率为 55.62%,因此,水晶镜片并不适合在需要紫外线防护的情况下使用,从防紫外线的角度来看,"水晶镜片养目"的说法并不科学;玻璃白片在 280 nm 通过紫外线,UV-B 的光线透过率 0.41%,并迅速在 380 nm 透过率达到 33.04%,因此除非生产镜片时在原料中加紫外线吸收剂,否则,普通的玻璃白片也不能有效地保护眼睛免受紫外线的伤害。

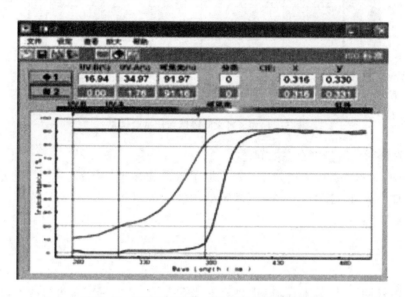

图 5-6　PMMA 与 39-CR 树脂片透射比结果

　　图 5-6 列出了 PMMA 和 CR-39 树脂镜片的光线透过率曲线。从图上可以看出 CR-39 在 UV-B 波段的光谱透过率为 0%,将该部分的紫外线全部阻截,并在 370 nm 开始通过紫外线,透过率为 1.76%,在 420nm 透过率达到最大值 91.1%。因此,如果加入适量的紫外线吸收剂,CR-39 的镜片就能完全吸收紫外线,进而成为性能优异的镜片材料。PMMA 镜片的抗紫外线辐射的能力较 CR-39 差得多,如图所示,在 280 nm 处就开始有紫外线透过,并在 UV-B 区不断增加至 16.94%,而 UV-A 区的光谱透过率更大,高达到 34.97%。

　　对太阳镜产品和镜片材料的透射比进行检验分析,通过对光谱透射比进行加权积分得到准确值,结果得出太阳镜产品的优劣,首先要看镜片的材质能否阻挡紫外线 UVA 和 UVB,并能让可见光透过较多,达到防眩目功能。通过以上实验证明,树脂镜片的透射性能最好,玻璃镜片次之,水晶镜片最差,树脂镜片中 CR-39 镜片的透射性能远远优于 PMMA。

第四节　太阳镜标准解析

　　太阳镜不仅具有防紫外线、防强光、防眩光的作用,还是一种时尚的象征,时下已成为大众消费者的必备品之一,在现代人的生活中占据着相当重要的地位。正因为如此,太阳镜的产品质量也越来越受到社会关注。早在 20 世纪 70 年代世界各国就纷纷制定了检测太阳镜的相关标准。目前太阳镜出口最常见的检测依据有：欧洲标准 EN1836、美国标准 ANSI Z80.3、澳洲标准 AS/NZS 1067（现行有效版本分别为 EN1836－2005＋A1－2007、AN-SIZ80.3—2010、AS/NZS1067—2003），而对于在我国境内销售的太阳镜则需符合我国的眼镜行业标准 QB2457（现行有效版本为 QB2457—1999），其中光谱性能部分参照国家标准 GB10810.3（现行有效版本为 GB10810.3—2006）。可以说这些标准的执行对太阳镜的流通市场有着非常好的监督作用，切实保障了消费者的权益和人身安全。然而目前各国在太阳镜的质量检测方面尚未达成一致，各国的检测依据还存在诸多差异，这无疑给太阳镜的进出口制造了不必要的障碍和壁垒。针对这些标准的异同，进行一些必要的分析对太阳镜的生产及质量控制具有重要的意义。

一、澳大利亚与我国太阳镜标准的差异分析

作为太阳镜的生产和进出口的第一大国，我国在太阳镜行业已具备国际竞争力。据我国海关统计显示，2006 年 1～9 月份，太阳镜出口金额为 6.6 亿美元。我国眼镜出口市场主要集中在中国香港、欧盟、美国、日本等发达国家或地区，以上国家和地区占出口总额的70％，其他国家和地区占总额的30％。然而，出口至澳大利亚及新西兰的太阳镜仅占总额的8％，主要原因是贸易技术壁垒——澳洲太阳镜标准，它与我国太阳镜标准存在明显的差异，这个问题值得重视。众所周知，我国目前现行有效的太阳镜标准是 QB2457—1999，它非等效采用美国标准 ANSIZ80.3：1986《非处方太阳镜和装饰眼镜的要求》。澳洲太阳镜标准是指 AS/NZS 1067：2003《Sunglassesand fashion spectacles》，澳大利亚及新西兰采用欧盟标准，澳大利亚标准化履行 WTO/TBT 的规定，坚持开放、独立、适当过程和共识的原则，所以澳洲太阳镜标准（以下简称澳标）与我国现行太阳镜标准（以下简称国标）有如下差异：

1. 标准界定的范围不同

澳标：规定平光太阳镜、顶焦度为 0.00D 的透镜（有色透镜），抗太阳一般辐射，适用于司机镜、少儿太阳镜；不适用于安全防护镜、日光浴用防护镜、滑雪护目镜。

国标 ：适用于遮阳镜、浅色太阳镜及特殊要用途（滑雪、海滩、爬山等）的太阳镜；不适用于防人工光源辐射的护目镜及矫正视力用的眼镜。

2. 太阳镜的光谱范围不同

通过表 5－2 和表 5－3 对比分析得出：

（1）澳标中有蓝光项目要求，国标中无此项要求。澳标中指出：太阳蓝光透射比（τ_{SB}）：在海平面大气质量 $m＝2$ 条件下的太阳辐射光谱分布 $E_S(\lambda)$ 和蓝光危险函数 $B(\lambda)$ 的加权因素，波长在 400 nm～500 nm 之间的平均值。公式：

$$\tau_{SB} = \frac{\int_{400nm}^{500nm} \tau_F(\lambda) E_S(\lambda) B(\lambda)}{\int_{400nm}^{780nm} E_S(\lambda) B(\lambda)}$$

（注：τ_{SB}：蓝光透射比；$\tau_F(\lambda)$：太阳镜的光谱透射比；$E_S(\lambda)$：海平面大气质量 $m＝2$ 条件下的太阳辐射光谱分布；$B(\lambda)$：蓝光危险函数）

表 5－2　澳标

透镜分类	可见光谱范围						紫外光谱范围		
	光透射比范围（τ_v）（%）		最小值光谱透射比	相对视觉衰减因子（Q）交通讯号最小值				最大值 UVB 光谱透射比	最大值 UVA 光谱透射比
	从（%）	到（%）	450 nm～650 nm	红光	黄光	绿光	蓝光	280 nm～315 nm	315 nm～350 nm	315 nm～400 nm
0	80.0	100	$0.20\tau_v$	0.80	0.80	0.60	0.70	$0.05\tau_v$	τ_v	τ_v
1	43.0	80.0								
2	18.0	43.0		—					$0.50\tau_v$	

表 5－3　国标

分类	有关交通讯号识别的透射比特性 交通讯号透射比（τ_{sig}）					平均透射比 $\tau(\lambda_1/\lambda_2)$	
	光透射比 τ_v	色极限（X 和 Y 色坐标）	红色讯号	黄色讯号	绿色讯号	紫外光谱区	
						UVB（290～315）nm	UVB（315～380）nm
浅色太阳镜	＞40%	参考图1	≥8%	≥8%	≥8%	≤0.5τ_v≤30%	≤τ_v
遮阳镜	8%～40%	参考图1	≥8%	≥8%	≥8%	≤0.5τ_v≤5%	≤τ_v
特殊用途太阳镜（滑雪、爬山、海滩等）	3%～8%					≤1%	≤0.5τ_v

　　澳标中规定蓝光吸收率：当镜片明示其蓝光吸收率为 X%，则其太阳蓝光透射比 τ_{SB} 应不≥$(100.5-X)$%；蓝光透射比：当镜片明示其蓝光透射比小于 X% 时，则其太阳蓝光透射比 τ_{SB} 应不≥$(X+0.5)$%。由于太阳具有极高的光亮度及光谱，内含有丰富的蓝光，当可见蓝色的光波在光谱范围为 415 nm～490 nm 时，它给视网膜造成损害的可能比其他光波可能性大，同时太阳射线在地平线上却不超过安全曝光量的一般极限。举例来说，光照在积雪面上，太阳蓝光部分有危险性，不可直接视。

　　(2) 澳标中有 Q，国标中无此符号，Q 是相对视觉衰减因子，$Q=\tau_{sig}/\tau_v$，τ_{sig} 是对交通讯号灯的光谱功率分布的太阳镜片的光透射比；τ_v 是对标准照明体 D_{65} 光源的太阳镜片的光透射比。举例说明：若 $\tau_v=95$%，$Q=0.80$，$\tau_{sig}=?$ 因 $Q=\tau_{sig}/\tau_v$，故 $\tau_{sig}=76$%。详见公式：

$$\tau_v=\frac{\int_{380nm}^{780nm}\tau_F(\lambda)V(\lambda)S_{D_{65}}(\lambda)d\lambda}{\int_{380nm}^{780nm}V(\lambda)S_{D_{65}}(\lambda)d\lambda}$$

$$\tau_{sig}=\frac{\int_{380nm}^{780nm}\tau_F(\lambda)\tau_S(\lambda)V(\lambda)S_A(\lambda)d\lambda}{\int_{380nm}^{780nm}\tau_S(\lambda)V(\lambda)S_A(\lambda)d\lambda}$$

式中：$S_A(\lambda)$ 为标准照明体 A 光源的辐射光谱分布；$S_{D_{65}}(\lambda)$ 为标准照明体 D_{65} 光源的辐射光谱分布；$V(\lambda)$ 为平均人眼明视觉可见光源函数；$\tau_F(\lambda)$ 为太阳镜的光谱透射比；$\tau_S(\lambda)$ 为交通讯号滤色片的光谱透射比。

（3）紫外光谱范围不同：澳标紫外光谱 UVB（280 nm～315 nm）≤$0.05\tau_v$，国标 UVB（290 m～315 m）≤$0.5\tau_v$ 或≤30%；澳标紫外光谱 UVB（315 nm～400 nm）≤τ_v，国标紫外光谱区 UVA（315 nm～380 nm）≤τ_v；澳标有紫外光谱 UVB（315 nm～350 nm）波段，而现标无此波段要求。

3. 顶焦度及棱镜度要求不同

（1）太阳镜顶焦度要求

表 5-4　澳标顶焦度要求

球镜的顶焦度：在 2 个主要的子午线中的平均值	柱镜的顶焦度：在 2 个主要的子午线中互差的绝对值
$(D_1+D_2)/2$ ±0.09	$\mid D_1-D_2 \mid$ ±0.09

表 5-5　国标顶焦度要求（节选）　　　　　　　　　单位为屈光度（D；m^{-1}）

顶焦度绝对值最大子午面上的顶焦度值	每主子午面顶焦度允差，A	柱镜顶焦度允差，B			
		≥0.00～0.75	>0.75～4.00	>4.00～6.00	>6.00
≥0.00～3.00	±0.12	±0.09	±0.12	±0.18	±0.25
>3.00～6.00	±0.12	±0.12	±0.12	±0.18	±0.25
>6.00～9.00	±0.18	±0.12	±0.12	±0.18	±0.25
>9.00～12.00	±0.18	±0.18	±0.18	±0.25	±0.25

根据 GB10810.1—2005《眼镜镜片 第 1 部分：单光和多焦点镜片》要求，镜片顶焦度偏差应符合（表 5-5）规定。球面、非球面及散光镜片的顶焦度，均应满足每子午面顶焦度允差 A 和柱镜顶焦度允差 B。

对比分析：澳标中球镜的顶焦度允差：±0.09；柱镜的顶焦度允差：±0.09；国标中球镜的顶焦度允差：±0.12；柱镜的顶焦度允差：±0.09；也就说澳标对球镜的顶焦度要求比国标严格。

（2）太阳镜棱镜度要求

表 5-6　澳标太阳镜棱镜度要求　　　　　　　　　　　　　　　　（cm/m）

（单个）未装配成镜的棱镜度要求		已装配成镜的棱镜度的要求	
基准点水平的		基准点垂直的	
0.25	—	1.00	0.25

国标：根据 GB10810.1—2005《眼镜镜片 第 1 部分：单光和多焦点镜片》要求：单光镜片的标称棱镜度为零，其在镜片几何中心所测得的棱镜度偏差应符合（表 5-7）允

差的规定。

表 5-7　光学中心和棱镜度的允差　　　　　　　　（△：cm/m）

标称棱镜度（△）	水平棱镜允差（△）	垂直棱镜允差（△）
0.00～2.00	$\pm(0.25+0.1\times S_{max})$	$\pm(0.25+0.05\times S_{max})$

注：S_{max} 表示绝对值最大的子午面上的顶焦度值

　　通过表 5-6 和表 5-7 对比分析可见：澳标与国标针对棱镜度的允差要求不同，下面举例说明：

　　若 +0.50DS/-2.50DC×20，国标：标称棱镜度不超过 2.00△，S_{max}=2.00D，计算得：水平棱镜度允差为 $\pm(0.25+0.1\times2.00)=\pm0.45$（△）；垂直棱镜度允差为 $\pm(0.25+0.05\times2.00)=\pm0.35$（△）。澳标：水平棱镜度允差为 1.00△；垂直棱镜度允差为 0.25△。国标比澳标更加细分化，便于实际操作。

4. 澳标体现的其他要求

　　（1）散射光将不超过 0.65 cd.m^{-2}/lx 的界限。

　　（2）光致变色镜片，$\tau_0/\tau_1 \geqslant 1.25$。

　　注：τ_0 为在指定条件下 23℃ 所达到的已褪色区域的对光致变色镜片的光透射比；

　　τ_1 为在 23℃ 的变色光透射比（指定的发光模拟，低劣的户外状况）。

　　（3）偏振镜片装配成太阳镜时要与框架相适合，以使偏振面不脱离超过 50° 的水平方向，左右镜片的偏振面之间的对准线角度不大于 60°。

二、欧洲、美国等与我国太阳镜检测标准的差异分析

　　比较我国现行标准 GB2457、GB10810.3 与欧洲标准 EN1836、美国标准 ANSIZ80.3，太阳镜的检测项目差异涉及到以下几个内容：光谱性能、光焦度、棱镜度、表面质量、阻燃性、机械强度等。

1. 光谱性能

（1）可见光谱区透过率及分类

　　众所周知，人们通常按照可见光谱（380 nm～780 nm）透射比 τ_v 的不同对太阳镜进行区分并做出分类（具体见表 5-8）。但各国对太阳镜的分类有着一定的差异，这就意味着在不同国家销售时，太阳镜产品应做出不同的标示。ANSI Z80.3 将太阳镜分为 4 类：浅色太阳镜类、遮阳镜类、特殊用途太阳镜类；EN1836 和 AS/NZS 1067 将太阳镜分为 5 类：0 类、1 类、2 类、3 类、4 类；而我国的国家标准 GB10810.3 则将太阳镜分为 4 类：1 类、2 类、3 类、4 类，并未将可见光透过率在 80% 以上的染色镜纳入太阳镜的范畴。

表 5-8　太阳镜的分类

光透射比范围	GB10810.3	EN1836	ANSI Z80.3	AS/NZS 1067
80%～100%	—	0	装饰用途镜或遮阳镜,浅色	0
43%～80%	1	1		1
40%～43%	2	2		2
18%～40%			一般用途镜或遮阳镜,偏深色	3
8%～18%	3	3		
3%～8%	4	4	特殊用途镜或遮阳镜,深色	4
0%～3%	—	—	特殊用途镜或遮阳镜,极深色	

（2）紫外光谱区透过率

此项指标是指太阳镜在紫外光谱区内（280 nm～380 nm）允许的透过率,这一指标的好坏直接关系到佩戴者的身心健康,各国相关标准均对 UVA（315 nm～380 nm）、UVB（280 nm～315 nm）波段的透过率做出了限制,详见表 5-9。

表 5-9　紫外光谱区透过率要求

光透射比范围	GB10810.3		EN1836		ANSI Z80.3		AS/NZS 1067	
	τ_{SUVA}	τ_{SUVB}	τ_{SUVA}	τ_{SUVB}	τ_{SUVA}	τ_{SUVB}	τ_{SUVA}	τ_{SUVB}
80%～100%	—		$\leqslant\tau_v$	$\leqslant 0.1\tau_v$	$\leqslant 0.125\tau_v$	$\leqslant\tau_v$	$\leqslant\tau_v$	$\leqslant 0.05\tau_v$
43%～80%	$\leqslant 5\%$	$\leqslant 1\%$						
40%～43%								
18%～40%								
8%～18%			$\leqslant 0.5\tau_v$				$\leqslant 0.5\tau_v$	
3%～8%					1%	$\leqslant 0.5\tau_v$		$\leqslant 0.5\tau_v$
0%～3%	—						—	

注:在 ANSI Z80.3 中 UVB 波长段为:290 nm～315 nm。

（3）驾驶用镜的要求

对用于行驶及驾驶的太阳镜均需满足光谱透射比和交通讯号灯识别两项要求,具体要求见表 5-10 所示。

表 5-10　驾驶用镜的要求

项目		GB10810.3	EN1836	ANSI Z80.3	AS/NZS 1067
光谱透射比 τ_λ 最小值		$0.2\tau_v$ (500 nm～650 nm)	$0.2\tau_v$ (500 nm～650 nm)	$0.2\tau_v$ (450 nm～650 nm)	$0.2\tau_v$ (500 nm～650 nm)
交通讯号灯识别	红色	$\geqslant 0.8$	$\geqslant 0.8$	$\geqslant 8\%$	$\geqslant 0.8$
	黄色	$\geqslant 0.8$	$\geqslant 0.8$	$\geqslant 6\%$	$\geqslant 0.8$
	绿色	$\geqslant 0.6$	$\geqslant 0.6$	$\geqslant 6\%$	$\geqslant 0.6$
	蓝色	$\geqslant 0.4$	$\geqslant 0.4$	—	$\geqslant 0.7$

（4）其他要求

光谱性能项目方面除了以上几项要求外，标准中还涉及光致变色太阳镜、梯度着色太阳镜、偏光太阳镜等特殊用镜的光透射比要求，各国标准的具体内容基本一致。

2. 光焦度和棱镜度

EN1836：2005 中将太阳镜分为 2 个等级，不同等级对光焦度、棱镜度的要求有所不同。其他标准均未作此分类，各国标准对光焦度和棱镜度的要求具体见表 5－11。

表 5－11　顶焦度与棱镜度要求

项目		QB2457	EN1836	ANSI Z80.3	AS/NZS 1067
顶焦度	球镜度	± 0.1D	1 级：±0.09m－1 2 级：±0.12m－1	−0.25D～＋0.125D	±0.09 m－1
	柱镜度	± 0.09D	1 级：0.09m－1 2 级：0.12m－1	±0.125D	0.09 m－1
棱镜度	未装架的单光镜片	0.25△	1 级：0.12cm/m 2 级：0.25cm/m	0.25△	0.25cm/m 0.25cm/m（基底向内）～1.00cm/m（基底向外）
	已装架镜片和未装架的双目一体镜片	0.25△	1 级：水平方向允差：0.25cm/m（基底向内）～0.75cm/m（基底向外）垂直方向允差：0.25 cm/m； 2 级：水平方向允差：0.25cm/m（基底向内）～1.00cm/m（基底向外），垂直方向允差：0.25 cm/m，	0.25△，两镜片之间不可超过 0.50△	水平方向允差：0.25cm/m（基底向内）～1.00cm/m（基底向外） 垂直方向允差：0.25 cm/m

注：单位 D 与 m－1 等效，单位△与 cm/m 等效。

3. 材料和表面质量

各国对太阳镜的表面质量都有一定的要求，只是描述上略有不同。归纳起来，可简单表述如下：在明暗背景中不借助光学放大装置的情况下进行检验，鉴别镜片的中心区域（一般指直径 30 mm）是否存在气泡、擦痕、杂质、霉斑、划痕、污点、水泡、裂纹等质量问题。

4. 阻燃性

在 EN1836、AS/NZS 1067 和 QB2457 这三份标准中阻燃性的测试方法相同：使用加热至（650±20）℃的钢棒在样品上保持（5±0.5）s 后移开，观察样品是否继续燃烧。而在 ANSI Z80.3 中则是将样品在（200±5）℃的环境下放置（15±1）min，观察样品是否会燃烧。这两种方法看似区别很大，但本质上都是在探讨样品是否会在高温的条件下燃烧。

5. 机械强度

关于机械强度的测试,目前共有三种实验方式:抗冲击试验、挤压试验和鼻梁变形试验,见表 5－12。

表 5－12　机械强度要求

标准	要求		
	抗冲击	挤压实验	鼻梁变形
QB2457	强制性	—	强制性
EN1836	选择性	强制性	强制性
ANSI Z80.3	强制性	—	—
AS/NZS 1067	强制性	选择性	—

（1）抗冲击试验

实验方法大致如下:使用质量约为 16 g、直径约为 16 mm 的钢球,自 1.27 m 的高度落在镜片中心后,观察镜片是否发生破裂。这几份标准中均有提及此项要求,但在强制性方面略有不同,此条款在 QB2457、AS/NZS1067 和 ANSI Z80.3 中是强制性要求,而在 EN1836 仅作为选择性要求。对于明示具有防护功能或符合 ANSI（美国国家标准）的镜片,其必须能承受 16g 钢球自 1.27 m 的高度自由下落冲击而不碎裂。该指标是对具有防护功能眼镜的最低要求。若明示镜片具有防护功能,却又通不过本标准,则有可能误导消费者在不安全的场合戴一副自认为是安全的眼镜,如有意外发生时,将直接危害消费者的眼睛。

（2）挤压试验

EN1836 和 AS/NZS 1067 两份标准中要求:镜片经受直径 22 mm 钢球,速度不大于 400 mm/min,负荷为（100±2）N 的压力不应出现镜片碎裂或镜片变形。但在 QB2457 和 ANSI Z80.3 中并无此项规定。

（3）鼻梁变形试验

经受鼻梁变形试验机的加压后,镜架几何中心距与其原始状态的变形百分数不超过 ±2%,且镜片不从镜架中脱出。

除了以上项目外,部分国家还对太阳镜制定了一些特殊规定,如 EN1836 和 AS/NZS 1067 中对散射光、抗老化性能做了限制,EN1836 中规定了镍释放量不能超过0.5μg/cm^2/周等等。

习　题

1. 结合物理光学的知识简述可见光谱的光学特性。
2. 简述紫外线与红外线的分类。
3. 紫外线对眼睛的伤害主要体现在哪些方面? 表现是什么?
4. 红外线对眼睛的伤害机制与主要表现是什么?
5. 光学防护的原理是什么?

6. 对眼部进行光学防护的方法有哪些？具体的措施是什么？

7. 常见的太阳镜品牌有哪些？除了书中所列举的还有哪些类型和品牌？

8. 太阳镜的分类及其主要用途是什么？

9. 太阳镜的紫外透过率的检测有哪些方法？具体措施是什么？

10. 如何使用紫外光谱透过率检测仪？

11. 日光性视网膜病变的主要表现是什么？

12. 常见不同材质镜片材料的抗紫外辐射性能如何？请比较其优劣。

13. 我国太阳镜检测标准与澳大利亚检测标准的主要差异在哪里？

14. 太阳镜的检测指标有哪些？

15. 镜片的抗冲击试验方法是什么？有什么意义？

16. 不同太阳镜检测标准的差异带给我们什么启示？

17. 如何选购太阳镜？太阳镜的防紫外标志的主要特点是什么？

参考文献

[1] 谢锋云. 现代眼镜技术及配镜检测技术探讨[J]. 宜春学院学报,2010,32(12):47～49

[2] 瞿佳. 眼镜学[M]. 北京:人民卫生出版社,2004

[3] 眼镜验光定配检测人员培训教材. 南京:江苏省质量技术监督局,2003

[4] 赵堪兴,杨培增. 眼科学[M]. 北京:人民卫生出版社,2009

[5] 谢培英,迟蕙. 眼视光医学检查和验配程序[M]. 北京:北京大学医学出版社,2006

[6] 张志捷,吴轶欧. 浅析太阳镜的质量[J]. 中国眼镜科技杂志,2006,(7):124～126

[7] 中华人民共和国轻工业行业标准《太阳镜》QB 2457—1999. QB2457—2001 太阳镜

[8] 中华人民共和国国家标准《光学树脂眼镜片》QB 2506—2001

[9] 刘汉清. 遮阳品紫外透射性能的实验分析[J]. 大学物理,2007,(9)

[11] 孙晓霆. 太阳镜镜片透射比特性的计算[J]. 中国计量——校准与测试,2009,(1):85

[12] GB10810.3—2006 眼镜镜片及相关眼镜产品 第3部分:透射比规范及测量方法

[13] EN1836—2005＋A1—2007 Personal eye equipment-Sunglasses and sunglare filters for general use and filters for direct observation of the sun

[14] ANSI Z80.3—2001 for Ophthalmics-Nonprescription Sunglasses and Fashion Eyewear-Requirements

[15] AS/NZS 1067—2003 Sunglasses and fashion spectacles

[16] 刘挺. 澳大利亚与我国太阳镜标准的差异分析[J]. 中国眼镜科技杂志,2007,(1):116～117

[17] 张洁,李育豪. 太阳镜的出口检测[J]. 中国眼镜科技杂志,2009,(5):108～110

[18] 黄帅,王莉茹,宋榕. 太阳镜顶焦度测量方法的一致性研究[J]. 中国计量,2009,(12):70～72

[19] 邱鸣霞. 太阳镜镜片透射性能的检测及探讨[J]. 质量与标准,2007,(5):108～110

实验报告实例 5

1. 实验目的

了解光谱分析仪的构造和功能,掌握利用光谱分析仪器对各类镜片检测的方法。学会分析各类太阳镜吸收紫外线的图谱,并正确判断各类镜片的防紫外线性能优劣。

(1) 检测镜片对各种光谱的透过率。特别对检测眼镜片和太阳镜对紫外线的阻挡效应具有很高的意义。

(2) 按照 ISO 标准检测评定驾驶员用镜在白天和夜晚识别交通信号的能力。

(3) 定量表示镜片的颜色。

2. 实验仪器

topconTM-2 光谱透过率检测仪。

3. 实验原理

太阳镜是否具有防紫外的功能,无法用肉眼辨别,只能借助于光谱分析仪。其具体工作原理如下:

$$\tau_v = \frac{\int_{380nm}^{780nm} \tau(\lambda)V(\lambda)S_c(\lambda)d\lambda}{\int_{380nm}^{780nm} V(\lambda)S_c(\lambda)d\lambda}$$

式中:$\tau(\lambda)$为镜片的光谱透射比;$V(\lambda)$为明视觉光谱光视效率(视见函数);$S_c(\lambda)$为标准照明体 C 光源的相对光谱功率分布(C 相当于白天的光源,色温 6 774K,光色相当于有云的天空)。

4. 检测方法

(1) 测定功能

① 紫外线透过率。对 UVA 和 UVB 两种紫外波段的投射比进行定量测量,并将采集的数据进行计算对比。

② 镜片分类。根据 ISO 标准将镜片按可见光透过率分为 5 类(表 1)。

表 1　镜片按照可见光透过率分类

ISO 分类	可见光透过率
0	80%～100%
1	43%～80%
2	18%～43%
3	8%～18%
4	3%～8%

③ 依据 ISO 标准检测评定驾驶员用镜日间戴镜和夜晚戴镜是否符合要求(表 2)。

表 2　驾驶员用镜的评定

可见光透过率	评定标准
>3%	镜片的最低标准
>8%	驾驶员用镜日间透过率
>75%	驾驶员用镜夜戴透过率
$T \geqslant 0.2$	500 nm～650 nm 透过率

④ 色坐标。利用 CIE 色坐标定量表示镜片颜色。

（2）TM‐2 光谱透过率检测仪特点

① 非破坏性测量装置；

② 测量速度很快，约 1 秒钟左右；

③ 测量精度达 5 nm；

④ 测量透过率光谱范围广，280 nm～780 nm；

⑤ 可测量带屈光度镜片；

⑥ 采用测量光源闭环控制系统，避免因测量光源长时间使用引起的测量精度误差。

（3）检测方法

① 正确连接电源线和与自动焦度仪（或电脑）的连线，安装 TM‐2 操作软件，熟悉各操作指令的具体作用（图 1）；

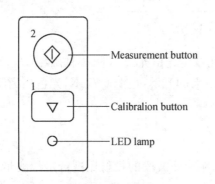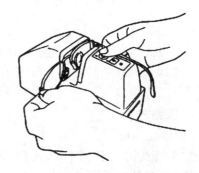

图 1　TM‐2 光谱透过率检测仪操作界面　　　图 2　检测位置与镜片放置方式

② 打开检测仪的开关；

③ 将焦度仪设置到 TM‐1，按下最右边的箭头，使焦度仪的显示器上出现光谱曲线图；

④ 按透过率检测仪上的开关，检测仪器是否正常；

⑤ 选择测试镜片，将镜片放置于检测仪的窗口上，按下检测按钮，如图 2 所示。

⑥ 度曲线和各光谱透过率的值并打印，结果将显示 UVA、UVB 和可见光的透过率；

⑦ 按下 CIE 染色协调曲线按钮，焦度仪上即显示颜色协调曲线，将镜片放在接侧窗口上，凹面面对按钮一侧，再按一次测量按钮，记录并打印。结果将显示颜色趋向。

（4）结果记录与分析

分析镜片的抗紫外线能力，绘制光谱分析图。

附录七　《太阳镜》国家标准

前言

本标准非等效果采用 ANSIZ80.3—1986《非处方太阳镜和装饰眼镜的要求》。

本标准的附录 A 是提示的附录。

本标准由国家轻工业局行业管理司提出。

本标准由全国眼镜标准中心归口。

本标准负责起草单位：中国轻工总会玻璃搪瓷研究所。

本标准参加起草单位：四川省光学眼镜产品质量监督检验站、浙江省眼镜质量监督检验站。

本标准主要起草人：秦蕊珠、徐顺德、钟荣世、王作超、程维中。

1　范围

本标准规定了光密度一致的平光太阳镜的要求、试验方法、检验规则及标志、包装、运输、贮存。

本标准适用于遮阳太阳镜、浅色太阳镜及特殊用途（滑雪、海滩、爬山等）的太阳镜。不适用于防人工光源辐射的护目镜及矫正视力用的眼镜。

2　引用标准

下列标准所包含的条文，通过在本标准中引用而构成为本标准的条文。本标准出版时，所示版本均为有效。所有标准都会被修订，使用本标准的各方应探讨使用下列标准最新版本的可能性。

GB2828—87 逐批检查计数抽样程序及抽样表（适用于连续批的检查）

GB2829—87 周期检查计数抽样程序及抽样表（适用于生产过程稳定性的检查）

GB10810—1996 眼镜镜片

GB13511—99 配装眼镜

GB/T14214—93 眼镜架

3　术语

3.1　光密度

用光透射比倒数的常用对数值来表示，即光密度＝$\lg(1/\tau)$。

3.2　顶焦度

见 GB10810。

3.3　透射比特性

3.3.1　光透射比

光透射比是透射光通量与入射光通量之比。镜片光透射比（τ_v）的数学表达式如下：

$$\tau_v = \frac{\int_{380}^{780} \tau(\lambda) V(\lambda) S_c(\lambda) \mathrm{d}\lambda}{\int_{380}^{780} V(\lambda) S_c(\lambda) \mathrm{d}\lambda}$$

式中:波长单位为 nm(以下同);$\tau(\lambda)$ 为镜片的光谱透射比;$V(\lambda)$ 为明视觉光谱光视效率(视见函数),同 $y(\lambda)$;$S_c(\lambda)$ 为标准照明体 C 光源的相对光谱功率分布(C 相当于白天的光源,色温 6 774K,色温:绝对黑体在一个温度下所产生的颜色)。

3.3.2 平均透射比——紫外光段

在光谱范围 λ_1 到 λ_2,镜片平均透射比的数学表达式如下:

$$\tau(\lambda_1, \lambda_2) = \frac{1}{\lambda_2 - \lambda_1} \int_{\lambda_1}^{\lambda_2} \tau(\lambda) \mathrm{d}\lambda$$

式中:$\tau(\lambda)$ 为镜片的光谱透射比。

平均透射比的值只应用于如下紫外光谱范围:

UVB:$\lambda_1 = 290$ nm,$\lambda_2 = 315$ nm;

UVA:$\lambda_1 = 315$ nm,$\lambda_2 = 380$ nm。

3.3.3 有关交通讯号识别的透射比特性

3.3.3.1 色坐标:通过色度仪进行测定

通过镜片观察交通讯号及平均日光(D_{65}),其色坐标 x, y 用如下数学式表示:

X、Y、Z 通过色度仪测定(xy:x 轴和 y 轴)

X、Y、Z 值由下式决定:

a. 通过镜片观察交通讯号

$$X_{sig} = \int_{380}^{780} \gamma(\lambda) S_A(\lambda) \gamma_{sig}(\lambda) \bar{x}(\lambda) \mathrm{d}\lambda$$

$$Y_{sig} = \int_{380}^{780} \gamma(\lambda) S_A(\lambda) \gamma_{sig}(\lambda) \bar{y}(\lambda) \mathrm{d}\lambda$$

$$Z_{sig} = \int_{380}^{780} \gamma(\lambda) S_A(\lambda) \gamma_{sig}(\lambda) \bar{z}(\lambda) \mathrm{d}\lambda$$

b. 通过镜片观察平均日光

$$X_{D_{65}} = \int_{380}^{780} \gamma(\lambda) S_{D_{65}}(\lambda) \bar{x}(\lambda) \mathrm{d}\lambda$$

$$Y_{D_{65}} = \int_{380}^{780} \gamma(\lambda) S_{D_{65}}(\lambda) \bar{y}(\lambda) \mathrm{d}\lambda$$

$$Z_{D_{65}} = \int_{380}^{780} \gamma(\lambda) S_{D_{65}}(\lambda) \bar{z}(\lambda) \mathrm{d}\lambda$$

式中:$\tau(\lambda)$ 为镜片的光谱透射比;$S_A(\lambda)$ 为标准照明体 A 光源的相对光谱功率分布;$S_{D_{65}}(\lambda)$ 为标准照明体光源 D_{65} 的相对光谱功率分布;$\tau_{sig}(\lambda)$ 为交通讯号滤色片(红、黄、绿)的光谱透射比;$x(\lambda) y(\lambda) z(\lambda)$ 为 CIE(1931)标准色度观察者(2°)光谱三刺激值;X, Y, Z 为三刺激值。

3.3.3.2 交通讯号透射比

它是镜片的光谱透射比加权 CIE(1931)标准色观察者之明视觉光谱光效率及标准照明体 A 光源的相对光谱功率分布和相应的交通讯号滤色片(红、黄、绿)光谱透射比的函数。

镜片的交通讯号透射比 τ_{sig} 数学表达式如下：

$$\gamma_V = \frac{\int_{380}^{780} \gamma(\lambda)V(\lambda)S_A\gamma_{sig}(\lambda)\,d\lambda}{\int_{380}^{780} V(\lambda)S_A\gamma_{sig}(\lambda)\,d\lambda} = \frac{Y_{sig}}{\int_{380}^{780} V(\lambda)S_A\gamma_{sig}(\lambda)\,d\lambda}$$

式中：$\tau(\lambda)$，$S_A(\lambda)$，$\tau_{sig}(\lambda)$，Y_{sig} 由 3.3.3.1 定义；$V(\lambda)$ 由 3.3.1 定义。

所有有关透射特性的测试波段通常为 380 nm～780 nm，但不得小于 400 nm～700 nm。

3.4　镜片碎裂

当镜片的裂纹贯穿其全部厚度并覆盖全部直径而碎成 2 块或 2 块以上，或者从镜片表面掉下 1 块，从其可直接看到裸眼，或试验钢球直接穿透镜片，上述三种情况均被视为镜片破碎。

4　分类

太阳镜从用途上可分为一般的遮阳镜、浅色太阳镜和特殊用途太阳镜（滑雪、爬山、海滩等）三大类。

5　要求

5.1　表面质量和内在疵病

应符合 GB10810 中 5.1.4 的要求。

5.2　镜片的光学性能（顶焦度、棱镜度）

应符合 GB10810 的要求。

5.3　镜架要求

应符合 GB/T14214 的要求。

5.4　装配精度与整形要求

应符合 GB13511 的要求。

5.5　透射特性

5.5.1　光透射比

镜片的光透射比应按照其分类符合表 1 的指标。

表 1　太阳镜的透射比特性

分类	有关交通讯号识别的透射比特性 交能讯号透射比(τ_{sig})					平均透射比 $\tau(\lambda_1\lambda_2)$	
	光透射比 τ_v	色极限（X 和 Y 色坐标）	红色讯号	黄色讯号	绿色讯号	紫外光谱区	
						UVB (290～315)nm	UVA (315～380)nm
浅色太阳镜	>40%	参考图 1	≥8%	≥8%	≥8%	≤0.5τ_v≤30%	≤τ_v
遮阳镜	8%～40%	参考图 1	≥8%	≥8%	≥8%	≤0.5τ_v≤5%	≤τ_v
特殊用途太阳镜（滑雪、爬山、海滩等）	3%～8%					≤1%	≤0.5τ_v

5.5.2　平均透射比(紫外光谱区)

镜片的平均透射比应按照其分类符合表 1 的指标,若镜片被设计作为特殊的防紫外线镜片,其 315 nm～380 nm 近紫外区的平均透射比值应由生产商详细说明。

5.5.3　有关交通讯号识别的透射比特性

5.5.3.1　色极限

镜片的平均日光(D_{65})和交通讯号的色坐标 x、y,不能超过在 CIE(1931)标准色度图中规定的区域,这些区域显示于图 1,并由下述定义。

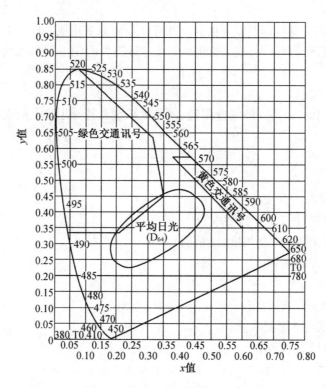

图 1　能接受的色极限区域

a. 黄色、绿色交通讯号的色极限如表 2。

表 2

黄色区域角坐标		绿色区域角坐标	
x	y	x	y
0.435	0.565	0.038	0.330
0.375	0.565	0.205	0.330
0.655	0.345	0.345	0.440
0.595	0.345	0.313	0.620
		0.080	0.835

b. 平均日光(D_{65})色极限如表 3 所示。

表 3　平均日光（D_{65}）区域的边界点

x	y	x	y
0.455	0.430	0.180	0.290
0.465	0.410	0.185	0.310
0.465	0.390	0.200	0.330
0.455	0.370	0.215	0.350
0.425	0.340	0.235	0.370
0.410	0.425	0.255	0.390
0.385	0.305	0.280	0.410
0.360	0.290	0.310	0.430
0.330	0.270	0.325	0.440
0.295	0.250	0.350	0.450
0.250	0.230	0.365	0.455
0.225	0.225	0.395	0.460
0.200	0.230	0.425	0.455
0.180	0.250	0.440	0.445
0.175	0.270		

c. 红色交通讯号的色极限，无须特别的要求。

注：平均日光下，通过镜片观察黄和绿色交通讯号，在 CIE(1931)标准色度图上所示的可接受区域（各临界点坐标详见 5.5.3.1）。

5.5.3.2　镜片的交通讯号透射比，应满足表 1 的要求。

6　试验方法

6.1　外观质量试验

按 GB 10810 进行测定。

6.2　透射比试验

6.2.1　光透射比试验

6.2.1.1　已给出其连续函数的积分式，现用波长间隔不大于 10 nm 的叠加式替代如下：

$$\gamma_V = \frac{\sum\limits_{\lambda=380}^{780} \gamma(\lambda)V(\lambda)S_C(\lambda)\Delta\lambda}{\int_{380}^{780} V(\lambda)S_C(\lambda)\Delta\lambda}$$

这里 $\Delta\lambda \leqslant 10$ nm。式中每 10 nm 间隔常数的乘积及分母的数值可查表 3，光谱透射比 $\tau(\lambda)$ 可用分光光度计每 10 nm 或更小间隔进行测量而得。

6.2.1.2　光电方法

在常规试验中,镜片的光透射比也可用光电仪器来测定,但该仪器应进行色度校正,其光谱灵敏度应等效于 CIE 标准照明体 C 与 CIE(1931)标准色观察者之积,本方法的允许误差为 0.04 光密度。

6.2.2　平均透射比试验

已给出其连续函数的积分式,现用间隔不大于 10 nm 的叠加式替代如下:

$$\gamma(\lambda_1 \lambda_2) = \dfrac{\displaystyle\sum_{\lambda=\lambda_1}^{\lambda_1} \gamma(\lambda)\Delta\lambda}{\displaystyle\sum_{\lambda=\lambda_1}^{\lambda_2} \Delta\lambda}$$

这里 $\Delta\lambda \leqslant 10$ nm。

6.2.3　交通讯号识别的透射特性

6.2.3.1　色坐标

已给出其连续函数的积分式,现用波长间隔不大于 10 nm 的叠加式替代如下:

a. 通过镜片观察交通讯号

$$X_{\text{sig}} = \int_{380}^{780} \gamma(\lambda) S_A(\lambda) \gamma_{\text{sig}}(\lambda) \bar{x}(\lambda) \Delta\lambda$$

$$Y_{\text{sig}} = \int_{380}^{780} \gamma(\lambda) S_A(\lambda) \gamma_{\text{sig}}(\lambda) \bar{y}(\lambda) \Delta\lambda$$

$$Z_{\text{sig}} = \int_{380}^{780} \gamma(\lambda) S_A(\lambda) \gamma_{\text{sig}}(\lambda) \bar{z}(\lambda) \Delta\lambda$$

这里 $\Delta\lambda \leqslant 10$ nm。

b. 通过镜片观察平均日光

$$X_{D_{65}} = \int_{380}^{780} \gamma(\lambda) S_{D_{65}}(\lambda) \bar{x}(\lambda) \Delta\lambda$$

$$Y_{D_{65}} = \int_{380}^{780} \gamma(\lambda) S_{D_{65}}(\lambda) \bar{y}(\lambda) \Delta\lambda$$

$$Z_{D_{65}} = \int_{380}^{780} \gamma(\lambda) S_{D_{65}}(\lambda) \bar{z}(\lambda) \Delta\lambda$$

这里 $\Delta\lambda \leqslant 10$ nm。

上述各式中:以 10 nm 为间隔。有关红、黄、绿色交通讯号及平均日光的各项常数项的乘积,可查找表 3。

6.2.3.2　交通讯号的透射比

已给出其连续函数的积分式,现用波长间隔不大于 10 nm 的叠加式替代如下:

$$\gamma_{\text{sig}} = \dfrac{\displaystyle\sum_{\lambda=380}^{780} \gamma(\lambda) V(\lambda) S_A(\lambda) \gamma_{\text{sig}}(\lambda) \Delta\lambda}{\displaystyle\sum_{\lambda=380}^{780} V(\lambda) S_A(\lambda) \gamma_{\text{sig}}(\lambda) \Delta\lambda} = \dfrac{Y_{\text{sig}}}{\displaystyle\sum_{\lambda=380}^{780} V(\lambda) S_A(\lambda) \gamma_{\text{sig}}(\lambda) \Delta\lambda}$$

这里 $\Delta\lambda \leqslant 10$ nm。

式中:以 10 nm 为间隔的常数项的乘积及分母的数值可查找表 3。

7 检验规则

批量生产太阳镜按 GB2828 对每一项技术要求进行逐项检验,采用一般检查水平Ⅱ,一次正常抽样,合格质量水平(AQL)的规定为 4.0,抽样方案见表 4。

表 4

批量范围 N	样本大小	A_c	R_e
51～90	13	1	2
91～150	20	2	3
151～280	32	3	4
281～500	50	5	6
501～1 200	80	7	8
1 201～3 200	125	10	11
3 201～10 000	200	14	15
10 001～35 000	315	21	22

8 标志、包装、运输、贮存

8.1 每副眼镜均应标明:执行的标准号、类别、颜色、镜架尺寸、质量等级、生产厂名和商标。

8.2 根据不同颜色可以以不同副数装一小盒,盒上除标明 8.1 的内容外,还应标明盒内数量、出厂日期及检验标记。

8.3 外包装箱上应标明生产厂址、名称、品名、规格及易碎品标记。

8.4 运输时应轻装、轻放。

8.5 贮存处应注意干燥、通风。

第六章　隐形眼镜质量检测

第一节　隐形眼镜基础知识

　　隐形眼镜又称角膜接触镜(Contact Lens),它是根据人眼角膜的形态制成的,直接附着在角膜表面的泪液层上,并且能与人眼生理相容,从而达到矫正视力、美容、治疗等目的的一种特殊类型的镜片。美国食品与药品管理局(FDA)将隐形眼镜列为必须经过严格临床试验和临床测试的Ⅲ类医疗器械产品,它的使用关系着镜片配戴者的眼睛健康和安全,因此必须具备优异的产品质量,并配备规范的验配服务。

　　现代隐形眼镜的问世已有百余年的历史,其生产工艺与相关技术随着现代科技的发展而不断改进。隐形眼镜的材料研发与验配技术已经成为一门既相对独立,又涉及多系统、跨门类的交叉学科,包括材料物理与化学、精密加工、眼镜光学、眼屈光学及眼科学等多方面的学科内容。无论是用于矫正视力、美化眼睛,还是治疗相关眼部疾病,今天世界上已有无数人享受到配戴隐形眼镜带来的好处。

一、隐形眼镜的发展简史

　　1508年,意大利天才科学家、著名画家达·芬奇(Leonardo Da Vinci)发现将头伸进盛满水的玻璃缸,从缸里观察外面的景物,可以改变眼的视觉功能,他将这一段设想画出草图,并阐述了相关理论,这是迄今可以追溯到的最早的关于隐形眼镜的构想的理论。在此后的几百年中,眼科及视光学界、甚至材料化学或光学领域的众多专家学者不断改良出新,隐形眼镜的发展历经几代变革,逐步成为一类能为戴镜者提供健康、舒适又安全的视觉体验的视力矫正工具,表6-1简要概括了隐形眼镜材料、设计及功能演变发展的简史。

表6-1　隐形眼镜发展大事记

1508年	达·芬奇第一个介绍并描绘出隐形眼镜草图
1887年	由Müller制造的第一只真正的隐形眼镜问世,用于保护病人患眼的暴露区
1920年	Carl Zeiss公司生产用于矫正圆锥角膜的镜片系列,这是世界上第一个试戴镜片系统
1937年	PMMA(聚甲基丙烯酸甲酯)作为隐形眼镜材料使用
1948年	Tuohy,第一副全天配戴的PMMA隐形眼镜问世
1951年	捷克科学家Wichterle发明旋转成形法
1963年	Wichterle的HEMA材料获得专利
1971年	博士伦公司开始在美国上市第一种商品化软镜Soflens水凝胶隐形眼镜
1974年	Gaylord,硅酮丙烯酸酯(acrylate)材料获得专利

(续表)

1978 年	BOSTON 第一副 CAB(醋酸丁基纤维素)为基本材质的 RGP 镜片在加拿大问世
1981 年	Dow Corning,第一副硅弹性镜片问世
1981 年	Dow Corning,第一副无晶体眼长戴硅镜片问世
1981 年	视康公司设计制作了第一副软性散光隐形眼镜
1981 年	Barnes-Hind,第一副美容长戴 HEMA 镜片问世
1982 年	视康公司推出第一副着色软镜
1983 年	PTC 公司在美国推出 RGP 使用的 BOSTON 护理液
1983 年	Dow Corning,第一副硅树脂(resin)镜片问世
1983 年	视康公司推出第一副双焦点软性隐形眼镜
1984 年	Wichterle 研制出含水量 55％的软镜
1985 年	Synoptik,第一副抛弃性镜片问世
1985 年	亲水性软镜进入中国市场
1986 年	强生公司引进 DANA 镜片专利,提出了隐形眼镜配戴方式的新概念:抛弃式配戴方法,降低了隐形眼镜并发症的发生率
1987 年	博士伦公司推出隐形眼镜全功能护理液
1988 年	Vistakon、Bausch & Lomb 和 CIBA Vision 生产抛弃型镜片。
1989 年	美国 FDA 限制隐形眼镜长戴时间在 7 天内
1990 年	视光界提出隐形眼镜的定期更换的概念
1992 年	北京博士伦公司第一家将隐形眼镜全功能护理液引入中国市场
1994 年	强生 Vistakon 首先上市日抛型隐形眼镜
1995 年	PTC 公司推出第一款用于 RGP 镜片的单瓶护理系统
1997 年	美尼康株式会社推出高强度、高透氧、兼具紫外线吸收功能的 MeniconZ,更贴合亚洲人眼表设计
1998 年	视康公司采用全新突破性材料 lotrafilcon A,推出第一副长戴型软性隐形眼镜 NIGHT & Day
1998 年	博士伦公司推出功能更加齐全的"ReNu 润明新概念除蛋白全功能护理液"
1999 年	硅水凝胶软镜在美国批准使用

二、隐形眼镜的功能分类

　　隐形眼镜作为一类光学矫正镜片的总称,具有多种功能类型,下面就根据不同的分类方式将镜片类型进行简单介绍。

1. 按材料分类

(1) 硬镜:透氧性差,现已弃用。

(2) 透气硬镜:含氟、硅等成分,透氧性能好,但配戴不及软镜舒适,需一定的适应时间。

(3) 硅弹镜:透氧性能极佳,表面湿润性差,抗沉淀性差,配戴后极不舒适。

(4) 软镜:水凝胶材料制成,质地柔软,配戴舒适,有一定的透氧性,但镜片材料强度低,易吸附沉淀物。

(5) 软硬组合式镜片(Piggyback lens):即在软镜的前光学区嵌入透气硬镜材料。这种镜片取透气硬镜的光学性能好、矫正散光、透氧充分的优点,又兼软镜的湿润性好、舒适、附着稳定的好处,用于矫正圆锥角膜和高度角膜性散光尤为理想。

2. 按配戴方式分类

镜片一次持续配戴的时间称为镜片的配戴方式。

(1) 日戴型:配戴者在不睡眠睁着眼的状态下配戴镜片,通常每天不超过 16～18 小时。

(2) 长戴型:配戴者在睡眠状态下仍配戴镜片,持续数日方取下镜片(通常不超过 7 天)。

(3) 弹性配戴:戴着镜片午睡或偶然配戴镜片过夜睡眠,每周不超过 2 夜(不连续)。

3. 按使用周期分类

镜片自使用至抛弃的时限称为镜片的使用周期。

(1) 传统型:传统意义的隐形眼镜使用周期较长,软镜通常为 10～12 个月,透气硬镜通常为 1.5～2 年。

(2) 定期更换型:镜片的使用时限超过 3～6 个月。

(3) 频繁更换型:镜片的使用时限为 1 周至 3 个月。

(4) 抛弃型:每次取下镜片即抛弃,通常持续配戴不超过 7 天,无须使用护理产品。包括日抛镜片及长戴型 1 周或 2 周抛镜片。

4. 按含水量分类

镜片充分水合后含水的质量百分比率称为含水量,不同材料隐形眼镜镜片的含水量如表 6-2 所示。

表 6-2　不同类型镜片含水量对照

材料类型	含水量	材料类型	含水量	
硬镜	<0.35%		低含水量	30%～50%
透气硬镜	<2%	软镜	中含水量	51%～60%
硅镜片	<2%		高含水量	61%～80%

由于镜片材料的含水量和表面离子性在很大程度上影响着镜片与眼表及护理产品的相容性,故美国食品和药物管理局(FDA)对亲水性软性镜片材料进行了具体划分,将含水量

低于 50% 的材料定为低含水材料;含水量高于 50% 的材料定为高含水材料,又根据材料的表面离子性将其分为四个类型,分类方法如下:

(1) Ⅰ类:低含水非离子性材料。这类材料因其电中性及低含水量,成为最不易吸附沉淀物的材料,也是一般传统型镜片的理想材料。

(2) Ⅱ类:高含水非离子性材料。这类材料含水量高,透氧性好,其非离子性质比同等含水量的离子性材料对沉淀物的形成具有较高抵抗力,是制作抛弃型镜片的理想材料。

(3) Ⅲ类:低含水离子性材料。这类材料含水量低,DK 值低,镜片表面负电荷对泪液中的蛋白质、脂质等具有较大吸引力而导致镜片表面易吸附沉淀物。

(4) Ⅳ类:高含水离子性材料。这类材料的高含水和离子性使之成为四类材料中最易吸附沉淀物的材料。该材料对环境更敏感,易脱水,过早老化;对 pH 很敏感,在酸性溶液中易出现镜片大小、基弧等参数的改变。

5. 按中心厚度分类

通常指软镜几何中心厚度的计量参数,单位为 mm。

(1) 超薄型:厚度 < 0.04。

(2) 标准型:厚度 0.04～0.09。

(3) 厚型:厚度 > 0.09。

6. 按直径分类

指镜片边缘两点间最大的线状距离,单位为 mm。

(1) 硬镜:直径约 7.0～9.5。

(2) 透气硬镜:直径约 8.0～10.5。

(3) 软镜:直径约 13.5～15.0。

7. 按处方分类

(1) 球面镜:供无散光或低度散光眼使用。

(2) 散光镜:供球面镜不能矫正的散光眼使用。

(3) 双焦或多焦镜:供老视眼使用。

8. 按功能分类

(1) 视力矫正镜片:供屈光不正、无晶体眼或圆锥角膜患者使用。

(2) 美容镜片:供希望加深和改变眼睛颜色者使用。

(3) 治疗镜片:供以隐形眼镜作为治疗手段的各种眼疾病者使用。

(4) 色盲镜片:供色盲患者改善辨色力使用。

三、隐形眼镜的材料及其性能

隐形眼镜的原材料为由高能强键缔合的高分子化合物,该化合物称为聚合物。组成高分子化合物分子的每一个原始单位称为单体。由于添加单体的不同,可分为同种聚合物(单聚物)与复合聚合物(共聚物),不同单体与聚合方式的组合形成了隐形眼镜材料的多样性。

理想的隐形眼镜材料其特点应包括：安全、无毒、生理相容、理化性质稳定、光学清晰度好、透氧性能好、湿润性好、配戴舒适、耐用、抗沉淀物形成等。表6-3总结了用于隐形眼镜材料配方的常用单体及其主要特征。

表6-3　常用隐形眼镜材料单体

单　体	缩写	优　点	缺　点
丙烯酸	AA	亲水、湿润性好	对pH敏感、活泼、易离子化
α-甲基丙烯酸	MA	亲水	对pH敏感、活泼、易离子化
甲基丙烯酸甲酯	MMA	硬、光学性及加工性好、惰性稳定	无透氧性
甲基丙烯酸羟乙酯	HEMA	亲水、柔韧、湿润性好	透氧性低
甲基丙烯酸缩水甘油酯	GMA	湿润性好、抗沉淀性好	透氧性低
N-乙烯基吡咯烷酮	NVP	亲水、湿润性好、高透氧性	易变色
聚乙烯醇	PVA	亲水、高吸水性、抗沉淀性好	制作困难
硅氧烷甲基丙烯酸酯	SMA	透氧性中等、湿润性较好	制作困难
醋酸丁酸纤维素	CAB	光学性能好、湿润性中等	透氧性低、稳定性差
氟硅酮	FSA	高透氧、湿润性好、沉淀少	弹性模量低、镜片较厚
全氟醚	PFE	高透氧性	太柔软、散光矫正效果差

1. 材料类型

（1）硬镜（rigid lens，hard contact lens，HCL）

材料典型：聚甲基丙烯酸甲酯（PolymethyLmethhacrylate，PMMA）

优点：质地坚硬、不吸水，矫正视力好、散光矫正效果较好，有良好的加工性，耐用，易操作。

缺点：不透氧（或极低透氧），易引起角膜水肿、视力下降、角膜上皮损伤等。可塑性差，不舒适，适应期长。久戴可修改角膜的曲率，在改用框架眼镜时不能获得良好的视力。光学区小，在暗环境中可能发生眩光现象。单纯的PMMA镜片因其种种弊端已弃用，然而以MMA单体为基质的透气硬镜和软镜却有着更为广泛的使用前途。

（2）透气硬镜（rigid gas Perneable lens，RGP）

材料典型：醋酸丁酸纤维素（cellulose acetate butyrate，CAB），硅氧烷甲基丙烯酸酯（siloxanyl methacrylate copolymers，SMA），氟硅丙烯酸酯（fluorosilicone acrylates，FSA），氟多聚体（fluoropolymers）等。

优点：透氧性能极好，并发症少，矫正视力好，耐用。有良好的加工性，容易操作。光学区较大，很少产生眩光现象。久戴修改角膜曲率的程度较轻。

缺点：可塑性差，湿润性差，配戴不及软镜舒适，需一定的适应时间。须将镜片制成多种规格的内曲面弯度来适应不同的配戴者，增加了验配技术的难度。镜片直径小，易发生干燥性角膜上皮损伤。

（3）硅弹镜（silicone lens）

材料典型：硅酮橡胶（silicone rubber），硅酮树脂（silicone resin）。

优点：迄今为止透氧性能最良好的材料，它对氧的传导几乎不造成任何障碍。

缺点：表面湿润性差，抗沉淀性差，配戴后极不舒适。易与角膜粘连，导致角膜上皮剥脱。

（4）软镜（soft lens，hydrogel lens）

材料典型：聚甲基丙烯酸羟乙酯（Poly－hydroxyethylmethacrylate，PHEMA），HEMA混合材料（以 HEMA 为基质，加入其他辅料的亲水性软镜材料），非 HEMA 材料（不含有 HEMA 成分的亲水性软镜材料）。

优点：弹性好，质地柔软，有良好的可塑性，配戴舒适。适应时间短，验配技术较简单。镜片比角膜大，覆盖完全，不易引起角膜曲率的改变。矫正视力与配戴框架眼镜同样好。

缺点：镜片材料强度低，容易破损，使用寿命比硬镜短。镜片可塑性强，故球面软镜矫正角膜性散光效果较差。镜片表面极性强，容易吸附泪液中的沉淀物、致病微生物及护理液的成分，易导致眼并发症。清洗、消毒的程序较硬镜要求严格，且须考虑镜片与护理产品的相容性。镜片的透氧性能还不理想，大多还不能配戴过夜。比硬镜容易吸附沉淀物。

（5）硅水凝胶镜片（siliconehydrogel lens，SiHy lens）

材料典型：硅氧烷水凝胶，氟硅氧烷水凝胶。

优点：在水凝胶材料的基础上添加硅的成分，以提高材料透氧性能。第一代硅水凝胶聚镜片材料（Lotrafilcon A、Balafilcon A）采用等离子表面处理技术以提供表面湿润性，第二代材料（senofilcon A、Narafilcon B）采用内部湿润剂聚乙烯吡咯烷酮（聚乙烯吡咯烷酮），第三代硅水凝胶材料（lotrafilcon B、Enfilcon A、Comfilcon A）含水量更高，提高了戴镜舒适度。

硅氧烷水凝胶材料结合了硅氧烷或氟硅氧烷材料的高透氧性以及水凝胶材料卓越的舒适度、润湿性与抗沉淀性、佩戴舒适性等优点，是目前最有前途的角膜接触镜材料。具有各向同性的微相分离结构，即双通道结构，同时含有起透氧作用的有机硅相和对离子与水有渗透作用的水凝胶相。疏水的有机硅相如填充剂一般分布在均匀的水凝胶相中。前者能提高镜片材料的氧传导性；而后者的微"水凝胶通道"有助于镜片在角膜的表面自由移动，赋予材料良好的配戴舒适性，并提高与眼的相容性。因此，硅氧烷水凝胶材料的透氧性能随含水量的升高反而降低。氟硅氧烷水凝胶其含氟单体的加入能够很好地使材料保持良好的透氧性，降低硅氧烷材料的疏水性。

缺点：由于有机硅材料的表面自由能低，疏水性的硅氧基团易富集于材料表面，影响表面润湿性；尽管硅水凝胶本体含水，但仍呈现疏水的表面性质。因此，必须对材料表面做改性处理，提高其与眼睛的生物相容性。等离子表面改性过程涉及昂贵的仪器、复杂的过程和苛刻的处理条件，提高了企业的生产成本。由于氟化合物的昂贵以及其特定的佩戴方式使氟硅氧烷水凝胶材料的应用受到很大的限制。

（6）其他新型材料

壳聚糖（chitosan）及其衍生物：壳聚糖具有较好的吸湿性和保湿性，成膜性好，优良的生物相容性，是保证接触镜安全的理想材料。具有较好的染色性、透氧性和促进伤口愈合的特性，可以作为美容镜以及用于眼科手术辅助治疗。但其膜的力学性能不够好，需要进行改性。

仿生材料:如 Omafilcon A,这种材料含有两性离子基团,具有与泪膜相似的结构,采用这种材料制造的角膜接触镜,具有较好的保湿性,能够抗泪液中的蛋白质沉淀,不需要使用蛋白酶片消毒,每半年更换一次。

胶原蛋白:最初由猪或牛巩膜Ⅰ型胶原制成,具有低模量、高韧性的特性,生物相容性优良。根据胶原的交联程度不同可以在 12～72 h 内溶解。戴用前将其置于生理盐水或某种药液中水合,戴用时其胶原残基可稳定泪膜,促进角膜损伤愈合。提高胶原膜的透明度,有助于增强患者的依从性。

2. 材料一般理化性能

(1) 透明度:通常用特定波长的光线通过某种物质样本的透过率的百分比来表示该物质的透明度。没有一种物质是完全透明的,当光通过物质时,总有一些被反射、吸收或散射。大部分无色隐形眼镜材料中透明度为 92%～98%。

(2) 硬度和韧度:硬度反映了镜片的耐用性,韧度反映了镜片的柔韧性。用柔软有韧性的材料制作的镜片通常初始配戴阶段就感觉良好。

(3) 抗张强度:表示材料在被牵拉断裂之前所能承受的最大拉力。抗拉强度高的材料具有良好的耐久性,这样的镜片能耐受在接触镜操作过程中所受的力(例如清洗、揉搓、戴入)而不易破裂。

(4) 弹性模量:表示一种材料在承受压力时保持形态不变的能力。弹性模量高的材料能较好地抵抗压力,保持形态不变,从而提供更好的视觉效果。

(5) 比重:又称相对密度,是在一定温度下的空气中,相同体积的材料与水的质量之比率。在涉及高度数正透镜或复合透镜的设计时,需要特别考虑材料的相对密度。

(6) 折射率:光通过空气时的速度与光通过该材料时的速度之比率。材料的折射率越高,入射光线发生折射的能力越强。软镜材料的折射率与含水量有关,含水量越高,折射率越低。

(7) 湿润性:材料的湿润性可以用湿润角表示。在待测材料表面滴一滴水(生理盐水或泪液),其与材料表面所形成的切线角称为湿润角。隐形眼镜表面的湿润性越大,所形成的泪液膜越均匀稳定。为了增加表面的湿润性必须降低液体的表面张力、增加固体的表面能量,这些力的合成决定了完全湿润、半湿润或不湿润。

(8) 吸水性:隐形眼镜材料吸收水分和膨胀的能力。该特性取决于亲水基团和疏水基团的比率,以及这些基团的性质和交叉连接的量。对于相同厚度的隐形眼镜,镜片的含水量越高,透过镜片到达角膜的氧气就越多。

3. 隐形眼镜材料的特殊性能

(1) 含水量:软镜的含水量通常用百分比来表示。水是氧通过软镜材料的载体,氧分子溶解到水中后,经镜片传递到角膜,所以亲水材料是透氧的,氧的通透性与含水量成正比。

含水量=镜片中的水质量/镜片的总质量×100%

(2) 极性:隐形眼镜材料可带电荷,也可呈电中性,影响与溶液的相容性和沉淀物的形成等。带电荷的材料称为离子性材料,通常带有负电荷,易与泪液中带正电荷的成分相结合,形成镜片表面的沉淀物。电中性的材料称为非离子性材料,对沉淀物形成具有抵抗性。

(3)透氧性能:为确保角膜健康,镜片必须不会阻碍氧气从空气到角膜的传递,且不会阻碍二氧化碳从角膜到大气的传递过程。隐形眼镜材料的透氧性能可用 Dk 值、Dk/t 值及 EOP 值等指标来衡量。

Dk 值:衡量材料透氧性,又称为氧通透性,是弥散系数(D)与溶解系数(K)的乘积。D 为弥散系数,是气体分子在物质中移动的速度,单位是 cm^2/s;K 为溶解系数,指在 101.31 kPa(760 mmHg),0℃时,每立方厘米的物质中能溶解的气体量。氧要通过某些接触镜材料,它的分子必须先溶解于这种材料中,然后再通过这种材料。由于泪泵在软镜中的作用很小,这时氧通透性就特别重要,大部分到达角膜的氧必须通过镜片材料传递,材料的透氧性与含水量直接有关。

Dk/t 值:镜片的氧传导性,或称 Dk/L 值,表示一定厚度的镜片容许氧气通过的能力。t 表示镜片的厚度,单位是厘米。镜片的 Dk/L 不仅与材料 Dk 有关,而且受厚度的影响,镜片越厚,氧传导性越差。

EOP 值:等效氧性能,是活体评价氧传导的技术,即评价透镜在活体眼上的实际透氧性。角膜能从大气中获得的最大氧量是大气体积的 21%,或海平面的氧分压:20.66 kPa(155 mmHg)。因此,理想的接触镜应在角膜表面维持 21% 的等效氧。EOP 不是物理常数,也不是材料的通透系数,它是一种与材料 Dk 值和透镜设计有关的生理度量,但不能直接转化为材料的 Dk、Dk/L 或氧通量。

四、隐形眼镜的加工工艺

隐形眼镜的制造要求精密、清洁、高效。硬性接触镜和疏水性接触镜的制作主要是由聚合物块料或模压半成品进行标准机械加工和抛光工艺制造而成。软性接触镜的制作基本工艺有旋转成形、切削成形和铸模成形等三种方法,近年来又演化出旋转结合切削或铸模结合切削的综合成形工艺。

1. 旋转成形工艺

镜片模具由电脑程序控制制成。该工艺是将多次纯化的液体原料滴入高速旋转的一次性模具中,滴入量以及模具的旋转方向、速度均由电脑全方位精确控制,以保证镜片的形状、厚度和屈光度等参数符合设计。旋转过程中在紫外线的照射下液体原料发生光聚合反应,形成固态镜片,再经过边缘精加工、水合脱膜、萃取、着色、全面质检和消毒包装等工序后制成成品镜片。

特点:表面光滑,质地柔软,薄,配戴舒适,但矫正散光效果较差。

优点:镜片超薄,优秀的透氧率;抛物型边缘,提高舒适感;表面光滑,减少表面沉淀物;柔软、有弹性;容易装配;非球面内表面配合角膜形状。

缺点:不能制造复杂镜片设计,没有基弧选择,中心定位轻微偏位,移动较少,较容易相粘,处理稍困难。

2. 切削成形工艺

用车床将干态的毛坯进行切削,双面切削后再水合成软性隐形眼镜。

特点:制作工艺高,成本高,弹性好,易操作,多数散光镜片及透气硬镜用此方法制作。

优点:有基弧选择、中心定位、移动理想,处理容易。

缺点:比较不舒服,镜片较厚,影响透氧率,表面较不光滑,容易粘附蛋白沉淀。

3. 铸模成形工艺

根据不同的屈光度、基弧和直径设计出多套模板模具,再复制出一次性的凹模和凸模。将液态原料或固态毛坯注入凹模进行铸压,其余工序与旋转成形相同。

特点:效率高,成本低,多数抛弃型用此方法制作;镜片的弹性模量大于旋转成形工艺的镜片,较易操作,可塑性优于切削成形的镜片,常有 2~3 种基弧即可满足通常的角膜弯度,配戴较为舒适;镜片较厚,透氧性稍差,且强度不佳,不耐久用。

优点:复制性高、表面光滑、镜片薄。

缺点:工具复杂、机器费用成本高。

4. 综合成形工艺

综合运用以上两种或两种以上方法,如旋转切削工艺,模压切削工艺。

旋转切削工艺:实施旋转成形工艺,并将固化成形后尚未脱模的镜片连同凹模固定在车床封端器上,用电脑数控车床切削出预期的镜片内曲面,然后进行内曲面抛光处理。这种方法既保持了旋转成形工艺制作的镜片整体较薄,配戴舒适,透氧性能好的特点,又因切削法使镜片内曲面光学区呈球面,配戴后矫正视力清晰,定位良好。镜片弹性模量增加,易于操作,并能矫正一定程度的散光。

铸模切削工艺:实施铸模成形工艺,使镜片固化成形,除去凹模,将凸模连同镜片固定在车床封端器上。用电脑数控车床切削出于预期的镜片外曲面,然后进行外曲面抛光处理。这种方法既保持了铸模工艺镜片的配戴舒适,矫正视力清晰等优点,又因切削法使镜片薄而强度增加。透氧性能和耐用性亦得到改善。

5. 后期处理工艺

隐形眼镜在完成前期成形工序后,还须进行染色、品控、包装等一系列后期处理工艺。硬质镜片的后期工序较简单,软质镜片的后期处理则包括蚀刻标记、水合、萃取、品控、染色、灭菌、包装等多道工序。不论何种工艺生产的镜片都必须达到质量保证,因此品控是隐形眼镜生产后期最重要的环节,它由一系列检查及检验组成,首先对已制备的聚合物材料进行分析,然后在每一工艺环节都要对镜片进行检测,这样才能保证生产的成品质量符合各种规范要求及安全标准。

五、隐形眼镜的优点与应用范围

1. 隐形眼镜的优点

相对于框架眼镜,隐形眼镜不仅在视觉上、视野等方面具有优势,而且更加舒适、方便、美观、安全。

(1) 视觉更清晰:戴框架眼镜增加 1.00D 可使看到的影像放大或缩小约 2%,屈光参差患者如戴框架眼镜,由于双眼像差过大,使双眼融合发生障碍;而通过隐形看到的影像大小近于真实。高度屈光不正的患者在配戴框架眼镜时,由于镜片的球面差和色散会影响物像的质量;而隐形眼镜由于紧附在角膜表面,仅有瞳孔区的镜片接受入射光线,因而镜片的球面差和色散极轻微。屈光不正的患者在配戴框架眼镜时,会发生折射像差和斜交位差等现象,使影像发生畸变;而隐形眼镜的光线入射区域各部分厚度差极小,且视轴始终与镜片几何中心保持一致,故几乎不产生影像失真。

（2）视野更开阔:框架眼镜因受框架的限制和镜片周边部棱镜效应的影响,使配戴者视野相应缩小;而隐形眼镜不受框架的遮盖,且始终能跟随眼球转动,故能保持与正常人相同的开阔视野。

（3）感觉更舒适:框架眼镜,尤其是高屈光度的框架眼镜使配戴者鼻梁部负重,镜架压迫鼻梁部和耳廓部常引起接触性皮炎;而隐形眼镜则没有上述缺点。戴着框架眼镜从寒冷的室外初到温热的室内会有蒸气在镜片上凝聚,造成视物模糊;而隐形眼镜的表面完整地覆盖着泪液层,不会有水蒸气凝聚。

（4）使用更方便:框架眼镜在鼻梁上时时下滑,不慎掉到地上时玻璃镜片容易打破,而隐形眼镜则没有这些问题。

（5）感觉更美观:对于年轻的隐形眼镜配戴者来说,可以避免框架眼镜遮盖眼部。便于用眼睛交流思想感情。框架眼镜的框架形状和边宽常会修改配戴者的面形,久戴框架眼镜常发生鼻梁的塌陷,眼球的凸出,而隐形眼镜则不会有。

（6）配戴更安全:框架眼镜配戴者遇到撞击时,破碎的镜片常导致眼球损伤,而隐形眼镜则比较安全。

2. 隐形眼镜的适应症

（1）矫正视力:隐形眼镜可用满足各种屈光不正的视力矫正需求。包括近视,尤其是高度近视;远视,尤其是高度远视;散光,尤其是不规则散光;屈光参差,两眼屈光度相差 2.50D 以上者;无晶体眼,白内障手术后不适宜植入人工晶体者;圆锥角膜等。

（2）美容需求:对于追求时尚的年轻女性而言,彩色隐形眼镜可以改变眼睛的颜色,起到化妆的效果。此外,特殊染色的彩色镜片还可以有效遮盖角膜白斑、云翳等疤痕。

（3）职业需要:运动员、司机、出差者以及在户外工作,可避免框架眼镜的牵碍。摄影师、显微镜操作者可免除工作时框架眼镜的阻隔。医师、厨师等戴口罩工作的人可防止呼吸时水蒸气使玻璃镜片模糊。演员及电视节目主持人可根据出场造型的需要选用隐形眼镜。

（4）治疗:隐形眼镜可以作为一些眼病患者的治疗工具。角膜外伤和手术后采用特制的胶原膜隐形眼镜,可免除缝合或减少缝合,从而防止渗漏,并减轻疤痕形成,亦可对受伤的脸裂区的角膜起到屏障保护作用。用于干眼患者,镜片浸以润滑剂和粘滞剂后配戴,可有效地维持泪液膜的完整和稳定性。作为给药途径治疗某些眼病,镜片充分吸引药液后,可起到缓释给药的作用,提高滴眼剂的生物利用度。用于治疗弱视,可用不透明镜片遮盖健眼、锻炼患眼。也可根据患眼的屈光度配戴隐形眼镜,用来提高视力,其影像大小和双眼视均优于框架眼镜。起到人工瞳孔的作用,减少入眼光线对视网膜的刺激,增加深度觉,常用于虹膜外伤、萎缩或白化病患者。

3. 隐形眼镜的非适应症

（1）全身禁忌症：包括急、慢性副鼻窦炎；严重的高血压、糖尿病、类风湿性关节炎等胶原性疾病；过敏体质；服用某些药物，如类固醇类药物、阿托品等；震颤麻痹；精神疾病；妊娠时出现内分泌紊乱者；其他全身系统严重疾病。

（2）眼部禁忌症：包括干眼症病人，或泪膜质量下降、泪液分泌不足；角膜炎、结膜炎反复发作；角膜敏感度下降；严重的沙眼、结膜结石；慢性泪囊炎等易引起眼部感染或镜片污染的情况；严重的晶状体、玻璃体混浊；弱视；上睑下垂、眼睑闭合不全、睑内翻、倒睫等；任何眼前部严重感染或炎症。

（3）个体条件禁忌症：包括卫生习惯不良者及不依从配戴规则者；年老、年幼或残疾不能操作镜片者。

（4）环境条件禁忌症：包括工作、生活环境污染严重；接触酸、碱及挥发性化学物质者。

六、隐形眼镜规范及理想特质

1. 隐形眼镜的相关规范

美国 FDA 将医疗器械划分为三类：Ⅰ类为"一般检验（General Controls）"产品，如医用橡胶手套和注射器等；Ⅱ类为"性能标准（Performance Standards）"产品，如 PMMA 和 RGP 镜片等；Ⅲ类为"市场前许可（Premarket Approval）"产品，包括各种维持生命、置入人体内的或危险的器具，心脏瓣膜、眼内植入物及软性隐形眼镜等产品属于此类范畴。

隐形眼镜在被允许上市配戴之前，镜片材料需经过一系列周密的实验室检测及临床测试，以保证其安全、无毒和有效性，测试内容包括：

（1）化学方面：检测材料化学结构、配方，以及已知和预计可能发生的化学反应和作用。

（2）制造方面：监测用于聚合物材料配制的制造过程，保证使用优良的制造工艺。

（3）微生物方面：测试表明配制时无菌，不易助长微生物繁殖。

（4）毒性方面：测试聚合物材料以保证其生物相容性和无毒性。

（5）临床测试：在临床前测试结果满意的基础上，将镜片置入人眼中进行临床测试，以提供法律上可靠的科学依据来证明其使用时的安全性和有效性，不产生眼部不良反应，且能达到预期的光学矫正效果。

我国药品监管部门自 2002 年起将隐形眼镜及其护理产品纳入日常监管范围。依据国家食品药品监督管理总局发布的《医疗器械分类目录》，隐形眼镜和护理用液属于"植入体内或长期接触体内的眼科光学器具"，为第三类医疗器械产品。依据国务院《医疗器械监督管理条例》规定，第三类医疗器械是指植入人体、用于支持、维持生命、对人体具有潜在危险，对其安全性、有效性必须严格控制的医疗器械；未取得《医疗器械经营许可证》不得经营第二、三类医疗器械。

2. 理想隐形眼镜的特质

性能优异的隐形眼镜必须满足"清晰"、"舒适"、"安全"三大指标，并具备以下条件：

（1）配戴舒适：配戴后没有明显的异物感、刺激感、干燥感。这要求镜片湿润性好，表面光滑,边缘形态合理,内曲面的主要弯度与角膜前表面吻合。

（2）视力清晰:配戴后有良好的远、近矫正视力和视觉对比敏感度。这要求镜片的光学性能良好,屈光度准确,内曲面形态设计合理。

（3）高透氧性:能满足角膜生理代谢的需要。

（4）不具毒性:镜片材料的聚合程度、引发添加剂及镜片的护理产品等不构成对人眼组织细胞的毒性。不降解,生物相容性好。弃置后符合环保要求。

（5）易于操作:镜片成形性好,在摘、戴镜时容易控制操作。

（6）保养简便:护理程序高效简单,使配戴者能持之以恒地对镜片进行规范化的护理。

（7）方便耐用:镜片有足够大的抗张、抗疲劳强度,在配戴和护理过程中不易破损。镜片表面较少吸附沉淀物和病原微生物,且容易清洁。

（8）多参数:有不同直径、内曲面弯度、厚度、含水量和较大屈光度范围的镜片系列,供不同的配戴对象选择。

（9）价格合适:能被多数有视力矫正需求的人群接受。

第二节　隐形眼镜市场分析

中国城市中的近视人口大约8 000万,其中隐形眼镜配戴者约320多万,占近视人群的4%左右,其中多数为软镜使用者,透气硬镜及角膜塑形镜因其验配技术要求高,非医疗机构或大型配镜中心无法验配,因此使用者较少。据不完全统计,全国目前每年售出隐形眼镜200万副左右,每年隐形眼镜的销售递增率约15%,亦有分析称实际使用量超过500万人次,其中55%~60%为忠实配戴者,另有25%~30%的人群因麻烦、不适、经济限制等原因中断使用。由于国内眼镜行业普遍存在技术起点低、利益诱惑大的问题,隐形眼镜作为特殊医疗器械产品,其安全性未得到应有的重视,从生产、销售到验配、使用等各环节都无法达到应有的规范。现将目前国内隐形眼镜市场存在的各方面安全隐患及原因分析如下。

一、生产环节存在的问题及原因分析

作为特殊的医疗器具,不仅隐形眼镜镜片需要满足精确的规格,其制造设备本身也必须符合特殊的安全、清洁和优良的制造标准。所有的隐形眼镜生产都起始于镜片材料的配方和制备,在这一阶段必须精确地加入单体、去除所有杂质,然后通过优良的成形及后期处理工艺完成镜片的生产。国家药监局2002年公布了软性角膜接触镜产品质量监督抽查结果,抽样合格率仅为50%;所幸的是,名牌产品质量尚令人放心。不合格产品的问题主要集中在后顶点光焦度、中心内曲率半径、光学中心厚度、折射率、透氧量等方面。而这些指标不合格,直接影响使用者配戴的安全性和视力矫正效果。

小型工厂一般从别的工厂购买切割好的材料半成品,以省去一段生产工序。但隐形眼镜的关键在于单体聚合的优劣,以及完整的热处理技术。因此隐形眼镜配戴者应尽可能使用那些具备从原料加工到成品出厂的全套生产能力的厂家的产品。隐形眼镜的制造管理应涵盖工艺,环境等多方面的因素,包括空气及水的质量、微生物学控制、标准操作程序、记录保存及追踪、产品标记和包装、产品发放和回收,以及人员培训等全方位的综合管理。其目的是保护消费者,确保所有产品材料和成分可以追踪,确保合格产品投放市场,确保产品合理的回收利用,并能持续提供有效的反馈信息以促进产品的改进。

二、流通环节存在的问题及原因分析

隐形眼镜的流通问题主要体现在经营环节,不仅正规的眼镜零售及验配单位有权销售隐形眼镜,而且某些饰品店也在销售隐形眼镜,甚至此类商品的网购风潮日趋强大。由此反映出的问题,一方面是采购渠道比较混乱,眼镜店有从生产厂家直接进货的,有从眼镜批发市场进货的,也有送货上门的。据调查,有相当大一部分隐形眼镜销售者不能提供出供方合法资质证明文件,更没有建立完善的购销记录。消费者从产品外包装上基本无法识别厂方是否是合法企业,虽然目前市场上的隐形眼镜多数具备产品注册证,但仍有一些无产品注册证、甚至过期失效的软镜及护理液堂而皇之地摆在柜台上销售。另一方面是缺乏相应的售后跟踪服务,即便生产厂家提供了售后服务卡及复查随访单,大部分眼镜店也未认真按单操作。由于缺少相应的宣传,多数消费者没有意识到定期复查随访的重要性,因此一旦发生产品质量问题,就没有任何记录可查、没有依据可循。

存在上述问题的原因一是眼镜店经营者缺乏专业知识,对隐形眼镜认识不足,不了解其可能产生后果的危害性,更不知其属医疗器械,质量意识差,导致过期失效产品依然销售,无证产品仍然购进的现象时有发生。部分销售单位无专业技术人员,客观上无法开展质量管理。二是由于历史原因,国家有关医疗器械管理的法规、规章出台滞后,使各级药品监管部门在一定时期对隐形眼镜及护理液经营环节进行管理没有明确的标准,监管无法到位,同时又缺乏统一可行的管理操作程序。例如,关于眼镜验配技术人员和设备的配备,国家没有具体的规定,各地方规范参差不齐,以《江苏省〈医疗器械经营企业监督管理办法〉实施细则》为例,对经营有特殊验配产品的企业要求配备相关专业的卫生技术人员、经专业培训的验配人员和专业设备,但专指助听器,未涉及隐形眼镜。

三、验配环节存在的问题及原因分析

隐形眼镜的合理验配体现在专业验配人员及戴镜操作者两方面。一方面,专业验配人员需为戴镜者进行全面的眼部检查,以确定是否适合配戴,并根据其眼部特征选择合适类型的隐形眼镜。另一方面,戴镜者自身正确的配戴和护理操作也很重要,不仅能有效延长镜片的使用寿命,还能有效保障戴镜眼的健康。由于以往国内眼镜行业采用的是师徒相授的传统技术模式,从业人员的专业素质普遍偏低,其中掌握基本验配技术的人员不足 10%,无法对戴镜者进行正确的验配及操作指导,往往只以价格、品牌来主导消费,导致目前国内隐形眼镜市场无法达到应有的规范。消费者缺乏相应的知识,只能依靠产品配戴手册来了解隐形眼镜,部分依从性差者甚至完全忽视应有的操作规范。有调查指出,目前国内隐形眼镜配戴者中操作镜片之前洗手者仅有 52%,而超时配戴者高达 26%,抛弃镜片、定期更换式镜片的人群中有 65% 超时,这些都成为引发隐形眼镜不良反应的安全隐患。

与隐形眼镜相关的不良反应可以从镜片对眼的反应,以及眼对镜片的反应两方面来考虑,两者可以相互影响,形成恶性循环。

(1)镜片对眼的反应:因为镜片是置于泪液与角膜前的结膜囊的环境中。众所周知,泪液中含有多种成分,包括蛋白质、脂肪、无机盐等,此外还有空气中的各种杂质,包括化妆品也可溶于泪液中。软性隐形眼镜的材料是水凝胶,在配戴时,泪液中的某些物质就会附着在镜片表面上,分子较小的物质还会沉淀于镜片的高分子结构中。如不及时清除,沉淀与镜片上的物质,特别是蛋白质沉淀就会与镜片的材料紧密结合,并逐渐累积增加,改变镜片的透光性及与眼的生理相容性,造成镜片的损伤,甚至眼部的不良症状。

(2)眼对镜片的反应:产品质量不高、加工粗糙的镜片或破损的镜片,会对眼产生机械性的磨擦,进而损伤角膜上皮细胞,如果再遇到微生物污染或身体抵抗力下降,则可能会发生眼部感染。沉淀在镜片上的蛋白质等杂质一方面能增加镜片对角膜的摩擦,另一方面变性的蛋白质还可作为抗原刺激机体产生免疫反应。

一般认为发生与隐形眼镜相关的不良反应的原因主要有:患者的依从性差;镜片配适不良;患者个人卫生习惯不良;隐形眼镜中吸附的物质与敏感的人体组织接触发生的反应;角膜氧气和营养运输受到干扰等。

第三节　隐形眼镜质量问题及检测方法

隐形眼镜的质量检测不仅包括利用各类检查、检测仪器核对成品镜片或特殊订制的镜片各参数的精确性,检查表面光洁度等加工成形质量,对使用中的镜片检查其有无损伤、污染、沉淀物、变形、变色、左右眼错位等变化;还应该包括对镜片流通环节和验配过程科学性的检验。

一、产品理化性能及表面质量

1. 表面检查

目的:判定镜片的表面光滑程度;制造新镜片的材料基质中有无不透明的杂质,混浊及缺陷;观察陈旧镜片表面的划痕、破损及沉淀物的程度和类型。

检测条件:普通手柄放大镜加光源照明,投影仪,暗视场放大仪,裂隙灯显微镜。

原理和方法:检查成品镜片或订制镜片的表面质量情况,用镜片投影仪或在裂隙灯下观察镜片表面洁净度,是否有划痕、气泡、附着物等,并观察镜片的边缘和连接点的抛光研磨情况,是否有突起、粗糙、毛刺等。使用中的隐形眼镜的表面改变可分为两种情况:一是指甲划破,撕裂,干燥后脆裂,盒子边缘割伤所导致的镜片破损;二是镜片与粗糙面摩擦引起的镜片磨损。

2. 透氧性能的检测

目的:评估隐形眼镜允许氧气透过能力。

检测条件:Dk 值和 Dk/L 值的测定,等效氧率(EOP)的测定。

原理和方法:Dk 值和 Dk/L 值的测定方法为体外试验,常用的有 Fatt 法和库仑计法。EOP 值是镜片生物性能的测定,包括电流法和水肿法。ISO 专为隐形眼镜的透氧性检测制定了检测标准,即 ISO9913.1 Optics optical instruments-Contact lenses-Part 1:Determination of oxygen permeability transmissibility with the Fatt method(光学及光学器具—隐形

眼镜—第1部分:用极谱法确定氧通透性及氧传导性),以及 ISO9913－2 Optics optical instruments-Contact lenses-Part 2:Determination of oxygen permeability transmissibility by the coulometric method(光学及光学器具—隐形眼镜—第2部分:用库仑计法确定氧通透性及氧传导性)。ISO 9913.2 适用于硬质镜片材料以及非水凝胶软质镜片材料(rigid and non-hydrogel flexible contact lens materials),测试量有氧气流量(oxygen flux)——j、氧渗透性(oxygen permeability)——Dk、氧透过率(oxygen transmissibility)——Dk/t、以及试样的厚度(thickness)——t,一般用 Dk 值评价隐形眼镜氧渗透性指标。表6-4 反映了部分不同品牌隐形眼镜材料的 Dk 值水平。

表 6-4　不同隐形眼镜的氧气指数及角膜氧流量指标

材　料	Dk/L(* 10^{-9})	睁眼氧流量	相对最高氧流量
100μHEMA	7.5	3.95	52%
ACUVUE® 2	26	6.65	88%
ACUVUE® $ADVANCE$™	86	7.31	97%
ACUVUE® $OASYS$™	147		98%
PureVision™	110	7.37	98%
O_2 OPTIX™	138	7.40	98%
Night & Day®	175	7.44	99%

3. 力学强度的检测

目的:判定镜片材料的耐用性,验证导致镜片破损的原因。

检测条件:拉伸检测仪,疲劳强度测定。

原理和方法:通过设定不同的拉伸率和应力描记出应力应变曲线,从而判定镜片材料的拉伸屈服强度特性和拉伸断裂强度。通过双向 90°折叠试验测试镜片材料在剪切、扭转等综合外力作用下的抗疲劳强度。

4. 含水量检测

目的:判定软镜材料的含水量,利用软镜的厚度和含水量判定镜片的透氧性能。

检测条件:重量比例法,折射测定仪。

原理和方法:重量比例法是将镜片吸去表面水分,放在感量为 0.000 1 g 的电子磅秤上称得湿重,待镜片自然干燥后,用除湿剂包埋 4～6 h,取出称得干重,再按照公式 $c = W_d/W_e *$ 100% 计算出镜片含水量。或将镜片吸去多余水分后夹入折射测定仪的平面玻璃和三棱镜之间,在目镜中观察明暗分界线,根据光界在刻度平面镜上的位置直接读出镜片的含水量数值。

5. 水蒸发检测

目的:评估软镜吸收水分和蒸发水分的能力。

检测条件:电子秤,玻璃容器及密封罩。

原理和方法:软镜材料由于聚合方式和材料单体的差异,水合过程时间差别很大,且通常与蒸发过程呈正比。水合快的镜片生产周期短、生产效率高,水合慢的镜片制作周期延长、产量少。而另一方面蒸发快的镜片会使泪液蒸发过多、引起眼干,蒸发慢的镜片则可在一定程度上保持眼表的湿润。如果隐形眼镜表面上的水分蒸发过快,会使角膜产生"雾化",并且会对角膜产生不良影响。水凝胶表面上水蒸气的蒸汽压与水蒸气饱和蒸汽压之差是水凝胶脱水的推动力,水凝胶内部的自由水分子会沿交联网状结构向表面渗透,水凝胶的脱水速度取决于水分子的渗透速度。

6. 表面湿润性检测

目的:判定 RGP 镜片材料的湿润性,验证导致沉淀物形成的原因。

检测条件:实验室检测(水珠粘附试验、Wilhelmy 板试验、气泡俘获试验),在体评估(泪膜覆盖度、泪膜破裂时间)。

原理和方法:表面湿润性是瞬时将泪液均匀涂抹到整个镜片前表面的性能。湿润性好的镜片表面泪膜稳定、配戴舒适、视力清晰;湿润性差的镜片容易导致沉淀物的形成。隐形眼镜材料的湿润性可通过材料表面的生理盐水水滴边缘所形成的湿润角来评估,疏水材料 SMA 的湿润角约为 130°,亲水性软镜材料的湿润角小于 30°;也可以通过观察戴镜后的泪膜覆盖度及泪膜破裂时间来评估镜片的表面湿润性。

二、镜片的物理尺寸与光学性能

不论是成品镜片或订制镜片,在配发前都应核对各参数的精确性,避免因参数不符引起的配适不良。使用中的镜片参数改变可能是由操作或护理不当引起的,例如氯霉素等眼药水可致镜片直径和厚度改变,加热消毒与化学消毒混用可导致镜片物理性质改变等。

1. 直径与矢深的测定

目的:判定镜片的直径、光学区直径及矢深与设计值是否相符;也用于临床因镜片配适不良对镜片参数进行验证。

检测条件:放大镜加刻度镜,V 形槽测量器,投影放大仪,相干波纹计(湿房)。

原理和方法:软镜直径的要求是比角膜直径大约 2 mm,透气硬镜的直径一般比角膜直径小约 2 mm。

2. 厚度检测

目的:判定镜片是否与设计的厚度相符;临床利用镜片的厚度预测镜片配戴舒适度和透氧性能。

检测条件:镜片厚度测定仪。

原理和方法:镜片的氧传达性与镜片的厚度成反比。镜片厚度的概念不仅仅局限于镜片在角膜中央部位的厚度,而应该针对整个角膜而言。镜片的厚度应该是以最厚点为依据,即以镜片最厚点对角膜仍有足够的透氧性作为镜片设计的标准。低含水量的镜片为了透氧,镜片必须薄一些,但太薄会导致镜片不平,移动度减少等;高含水量的镜片为了透氧也应薄一些,但太薄可导致镜片中央部的脱水和破损。

3. 基弧检测

目的：判定镜片基弧与设计值是否相符；在临床镜片配适不良时，对镜片参数进行验证，为修改验配提供依据。

检测条件：标准镜片基弧组模，半径仪（镜片弧度仪），角膜曲率计（改良型），区域相干分析仪，相干波纹法（Brass 2）。

原理和方法：基弧是镜片中央光学区后表面的曲率半径。硬镜的后表面曲率应该与角膜的前表面曲率相匹配。但对于软性隐形眼镜而言，应该考虑镜片配戴后有一定的移动度。因此在验配软镜时，镜片基弧的选择应比角膜的前表面曲率大 0.4~0.8 mm。

4. 边缘检测

目的：抽检判定成品镜片的工艺质量，寻找改进的依据；临床在批量镜片配戴不舒适或配适不良时，剖析镜片边缘形态，有助于探讨原因。

检测条件：投影放大仪，镜片边缘轮廓仪。

原理和方法：边缘设计的目的和原则是增进配戴舒适感，并将镜片对泪膜的干扰减少到最小。利用观察系统为 20~40 倍的显微镜，观察镜片矢状切片的标本，对照标准镜片边缘的矢状面轮廓线，镜片边缘外翘易产生异物感，镜片边缘过薄常导致镜片定位不良，镜片边缘过厚则易引起配戴不适感。

5. 屈光度检测

目的：制定镜片的球面镜光度，圆柱透镜光度和轴位是否与设计值相符；排除镜片含有不应存在的圆柱透镜和棱镜光度；配戴者左右光度不同而镜片发生混淆时，用来分辨镜片。

检测条件：镜片测度仪（焦度计）。

原理和方法：可用于测量隐形眼镜镜片的球镜度、柱镜度，还可用于中心偏位测试及软镜湿态测试。

三、隐形眼镜材料性能及生物毒性

1. 生物相容性检测

生物相容性是指在使用过程中，人眼对材料产生的反应和材料持续保持有效功能的能力。包括以下特征：惰性，不包含渗透性物质，不选择性吸收代谢物、毒素或其他环境物质，不表现过多的镜片电荷，与眼表的摩擦小，不引起眼前段的炎症和免疫反应。作为隐形眼镜的材料必须是对人体无毒害的，植入材料与组织细胞的相容性需要进行相关的体内和体外实验。体内实验容易受到个体差异以及其他因素的影响，很难定量考察材料及其浸出物对细胞的影响，因此评价生物相容性一般采用易于控制、重复性好、敏感性高的体外实验，根据细胞相对增殖率对材料毒性进行分级。这些要求也适用于其他在镜片制造过程中使用的辅料，因为这些材料有可能进入眼。目前常用作隐形眼镜的水凝胶如 PHEMA、PNVP 等聚合物本身毒性很低，属于无毒性材料；但是 HEMA、NVP、丙烯酰胺等单体对细胞有明显的毒性反应，所以在制备水凝胶时要注意务必使聚合反应完全，尽可能提高单体的转化率，水凝胶制备后要充分抽提出其中的残留单体,直到检测不出来为止。生物相容性优良的材料具有合适的表面特性和本体组分,呈现各向同性的微观相分离结构,同时兼顾一定的亲水和疏水性,并且有一定的润滑性。生物相容性不良的材料常引起的后果有:镜片力学性能改变,如透明度下降、变脆等,影响舒适度、清晰度与安全性;角膜出现炎症,常见的并发症如:角膜新生血管、角膜上皮损伤、角膜水肿、接触镜相关性角膜周边部浸润等。

2. 镜片沉淀物检测

无论是亲水性软镜还是透气性硬性隐形眼镜,无论是传统型镜片还是频繁更换型镜片,在隐形眼镜镜片上都会有沉淀物产生及污染物附着,主要包括蛋白质、脂质、粘液、微生物及无机物等。它们既会改变镜片的配适特性,又会造成眼部出现不同程度的病理变化。隐形眼镜护理保养的目的就是要清除这些沉淀及污染物,保持镜片清洁、减少致病因素,从而延长镜片的使用寿命,保证镜片配戴的舒适性、有效性和安全性。

镜片上的沉淀是隐形眼镜使用受限的一个重要原因,理想的隐形眼镜镜片应该是能长期保持清洁,易被湿润的,但实际情况往往并非如此。镜片的许多沉淀物来源于泪液,是隐形眼镜材料与泪液中的成分相互作用的结果,常见泪源性沉淀物包括蛋白质、脂质、胶质、结石以及磷酸钙等。此外还有非泪源性沉淀物,包括镜片变色、霉菌生长、锈斑、防腐剂吸纳等。沉淀形成与镜片的含水量、表面的离子化有关,也与戴用时间、更换周期有关。美国食品与药品管理局(FDA)根据凝胶的含水量和离子化程度将其分为四类:Ⅰ类含水量＜50％,非离子型;Ⅱ类含水量＞50％,非离子型;Ⅲ类含水量＜50％,非离子型;Ⅳ类含水量＞50％,离子型。含水量越高,表面电荷越多,蛋白质等物质的沉淀量越多,几类材料上的沉淀形成机会:Ⅳ＞Ⅲ＞Ⅱ＞Ⅰ。

沉淀物引发的问题包括:不舒适(沉淀物的机械刺激、释放的化学因子、沉淀物作为抗原引起的过敏反应,以及以沉淀物为基础滋生的病原体均会引起不适感);镜片透明度下降,视力降低(因为积聚在镜片光学区的沉淀物会影响镜片透明性);镜片损坏(沉淀物使镜片含水量和湿润性下降,导致镜片混浊、变形、变色);镜片氧传导性降低;眼睑刺激感;红眼;巨乳头结膜炎;增加眼部感染的潜在危险;镜片移动过度,视力波动等。

检测方法:用镜片投影仪或在裂隙灯下观察镜片表面洁净度,分辨沉淀物的形成及类别。

处理方法:增加酶清洁剂的使用频率;加快更换镜片频率或改用定期更换型隐形眼镜;确定配戴者对护理和保养系统的依从性;若问题持续存在,试选用不同材料的镜片。

3. 护理产品质量检测

隐形眼镜的护理产品种类繁多,包括各类化学清洁剂、蛋白清除剂、机械波和超声波清洁器、冲洗剂、各类化学消毒剂、双氧消毒剂、热消毒器、微波消毒器、多功能护理液、储存剂、润眼液、镜片盒和专用镊子等,但其基本护理程序应至少包括清洁、冲洗、消毒和定期对镜片上的沉淀的变性蛋白质沉淀物进行强化消除等步骤。护理产品的使用得当,可延长镜片的使用寿命,提高戴镜视觉的清晰度,并减少戴镜引起的眼并发症,使用不当会造成眼病和镜片损坏。

根据卫生部《消毒管理办法》的规定,隐形眼镜护理液属于消毒产品,生产企业必须取得

《消毒产品生产企业卫生许可证》后才可生产销售。在选购时,应购买包装上标有消毒产品生产企业卫生许可证号的产品,因为只有通过卫生许可的企业才具备生产隐形眼镜护理液的资质,产品的卫生质量才有保障。对镜片的护理包括清洁—冲洗—消毒—保存四个步骤,只具有其中一种功能的称为单一功能型,而同时具有四种功能的称为多功能型。这四个步骤中最为重要的是镜片消毒,是保证镜片卫生的关键,按照国家标准《隐形眼镜护理液卫生要求》的规定,具有消毒功能的产品应对大肠杆菌、金黄色葡萄球菌、绿脓杆菌的杀灭率≥99.9%,对白色念珠菌的杀灭率≥90%。

四、隐形眼镜的检测仪器及测试方法

1. 曲率半径测定仪

(1)原理

曲率半径测定仪主要用于测定 RGP 镜片前面及后面的曲率半径,对处方后镜片的基弧规格与处方值校对,协助患者随时检查镜片的基弧有无变化,有无错位,镜片有无明显扭曲变形等。利用镜面反射原理,求出测定面的球心。

(2)方法

① 光轴调整(单眼调整)

RGP 镜片凹面朝上置放在凹形载物台上,镜片下方滴入少量水,稍稍使镜片水平浮起,但 RGP 镜片凹面不能存留水液,需用镜布或棉纸拭净。打开开关,将灯光投照于镜片中央区。取下一侧目镜镜筒,转动粗调旋钮使平台上移,逐渐接近物镜。从取下镜筒处观察,使物镜的反射光与隐形眼镜镜面反射光合二为一(粗光轴调整)。将目镜镜筒安装原位,再转动粗调旋钮,使平台下移,使转盘长、短指针指向 0 以下。

② 凹面曲率半径测定(双眼调整)

转动粗调旋钮,使平台徐缓上移,显现出八条放射线,然后向视野中心移动(精密光轴调整),使放射线清晰可见。将转盘长针、短针调至 0。继续上移平台,视野中出现灯丝状图像。再继续上移平台,直至再次显现扩大的八条放射线,使用微调旋钮调焦,使放射线呈最清晰状态。读取短针和长针指向的刻度,即为曲率半径测定值。

(3)应用

① 确认加工制成镜片的规格是否与处方一致,确认成品镜片的规格时,其参数的变化有一定的容许范围(ISO 标准、国家标准),超越此范围,则需要重新订制。

② 观察隐形眼镜表面有无划伤、污损、沉淀等,凹面和凸面的观察方法不同,观察凹面时,镜片表面扩大(实像反射面),以测定曲率半径,观察凸面调 0 时(实像反射面),观察镜片表面的状态。

③ 镜片规格不详,或辨别眼位是否错位,或希望了解在其他机构配制 RGP 镜片的参数时,可随时进行测定。

④ 观察镜片 BC 与 FC 有无扭曲变形、散光发生,凸面和凹面的变化会产生不同的影响,凸面的变形对光学性影响较大,而凹面对医学性影响较大。通过观察凹面 0 调整(虚像反射面)时,八条放射线的虚实状态,凸面曲率半径测定(虚像反射面)时放射线的虚实状态,以反映出镜片有无变形和散光存在。

2. 镜片焦度计

(1) 原理

镜片焦度仪的种类虽多,但基本结构和原理大致相同。其结构主要分为聚焦系统和观察系统。聚焦系统为一准直器(标准透镜),将照亮的光标成像于无限远;观察系统为一平行调整的望远镜,即可看清位于无限远的光标。当零位时,光标位于标准透镜第一主焦点上,测试时,镜片置于标准透镜第二主焦点上。测试正透镜时,要使光标发出的光线透过被测试镜片仍为平行光线,为使测试者通过望远镜能清晰看见光标,则光标须自零位向标准透镜移近。反之,测试负透镜时,光标须自零位移远。

(2) 方法

① 球面透镜测试　检测前先将刻度回零,此时十字形光标应十分清晰,若不清晰则须校准仪器。充分清洗观测镜片,用拭镜布或纸巾擦干镜片。将镜片放置于圈形托架上,使镜片中心与托架中心同轴,此时十字形光标与物镜的十字刻线重合(即位于视场中心)。旋动光度手轮使光标清晰,即可从刻度上读出镜片光度。

② 圆柱透镜测试　如镜片钟面 3、9 点有片轴标记,使之与视场水平基线重合,镜片钟面 6 点有标记,则使之与视场垂直基线相重合。旋动轴位手轮,使十字光标两条标线呈垂直状态。旋动光度手轮分别调整清晰光标的水平标线和垂直标线,两个方向中,绝对值较低的为球镜光度,两者的光度差为圆柱镜光度,绝对值较高的标线方向为光轴方向。

3. 厚度计

(1) 原理

下方为一弧顶状载片台,上方有一探头与弧顶紧密接触,测定硬镜的探头较锐。探头与一感量极微的弹簧压力表相连。当探头与载片台接触时,压力表刻度为 0,当载片台与探头之间夹入镜片时,探头相当于受到了压力,受力的大小与镜片厚度正相关,压力表的刻度用厚度单位 mm 来表示。

(2) 方法

检测时,将探头稍稍提起,将清洁拭净的镜片夹入探头下,使探头对准镜片的中心。一般 RGP 镜片的中心厚度凹透镜 0.1~0.2 mm,凸透镜 0.4 mm 左右。该仪器的误差允许范围为 ±0.02 mm,也可用于测定镜片的旁中心厚度和边缘厚度。

4. V 形规

(1) 原理

检测镜片直径,判定镜片的直径与设计值是否相符。也用于临床因镜片规格不明或配适不良对镜片参数进行验证。沟槽需保持清洁,有灰尘或其他污染时则使测量精度下降。操作时勿用力按压,否则可致镜片变形,测量值变小。

(2) 方法

在长方形金属板或塑料板上有左窄右宽的渐变沟槽,将镜片自宽侧放入沟槽,自右向左推移,至推移不动时,读出镜片边缘与沟槽边缘接触点上的刻度读数。也有将沟槽设计为盘绕形者,可缩小测量器的体积。

5. 镜片投影仪

（1）原理

投影仪主要用于新、旧镜片表面状态的观察，并辅助检查镜片的某些规格参数。基本原理为光源透过聚光镜照亮镜片，利用放大组镜将镜片影像投照于毛面玻璃观察屏上。投影仪一般很轻巧，占地面积小，影像显示光亮清晰，较长时间使用亦不致疲劳。暗视野条件下检查，可以观察斜边弧，或利用吸棒，将镜片垂直放置，可观察镜片边缘部分。隐形眼镜的像可放大 15 倍，测定范围最大 12 mm，观察屏上显示刻度，以 0.1 mm 为单位。

（2）方法

将镜片洗净拭干后放在透影载片台上，调整投影仪的照度和焦距，观察前后表面及边缘部分的光洁度，有无缺损、划痕、毛面小凹、污染、沉淀、锈斑和异物等。另外根据刻度读数测出镜片的直径，但因光源的光学性质，镜片外径的测量不一定十分准确，需与其他方法进行比较。

（3）应用

① 成品镜片的检查：表面洁净度，边缘、接合部分研磨状态的观察；

② 镜片规格检查：尺寸、划痕、气泡、形状、偏心等状态；

③ 使用状况的检查：磨损程度、破损、污浊程度、附着物、沉淀等；

④ 镜片光学区直径的测量与镜片全直径测量同法，因光学区向周边部移行的接合部状态不同，不能严密地测出其直径大小，存在一定误差。

对各个不同部位尺寸和形态的观察，可以试行将聚光器部分遮蔽，照明光源明显偏心斜向等方法，有目的地进行观察。特殊情况，如 BC 为环曲面，外周为椭圆弧，非球面等斜边弧宽度因部位不同而有所不同，需要注意。

6. 裂隙灯显微镜

（1）原理

常用的镜片表面检查仪器。以裂隙汇聚的光线投照观察镜片，用双目显微镜观察镜片表面及其各部位的光学切片。由于镜片上某些质点在裂隙光照射下产生散射效应，在暗环境中提高了分辨对比度和清晰度，故裂隙灯常可发现小于通常分辨极限的超微质点。镜片配戴在眼睛上时也可进行检查。利用一个黑色或深色的背景，则可将裂隙灯当作暗视场显微镜进行离体镜片检查。用于判定镜片的表面光洁程度，判定新镜片的材料基质中有无不透明杂质、混浊及缺陷，观察陈旧镜片表面的划痕、破损及沉淀物的程度和类型。

（2）方法

利用镜盒上的镜片夹夹住镜片，或用手持住镜片，使镜片内、外曲面置于裂隙灯光线投照区内。光源采用弥散照射法（即用毛面玻璃遮挡宽裂隙光），显微镜采用低倍率，观察镜片全貌。或可利用窄裂隙直接照射法，提高放大倍率观察镜片细节部分。

7. 普通放大镜加照明

（1）原理

当观察镜片置于放大镜的焦距之内，可在镜片同侧形成正立放大的虚像，使观察者得以分辨镜片细部。用于观察镜片表面和边缘的形态,光洁度,有无表面污损、缺损、沉淀、变形、变色等异常状况,基本同裂隙灯显微镜检查。

（2）方法

充分清洁冲洗镜片,用镜片夹或手挟住镜片,使光源侧照在镜片的外曲面。调暗室内光线并置深色暗视场背景。一手持放大镜,凑近观察镜片,适当调整光源与镜片的角度及放大镜的焦距。

放大镜加刻度镜。将镜片充分洗净,外曲面向上置于刻度镜上,用放大镜观察镜片和刻度镜。调整观测镜片与刻度线的相对位置,可读出镜片光学区直径和总直径值,允许误差为0.05 mm。

8. 暗视场显微镜

（1）原理

临床最常用的体外实验检查法,用于判断镜片表面的光滑度和镜片的完整性;镜片中有无不透明杂质、斑渍附着及混浊等;发现陈旧镜片表面的划痕、磨损;辨别镜片表面沉淀物的类型、颜色和形态。

（2）方法

检查前 RGP 镜片需用清洁剂和生理盐水揉搓、冲洗、擦干,软镜需用正常生理盐水揉搓、冲洗,将镜片放在湿性检查盒中并注入生理盐水直到全部浸没镜片。

五、隐形眼镜流通环节的监控

隐形眼镜是直接贴附在人眼的角膜表面,改变进入人眼光线的光学性质的特殊商品,其经营流通环节的规范直接关系到人民群众的身体健康,因此,加强隐形眼镜及护理液经营环节的监管不容忽视。软性隐形眼镜是目前我国市场上流通的主要产品,隐形眼镜和护理用液属于第三类医疗器械产品,医疗器械作为用于预防、诊断、治疗人体疾病的特殊产品,普遍存在着可能造成不同程度的人体伤害的风险,这种风险存在于医疗器械设计开发、生产、流通、使用等各个环节。由国家食品药品监督管理总局发布的标准 YY/T0316—2008/ISO 14971:2007《医疗器械——风险管理对医疗器械的应用》(2009 年 6 月 1 日起实施)强调:风险管理过程并不随医疗器械的设计和生产而结束,而是继续进入生产后阶段;生产后阶段包括运输、贮存、安装、产品使用、维护、修理、产品更改、停用和处置等。

我国在隐形眼镜流通环节风险控制方面还存在其他许多亟待解决的问题:一是在法律法规方面,现行《医疗器械监督管理条例》和《医疗器械经营企业许可证管理办法》对医疗器械经营"批发"和"零售"至今没有概念界定,也没有规定医疗器械生产企业和批发企业不得将产品提供给他人从事无证生产经营等;二是在标准体系方面,如 GB11417.2—89《软性亲水接触镜》中有关"配戴基本要求"等内容过于简单;三是监管部门重审批轻安全风险控制的倾向尚未根本扭转;四是医疗器械不良事件监测和上市后评价工作进展缓慢;五是消费者使用医疗器械(包括隐形眼镜)自我保护和防范意识淡薄等;六是部分企业诚信缺省、社会责任意识淡漠等等。因此,加强隐形眼镜流通使用环节监管、有效控制消费者安全风险也应列为隐形眼镜相关质量检测的范畴。

美国 FDA 早在 2005 年通过在《联邦食品、药品和化妆品法》增加 520(n)条,规定包括美容平光隐形眼镜在内的所有隐形眼镜属于医疗器械,规定隐形眼镜产品必须通过上市前报告或上市前审批(PMA),消费者凭执业视光师开具的处方购买隐形眼镜,经营者必须凭有效处方销售隐形眼镜,生产者、经营商和消费者共同报告不良反应事件,这些措施有效控制了消费者使用隐形眼镜带来的风险。日本、欧洲各国隐形眼镜的销售也必须由眼科医生、视光师等专业人员验配。而目前国内眼镜行业(包括零售、批发和生产企业)具有视光学和眼科医生专业学历和职称的人数极少,视光学专业毕业生每年人数也不多,分布在不同技术岗位。不同地区及销售单位对隐形眼镜验配的要求不一,造成隐形眼镜验配规范情况参差不齐,表6-5列举了国内部分省市经营隐形眼镜的人员和硬件条件要求。

表 6-5　部分省(市)经营隐形眼镜许可条件摘要

地区	人员			硬件条件		
	质量管理人员	验配人员	购销员	经营场所	验配场所	设施设备
北京	国家认可的相关专业(视光学、生物医学工程、临床医学等)大专以上学历或中级以上职称	专业医师或经过专业培训的人员		使用面积(含同一址库房)应不少于 50 m²	检查室、验光室	视力表、检眼镜、镜片箱、电脑验光仪或综合验光仪、裂隙灯等(硬性角膜接触镜应增加角膜曲率计)、配戴台和洗手池
重庆	相关专业大专及以上学历或中级及以上职称,并经过资格认定的专业人员	熟悉医疗器械监督管理的法规规章并具有专业知识	熟悉医疗器械监督管理的法规规章并具有专业知识	不少于 40 m² 的门市房,其中 10 m² 以上的检查室	与营业厅隔离的装有深色避光窗帘	裂隙灯显微镜、验光仪、镜片投影仪、投影视力表
辽宁	相关专业大专以上学历或中级以上技术职称	眼科医师和验光师(应具有隐形眼镜培训证)各一名;或视光师一名。专职配戴人员(应具有健康证明、每年体检一次)		不少于 100 m²	相对独立且封闭卫生的隐形眼镜配戴室,并具有消毒柜、紫外线灯、洗面池、上下水设施	视力表、眼压计、裂隙灯、干眼测试仪、眼底镜、电脑验光仪、焦度计、角膜曲率计、检影镜、消毒柜、紫外线灭菌灯

续表

地区	人员			硬件条件		
	质量管理人员	验配人员	购销员	经营场所	验配场所	设施设备
江苏	相关专业大专以上学历或国家认可的相关专业初级以上技术职称	配备中级验光员以上或眼科主治医师以上的专业技术人员		不少于 40 m²	相应的验配场所	配备相应的验配设备和仪器
广东	具有医疗器械相关专业的中专（含）以上学历或初级（含）以上职称	至少应配备1名初级（含）以上验光师和眼科医师（含）以上的专业技术人员	须具有高中（含）以上文化程度，并经市级以上食药监管部门培训并考核合格	不少于 60 m²		配备相适应的如裂隙灯显微镜等设施设备
浙江		中专以上学历或初级以上职称的相关专业人员（相关专业：眼视光学、视光与配镜专业、眼科学和光学仪器）。及中级以上的验光员		面积不低于 40 m²	设置有隐形眼镜专用柜台、检查室、验光室和配戴室，并有良好的环境及卫生条件	至少应包括：视力表、检眼镜、镜片箱、电脑验光仪或综合验光仪、角膜曲率计和裂隙灯显微镜等。

根据市场调研情况,有关专家对隐形眼镜市场流通环节提出如下监控意见:

一是要进一步做好《医疗器械监督管理条例》及相关法规规章的宣传培训工作,尤其是要告知经营者隐形眼镜及护理液属医疗器械而且是第三类。对眼镜店经营者以及采购、管理、验光人员进行必要的法规培训,强化法制意识,使他们懂得隐形眼镜及护理液的安全问题和药品一样,同样涉及使用者的身体健康;提高他们的认识,自主配合医疗器械监管,自觉建立医疗器械购进验收记录,改善产品储藏条件,依法经营隐形眼镜及护理液。

二是要依据《医疗器械监督管理条例》及相关规章,出台相应的管理制度。要求经营企业必须配备经专业培训的验配人员以及必要的设施、设备,至少包括电脑验光仪、检眼镜片箱、裂隙灯。鉴于隐形眼镜经营的普及性,在管理方式上,应简化行政审批程序,对基本符合条件的眼镜店实施备案管理。考虑到眼科专业的技术人员较缺,无法配备的眼镜店,要告知消费者到市级医疗机构眼科医生处排除禁忌症后,凭医生处方配,或组织验配人员进行眼科知识培训。同时,要求经营者做好产品的进货索证、入库验收、出库复核、质量跟踪和不良反应报告等工作,确保产品的可追溯性。从而将隐形眼镜及其护理液纳入医疗器械日常监管范围,促使其规范经营。

三是要加大监管力度,严厉打击非法购进无证产品和经营过期失效产品等违法行为,取缔无证经营。同时,加强对隐形眼镜及护理液的日常监督管理,经常督查这些眼镜店是否规范其采购、销售行为,是否确保经营场地、人员、培训、售后服务等经营条件符合规定要求,是否严格执行各项验配管理制度。

六、隐形眼镜护理操作的质量规范

1. 隐形眼镜的护理方式

(1)清洁:使用表面活性清洁剂,将镜片沉淀物分解为可溶性碎片,能清除大多数非化学性结合到镜片表面的沉淀物,减少微生物污染的机会。使用蛋白酶、类脂酶、沉淀酶等蛋白清除剂,防止镜面蛋白质沉淀导致的镜片变形、眼部不适、视力模糊等并发症;防止以此为基础的其他沉淀物、异物以及病原微生物的吸附,延长镜片寿命,改善视力和舒适度。

(2)冲洗:冲洗清洁剂和异物、沉淀物、微生物;配戴前冲洗消毒液;滋润和维持镜片的水分。

(3)消毒:消灭诱发眼睛感染的细菌、霉菌、病毒和原虫等病原微生物。包括热消毒法、双氧水消毒法以及化学消毒法。

(4)储存:镜片的存放必须使用新鲜的消毒剂,定期清洁并消毒镜盒(至少每周一次),定期更换镜盒。

(5)全功能护理液:可用于软镜的清洁、冲洗、消毒、储存,作为去蛋白酶片的溶解剂,兼有润眼功能,具有方便、高效、低毒的特点。

(6)润眼液:消除戴镜导致的干燥感、刺激感,改善戴镜的舒适度和清晰度。适用于眼干或环境干燥的配戴者,从事注视性工作的配戴者,镜片常戴者,以及镜片多沉淀物或与角膜粘连者。

2. 隐形眼镜的操作规范

隐形眼镜的使用需具备以下条件:良好的视力矫正效果,能自行摘、戴镜片,遵守规则正确操作。隐形眼镜配戴者通常能很快掌握相关技术,但在熟悉操作后又往往会忽视规则,以至引起不必要的不良反应。要愉快地使用隐形眼镜、延长使用寿命,应在操作中注意以下几个方面:

(1)不损伤:可能出现的失误包括指甲太长、清洗方法不正确,镜片丢落、拾拣方法不正确,镜片储存不得当等。

(2)不污染:可能出现的失误包括不按时清洗镜片、清洁方法有误或护理液清洁力差,镜片盒污染、未按时更换储存液,镜片表面沉淀过多等。

(3)不丢失:可能出现的失误包括镜片及镜盒清洁方法有误,镜片保存方式有误,或摘、戴镜片操作有误等。

严格遵循不同类型隐形眼镜的配戴时间及使用周期,规范操作并定期监测有助于保障镜片的使用寿命。

第四节　隐形眼镜标准解析

隐形眼镜的质量检测涉及多个方面,其依据包括国家标准 GB11417.1—89《硬性角膜接触镜》及 1997 年标准修改单、国家标准 GB11417.2—89《软性亲水接触镜》及 1997 年标准修改单和注册产品标准、ISO 10344:1996《光学和光学仪器 接触镜 测试用盐溶液》、ISO 8599:1994《光学和光学仪器 接触镜 光谱和透光率的测定》、ISO 9337—1:1999《接触镜后顶点焦度测定 第一部分 使用手调聚焦式焦度测试方法》、ISO 9338:1996《光学和光学仪器 接触镜 直径的测定》、ISO 9913—1:1996《光学和光学仪器接触镜 FATT 法测定透氧系数与透氧量》、ISO 9914:1995《光学和光学仪器接触镜材料折射率测定》、GB/T14233.1《医用输液、输血、注射器具检验方法》、GB/T14437—93《产品质量计数一次监督抽样检验程序》、ISO10338:1996《光学和光学仪器 接触镜曲率半径的测定》等检验标准。检验项目为:顶焦度、尺寸(中心区内曲率半径、总直径)、杂质和表面缺陷、透氧系数、折射率、透过率、灭菌等多项指标。

一、软性亲水性接触镜检测标准

软性隐形眼镜多为成镜,在镜片出厂前需经过严格的检验,我国于 1989 年就制定了软性亲水性接触镜的国家标准,详见附录 2:GB11417.2—89《软性亲水接触镜》及 1997 年标准修改单。该标准对亲水性软性隐形眼镜的材料、镜片尺寸和光学偏差、镜片理化性能和表面质量等方面进行了细致而规范的要求,并详细规定了相应的检测方法,还对镜片的出厂检验、包装、标志、贮存、配戴要求等做了阐述。

二、硬性角膜接触镜检测标准

我国于 1989 年制定的硬性角膜接触镜的国家标准适用于 PMMA 材料镜片,对透气硬镜的检测具有一定参考价值,详见附录 1:GB11417.1—89《硬性角膜接触镜》及 1997 年标准修改单。

目前透气性硬性角膜接触镜的质检还没有国家标准,每个生产厂家有自己的企业标准。镜片在制造期间的质量评价应包括干燥状态和湿润状态两个方面。前者包括镜片基弧、直径、后顶焦度、成像质量、中心厚度、边缘轮廓等参数的检测及总体质量控制;后者则包括基弧核定、成像质量及镜片工艺的再次评估。

在镜片流通及验配环节,由于透气硬镜多为订制镜片,尤其需要注意订片参数和制成参数是否一致,验配师在验配时对镜片的检测包括以下内容。

(1)镜片的材料:一般验配机构缺少镜片材料的检测仪器,需要核对镜片包装上标明的材料是否和订单上预订的材料一致。

(2)镜片基弧:由镜片曲率半径测定仪进行检测,确认镜片的规格是否和处方一致,也用于镜片混淆后通过基弧测量来区分。

(3)镜片度数:用焦度计进行测量,使用电脑自动焦度计时需转换到硬性接触镜测量模式。

（4）镜片的直径和厚度：用厚度计和带刻度的放大装置来测量。

（5）镜片的外观：用镜片投影仪或在裂隙灯下观察镜片表面洁净度，检查是否有划痕、气泡、附着物等，并观察镜片的边缘和连接点的抛光研磨情况，是否有突起、粗糙、毛刺等。

在检测核对镜片参数和订单处方上的参数一致后才可以将镜片给顾客配戴，在复查过程中也需要检测镜片的参数，当发现镜片在配戴过程中参数变化较大，并影响到视力、配戴舒适度及眼部健康时，需要及时更换镜片。

1. FDA 软镜材料分类方法的主要依据是什么？不同类型各有什么特征？
2. 硅水凝胶材料与普通水凝胶材料的主要区别是什么？
3. 衡量隐形眼镜材料透氧性能的指标有哪些？如何测量？
4. 目前的隐形眼镜材料主要存在哪些方面的问题？
5. 隐形眼镜市场流通的哪几个环节容易出现质量问题或隐患？
6. 隐形眼镜的不规范护理会对镜片和戴镜者眼部造成哪些不良影响？
7. 隐形眼镜的验配人员应具备哪些方面的专业知识与技能？
8. 镜片表面质量检测的方法有哪些？在体检测与离体检测的侧重点有什么区别？
9. 不同工艺生产的软镜其镜片质量与戴镜特征有何差异？
10. 半径仪在 RGP 镜片的质量检测中发挥什么作用？

参考文献

[1]　瞿佳. 隐形眼镜基础[M]. 上海：上海科学技术出版社，1994.
[2]　齐备. 隐形眼镜手册[M]. 上海：上海科学技术出版社，1998.
[3]　Bennett ES, Henry VA. Clinical manual of contact lenses[M]. Philadelphia：J. B. Lippincott Co. ，2000.
[4]　钟兴武，龚向明. 实用隐形眼镜学[M]. 北京：科学出版社，2004.
[5]　陈浩. 角膜接触镜验配技术[M]. 北京：高等教育出版社，2005.
[6]　张广仁，傅燕凤，蒋国华，胡伟中. 基于风险管理原理加强角膜接触镜流通使用环节监管的探讨[J]. 上海食品药品监管情报研究，2010，106(10)：19～25
[7]　李若慧，马榴瑶. 角膜接触镜材料的应用和研究进展[J]. 化工新型材料，2009，37(3)：15～17
[8]　王桂珊，陈树恩，南俊民. 水凝胶角膜接触镜材料的研究进展[J]. 广州化工，2010，38(12)：45～47
[9]　帅昌盛. 隐形眼镜市场存在的问题及监管对策[J]. 中国食品药品监管，2009，8：72
[10]　傅维，罗萍，王有西. 隐形眼镜：格局悄然嬗变[J]. 中国眼镜科技杂志，2009，11：4～15

实验报告实例 6

实验一　镜片表面质量检测

1. 实验目的

（1）理解所用仪器的原理及用途。

（2）掌握隐形眼镜镜片表面质量检测的常用方法。

2. 仪器设备

放大镜、笔灯、镜片投影仪、裂隙灯显微镜、暗视场显微镜。

3. 方法及步骤

（1）使用放大镜加照明的方法观察镜片表面和边缘的形态，光洁度，有无表面污损、缺损、沉淀、变形、变色等异常状况。

（2）使用镜片投影仪观察镜片前后表面及边缘部分的光洁度，有无缺损、划痕、毛面小凹、污染、沉淀、锈斑和异物等。

（3）使用裂隙灯显微镜判定镜片的表面光洁程度，判定新镜片的材料基质中有无不透明杂质、混浊及缺陷，观察陈旧镜片表面的划痕、破损及沉淀物的程度和类型。

（4）使用暗视场显微镜观察镜片表面的光滑度和镜片的完整性，判断镜片中有无不透明杂质、斑渍附着及混浊等，观察陈旧镜片表面的划痕、磨损以及镜片表面沉淀物的类型、颜色和形态。

实验二　镜片主要参数测定

1. 实验目的

（1）理解所用仪器的原理及用途。

（2）掌握隐形眼镜镜片主要参数的测定方法。

2. 仪器设备

曲率半径测定仪、镜片焦度计、镜片投影仪、厚度计。

3. 方法及步骤

（1）使用曲率半径仪测定 RGP 镜片的前、后表面曲率半径，对处方后镜片的基弧规格与处方值进行校对。

（2）使用焦度计测量镜片的后顶焦度。测定镜片的球镜度、柱镜度和轴位，检验其是否与设计值相符，排除不应存在的柱镜和棱镜光度。

（3）使用镜片投影仪测量镜片的总直径和光学区直径。

（4）使用厚度计测量 RGP 镜片的中心厚度和周边厚度，使用曲率半径仪测量软镜的中心厚度。

附件八 《角膜接触镜》国家标准

一、硬性角膜接触镜 GB 11417.1—89
Hard corneal contact lenses

1 主题内容与适用范围

本标准规定了接触镜的材料要求、规格尺寸、光学性能和检测方法。

本标准适用于由聚甲基丙烯酸甲酯等不透气材料制得的硬性角膜接触镜。

2 引用标准

GB 2828 逐批检查计数抽样程序及抽样表(适用于连续批的检查)。

3 术语

3.1 硬性接触镜 hard lens,rigid lens
在正常条件下,无支撑力作用时仍能保持其最终形状的接触镜。

3.2 角膜镜 corneal lens
整个镜片覆盖于角膜前表面并靠角膜支撑的接触镜。

3.3 几何中心厚度 geometrical centre thickness
镜片几何中心处的厚度,用毫米表示。

3.4 光学中心厚度 optical centre thickness
镜片光学中心处的厚度,用毫米表示。

3.5 总直径 total diameter
镜片的最大直线尺寸。

3.6 边缘 edge
接触镜凸面与凹面的连接部分。

3.7 光学区 optic zone
具有规定光学效应的区域。

3.8 中心光学区 central optic zone
具有规定光学效应,并有一个或几个边缘围绕的镜片中心区域。

3.9 边弧 peripheral zone
中心光学区周围,具有规定尺寸的区域。

注:这些区域从直接与中心光学区相连的数起,依次为第一、第二、第三等。

3.10 中心区内曲率半径 back central optic radlus
凹面中心光学区的曲率半径。

3.11 后顶点屈光度 back vertex power
由计算或在空气中测得的镜片光学区后顶点截距的倒数,截距用米表示。

3.12 微孔 fenestration

在镜片非光学区,用以促进泪液交换的小孔。

3.13 双曲面 bi-curve

由两个曲率不同的区域连接而成的表面。

3.14 多曲面 multi-curve

由两个以上曲率不同的区域连接而成的表面。

3.15 复曲面镜片 toric lens

凸面或凹面的中心光学区是复曲面的镜片。

3.16 装镜容器 lens container

用于镜片运输和贮存的容器。

4 产品分类

按颜色可分为着色和不着色两种。

5 技术要求

5.1 材料要求

5.1.1 在正常使用条件下,材料不应含有或产生有毒有害物质,且须与人体组织和体液有良好生物相容性。

5.1.2 材料应均匀稳定,其折射率的最大偏差不得超过规定值的 0.5%。

5.1.3 材料抗张强度不小于 200 kg/cm² 。

5.1.4 材料着色均匀、稳定,并符合5.1.1的要求。

5.2 尺寸要求和镜片光学性能

5.2.1 镜片光学区直径不得小于 5.0 mm。

5.2.2 镜片的尺寸偏差必须符合表1规定。

表1   mm

名称	允许偏差
中心区内曲率半径	±0.03
总直径	±0.05
光学中心厚度	±0.02

5.2.3 镜片的光学偏差必须符合表2规定。

表2

项目	允许偏差
在较平坦子午线方向后顶点屈光度	
0～±2.00D	±0.12D
>±2.00D～±10.00D	±0.25D
>±10.00D～±15.00D	±0.37D
>±15.00D	±0.50D

（续表）

项目	允许偏差
后顶点屈光度 0～±6.00D >±6.00D	允许存在棱镜度 0.25△ 0.50△
处方中棱镜度	0.25△
柱镜屈光度范围 0～±2.00D >±2.00D～±4.00D >±4.00D	±0.25D ±0.37D ±0.50D
柱镜轴	±5°

5.3　成镜质量要求

5.3.1　杂志和表面缺陷

镜片不得有影响使用的杂质,如气泡、裂纹、条纹、残余颗粒、外来夹杂物和表面缺陷,如擦痕、表面不平滑或边缘缺损。

5.3.2　应力

除边缘外,在偏光下,角膜镜光学区视场应均匀发暗。

5.3.3　微孔

在不小于10倍放大镜下检验孔的前后边界,应倒成圆角并进行抛光。

5.3.4　边缘形状

在不小于10倍放大镜下,边缘应符合质量要求,截面均匀,过渡柔和,不可有缺口、微小裂纹和破损。

5.3.5　光透射比和光谱透射比

不着色镜片光透射比 τ 不低于88%,在450～650 mm 范围内,光谱透射比不得低于 0.2τ ,对于着色镜片,每副镜片的透射比应基本一致。

5.4　镜片形状

6　检验方法

测试仪器的精度和准确度应在尺寸和光学性能偏差的二分之一范围内。对于需对准中心的仪器,在测试时,接触镜中心应精确地与之对准,测试温度除特殊说明外均为18～28℃。

6.1　材料检验

6.1.1　毒性试验

将无菌材料作皮下埋植试验,无明显炎症反应和排异反应,并用细胞培养方法检验材料,应对细胞无明显毒性反应。

6.1.2　折射率

用阿贝仪测定,测试温度20～25℃。

6.1.3 抗张强度

用精度不低于 0.05 kg 的万能拉伸仪测定。

6.2 镜片尺寸检验

6.2.1 中心区内曲率半径

用矢高法或其他光学方法测定。

6.2.2 总直径

用测试范围不小于 0～15 mm、放大倍数不小于 10 倍的投影仪测定。

6.2.3 中心厚度

用测试范围不小于 0～5 mm 的百分表,其测头曲率半径范围 1.2～5.0 mm,测力不大于 1.4 N。

6.3 镜片光学性能检验

用孔径光阑不小于 4 mm 的焦度计,在(20±5)℃下进行测定。

6.4 成镜质量检验

6.4.1 杂质和表面缺陷

在检验照度(350～380)lx 下,用放大倍数不小于 10 倍的辅助放大设备观察镜片的夹杂物和表面缺陷。

6.4.2 应力

用偏振方法测定镜片的应力,仪器精度应保证能看清应力情况。

6.4.3 光透射比和光谱透射比

用分光光度计和电色测色仪测定镜片在空气中的光透射比和光谱透射比。

7 检验规则

7.1 型式检验

7.1.1 当设计新产品、改进老产品和生产条件时,必须进行型式检验。生产一定的时间或形成一定产量后,需进行型式检验。

7.1.2 型式检验时,在最初批量生产的产品中随机抽取三个以上产品作为样本,并按第 4 章所列全部项目逐项检验,全部项目均合格可判为合格。

7.2 出厂检验

7.2.1 出厂逐批检验的抽样方案应符合 GB 2828 中的有关规定,也可由供需双方另定合理的抽样方案。

7.2.2 逐批检查的项目、抽样方案类型、检查水平、AQL 值应符合表 3 规定。

表 3

项目	对应条款	抽样方案类型	检查水平	AQL
内曲率半径	5.2.2			
柱镜轴	5.2.3			
屈光度	5.2.3	一次	Ⅱ	1.5
杂质和表面缺陷	5.3.1			
边缘形状	5.3.4			

(续表)

项目	对应条款	抽样方案类型	检查水平	AQL
光学区中心厚度	5.2.2			
总直径	5.2.2			
应力	5.3.2	一次	Ⅱ	2.5
微孔	5.3.3			
光透射比和光谱透射比	5.3.5			

7.2.3　同一交货为一批,按表 3 规定抽检,若该批产品抽验不合格应退回,由生产单位进行全数重检,剔除不合格品后,产品可再次提交检验,若仍超出表 3 规定,则该批产品为不合格品

8　标志、包装、运输、贮存

8.1　标志
生产厂须在直接装有接触镜的容器上标注制造厂名、产品名称、商标、型号、制造日期或生产批号,产品主要参数(光学区内曲率半径 r,光学中心厚度 t,总直径 φ,屈光度 D)。

8.2　包装
8.2.1　直接装接触镜的容器材料应性能稳定,其硬度一般小于聚甲基丙烯酸甲酯,以防在接触时擦伤镜片表面。

8.2.2　容器材料应具有高的抗冲击强度,以防破碎而损坏镜片。

8.2.3　贮存容器材料不得与紫外线发生反应,因为用户可能选用此方法进行消毒。

8.2.4　容器表面应光滑,无粗糙边缘,以利于清洁和防止镜片损伤。

8.3　运输
硬镜无须贮放在含水的介质中,但必须符合上述包装要求,运输时严禁挤压、扔摔。

8.4　贮存
贮存于干燥、阴凉、无腐蚀气体的环境中。

9　配戴基本要求

接触镜生产单位或销售单位在开业配戴时必须遵守以下五条规定,若有违反需追究责任。

9.1　配镜人员须经专门培训(包括掌握适应症和禁忌症),配戴处应备有必要的设备。

9.2　销售单位须向生产单位了解和熟悉产品的性能,方可销售。

9.3　向配戴者阐明配戴注意事项和保养方法。

9.4　要求配戴者定期进行眼科检查。

9.5　销售单位必须选用符合卫生要求的清洁消毒液。

附加说明:

本标准由中华人民共和国轻工业部提出。

本标准由国家玻璃搪瓷产品质量监督检验测试中心归口。

本标准由轻工业部玻璃搪瓷工业科学研究所、上海眼镜二厂、北京六〇八厂、上海医科大学、重庆精益光学眼镜公司负责起草。

本标准主要起草人：周文权、陈一红、礼君、蔡玉坤、诸仁远、王道南。

GB 11417.2—1989《硬性角膜接触镜》第 1 号修改单

本修改单业经国家技术监督局于 1997 年 12 月 10 日以技监国标函[1997]291 号文批准，自 1998 年 3 月 1 日起实施。

二、软性亲水接触镜　GB 11417.2—89
Soft hydrophilic contact lenses

1　主题内容与适用范围

本标准规定了接触镜的材料要求、规格尺寸、光学要求、表面质量、测试方法。

本标准适用于由亲水性、无有害物质材料制成、具有光学性能、用于矫正视力，治疗或美容的接触镜。

2　引用标准

GB2828 逐批检查计数抽样程序及抽样表（适用于连续批的检查）。

3　术语

3.1　亲水镜片　hydrophilic lens
含有一定量水分的，具有特定光学性能和形状的镜片。

3.2　含水量　water content
在规定条件下，镜片总量中水的百分含量。

$$含水量 = \frac{m_湿 - m_干}{m_湿} \times 100\% \tag{1}$$

3.3　透氧系数(D_k)　oxygen permeability
在规定条件和单位压力差作用下，氧通过单位面积、单位厚度的速度。

$$D_k = \frac{氧气量 \times 厚度}{面积 \times 时间 \times 压力差} \tag{2}$$

3.4　透氧量(D_k/t)　oxygen transmissibility
在一定条件下，透氧系数 D_k 除以被测样品的厚度而得到的值。

3.5　后顶点屈光度　back vertex power
镜片后顶点至焦点距离（截距）的倒数，截距以米计(m^{-1})，屈光度单位为 D。

3.6　总直径(φ)　total diameter
镜片的最大直径尺寸。

3.7　边缘　edge
接触镜凸面与凹面连接部分。

3.8　边缘形状　edge form

镜片轴所在的截面的边缘轮廓。

3.9　光学区　potic zone

接触镜中具有规定光学效应的区域。

3.10　中心光学区　central optic zone

有规定光学效应,并有一个或几个周边光学带的中心区域。

3.11　光学中心厚度　optical centre thickness

镜片光学中心处的厚度。

3.12　几何中心厚度　geometrical centre thickness

镜片几何中心处的厚度。

3.13　中心区内曲率半径　back central optic radius

凹面中心光学区域的曲率半径。

3.14　双曲面　bi-curve

由两个曲率不同的区域连接而成的表面。

3.15　多曲面　multi-curve

由两个以上曲率不同的区域连接而成的表面。

3.16　复曲面镜片　toric lens

凸面或凹面的中心光学区是复曲面的镜片。

3.17　装镜容器　lens container

用于镜片运输和贮存的容器,通常有密封和不密封两种,前者可保持接触镜无菌。

4　产品分类

4.1　按颜色分为着色和不着色两种。

4.2　按含水量分为:≤49%;>49%~<70%;≥70%三种。

4.3　按光学中心厚度分为:≤0.07 mm 和>0.07 mm 两种。

5　技术要求

5.1　材料要求

5.1.1　在正常使用条件下,材料与人体组织和体液须有良好的生物相容性,不含有毒有害物质。

5.1.2　材料应有均匀稳定的折射率,其偏差不得超过规定值的 0.5%。

5.1.3　材料的抗张强度(湿体)应符合表 1 规定。

表 1　　　　　　　　　　　　　　　　　　　　　　　　　　　　　　200 kg/cm²

含水量	≤49%	>49%~<70%	≥70%
抗张强度	8.0	4.5	4.0

5.1.4　材料的延伸率(湿体)应不低于 100%。

5.2　镜片的尺寸和光学偏差

5.2.1　镜片的尺寸偏差必须符合表 2 规定。

表 2　　　　　　　　　　　　　　　　　　　　mm

项目	含水量≤49% 允许偏差	49%＜含水量＜70% 允许偏差	含水量≥70% 允许偏差
中心区内曲率半径	±0.10(干体) ±0.20(湿体)	±0.25(湿体)	
总直径	±0.10(干体) ±0.20(湿体)	±0.25(湿体)	
光学中心厚度	±0.01(干体) ±0.02(湿体)	±0.02(湿体)	

5.2.2　镜片的光学偏差必须符合表 3 规定。

表 3

项目	49%≥含水量≥70% 允许偏差
后顶点屈光度 　　0.00±0.50D 　±0.75～±10.00D 　±10.25～±20.00D	±0.10D ±0.18D ±0.25D
棱镜(在光学区几何中心测量)	±0.50△
柱镜屈光度 　　0～2.00D 　＞2.00D～4.00D 　＞4.00D	±0.25D ±0.50D ±0.50D
柱镜轴	±5°

5.3　镜片的理化性能和表面质量要求

5.3.1　镜片疲劳强度试验 500 次以上不得断裂。

5.3.2　镜片的透氧量(D_k/t)不得小于 $20×10^{-9}$(cm・mLO$_2$/s・mL・mmHg)。

5.3.3　标称含水量与实测含水量误差不得大于±2%。

5.3.4　不着色软性接触镜透射比应大于 92%(湿体)。

5.3.5　镜片保存液应无细菌、无刺激及霉菌。

5.3.6　镜片不得有霉点、锈斑、光学中心区不得有任何疵病,其他区域不得有 2.5 倍放大镜可见的杂质(如气泡、条纹、残余颗粒、外来的夹杂物)。

5.3.7　镜片的混合过渡区应呈平滑、有规则地过渡,均匀一致。

5.3.8　镜片边缘应光滑,不得有缺损。

6　试验方法

6.1　材料试验

6.1.1　材料毒性试验:将无菌材料作实验动物皮下埋植试验,无明显的炎症反应和无排异反应,并用细胞培养方法检验材料,对细胞应无明显毒性反应。

6.1.2　材料折射率:用精度不低于 $3×10^{-4}$ 的阿贝仪测定。

6.1.3　材料抗张强度和延伸率:用精度不低于 0.05 kg 的万能拉伸仪测定。

6.2　镜片的尺寸检验

6.2.1　中心区内曲率半径:用矢高法或用精度为 0.01 mm 的曲率计测量。

6.2.2　总直径:用不低于 10 倍的投影仪测量。

6.2.3　光学中心厚度、边缘厚度:用达到偏差要求的非接触式测厚仪或用不影响接触镜表面质量的接触式仪器测量。

6.3　光学偏差检验

用光阑孔径不小于 4 mm 的屈光度仪,在室温(20±5)℃时测量。

6.4　镜片的理化性能和表面质量检验

6.4.1　镜片疲劳强度试验:保持湿润的镜片用二手指反复弯折(约 90°),弯折时手感柔软有弹性,镜片无变形,直至达到规定的次数。

6.4.2　镜片的透氧量:用极谱法测得 D_k 值后再除以样品厚度。

6.4.3　镜片含水量:用重量法测定(标准生理盐水)。

6.4.4　透射比:将镜片固定于盛有生理盐水的样品室(样品室内不许有气泡),用分光光度计测定可见光的平均透射比。

6.4.5　杂质和表面缺陷(包括斑点、霉点):在合适的照明条件下,用不低于 2.5 倍的放大设备检查。

6.4.6　镜片保存液:采用常规培养基培养法,检查保存液有无细菌和霉菌。

6.4.7　镜片边缘和混合过渡区:在合适的照明条件下,用肉眼检查。

7　检验规则

7.1　型式试验

7.1.1　当设计新产品和改进老产品的设计及生产条件时,必须进行型式试验。

7.1.2　型式检验时,在新产品中随机抽取适当产品作为样本,并按技术要求中的项目逐项检验。检验项目必须全部合格,产品贮存期超过半年以上时须作型式试验。

7.2　出厂检验

出厂产品必须按 GB2828 中规定进行检验。检验项目应符合表 4。

表 4

项　　目	对应条款	抽样方案类型	检查水平	AQL
镜片的尺寸	5.2.1			2.5
光学偏差	5.2.2			
杂质和表面缺陷	5.3.6	一次	Ⅱ	
混合过渡区	5.3.7			1.5
镜片边缘	5.3.8			

8　包装、标志、贮存

8.1　产品须经清洗处理后放入清洁的西林瓶或专用盒(必须能密封),灌注适量的保存液后封盖,再进行高压高温灭菌(建议用硅橡胶内盖)。

8.2　每瓶(或盒)放一片(密封),并须标明中心内曲率半径 r(或标明系列)、屈光度 D、总直径 φ、光学中心厚度 t、含水量、批号(或有效日期)、厂名及检验证号。

8.3　小包装须将每瓶(或盒)隔开,防止运输时的破损。

8.4　外包装箱须有合适的牢度,装入适当数量为一箱,每箱内须有合格证和使用说明书。

8.5　外包装箱上须标明厂名、地址、产品名称及相应的运输标志。

8.6　贮存于干燥、阴凉、无腐蚀气体的环境中。

9　配戴基本要求

接触镜生产单位或销售单位在开业配戴时必须遵守以下五条规定,若有违反需追究责任。

9.1　配镜人员须经专门培训,并须有专门培训合格证(包括掌握适应症和禁忌症)。

9.2　销售单位须向生产单位了解和熟悉产品的性能方可销售。

9.3　向配戴者阐明配戴注意事项和保养方法。

9.4　要求配戴者定期进行眼科检查。

9.5　销售单位必须选用符合卫生要求的清洁消毒保存液。

附加说明:

本标准由中华人民共和国轻工业部提出。

本标准由国家玻璃搪瓷产品质量监督检验测试中心归口。

本标准由轻工业部玻璃搪瓷工业科学研究所、上海眼镜二厂、北京六〇八厂、上海医科大学、重庆精益光学眼镜公司负责起草。

本标准主要起草人:周文权、陈一红、礼君、蔡玉坤、诸仁远、王道南。

GB 11417. 2—1989《软性亲水性接触镜》第 1 号修改单

本修改单业经国家技术监督局于 1997 年 12 月 10 日以技监国标函[1997]291 号文批准,自 1998 年 3 月 1 日起实施。

一、将 5.1.3 条和表 1、5.1.4 条、6.1.3 条内容删除。

二、5.2.2 条及表 3 上半部更改为:

5.2.2　镜片中的光学偏差应符合表 5 规定。

表 5　　　　　　　　　　　　　　　　　　　　　　　　　(D)

项　　　目	允许偏差
后顶屈光度 $\mid F'_\tau \mid <10.00$ $10.00 \leqslant \mid F'_\tau \mid \leqslant 20.00$ $\mid F'_\tau \mid >20.00$	±0.25D ±0.50D ±0.10D

第七章 光致变色镜片质量检测

第一节 光致变色镜片基础知识

一、光致变色

光致变色现象是一种化学物理现象,包含有机、无机、生物、聚合物等的光诱导化学和物理反应。这种现象是指一个化合物在受到一定波长的光的照射下,可进行特定的化学反应,获得产物,即获得另外一种颜色,而在另一波长的光照射或热作用下,又能恢复到原来的形式,即原来的颜色。这种在光的作用下能发生可逆颜色变化的化合物,称为光致变色材料。

光致变色可以应用在光存储、光学开关、光学镜片等方面,以及各种安全证件的验证标志上。1955年以后,军事用途及商业兴趣促使了人们对光致变色现象的研究,继而人们探索和开发了光致变色材料,这种特殊的材料随之被广泛应用在各个领域,光致变色材料多年来一直是无机、有机和材料化学家关注和研究的热点,被公认是最有应用前景的功能材料。具有实际应用前景的光致变色材料最重要的特性是成色体必须有足够的热稳定性和耐疲劳性。目前已开发的光致变色材料大致可分为无机光致变色材料和有机光致变色材料两大类。不同类型的光致变色材料具有不同的变色机理,尤其是无机光致变色镜片材料的变色机理与有机材料有明显的区别,典型无机体系的光致变色效应伴随着可逆的氧化,即还原反应。典型无机材料的光致变色效应具有良好的可逆性和耐疲劳性。有机体系的光致变色也往往伴随着许多与光化学反应有关的过程,从而导致了分子结构的某种改变。

通常所说的光致变色镜片的基本原理是光致变色材料在紫外线辐射的影响下颜色变深,紫外线辐射消失后恢复无色状态;同时会在周围高温的影响下颜色变淡,这两个过程是可逆的,这一现象是通过激活材料中混合的光致变色材料分子来完成的。可逆反应是光致变色的一个重要标准,在光作用下发生的不可逆反应,也可导致颜色的变化,但只属于一般的光化学范畴,而不属于光致变色范畴。即:具有在两个不同的吸收光谱的异构体之间的一种光诱导的可逆转变性能的镜片才是光致变色镜片。在太阳光强烈照射下这种镜片能快速变成深色,镜片的透光率大大降低,光线越强,镜片的颜色就越深,可以保护眼睛免受强光刺激,进入室内或外界光线减弱,颜色则会变浅,回到原来透明的状态,保证了对景物的正常观察。

光致变色镜片是一种可逆的化学反应,一般认为分为两类:一种是正性光致变色,是指在光照下材料的颜色由无色或浅色转变为深色;另外一种是逆性光致变色,是指在光照下材料的颜色由深色变成无色或者浅色。光致变色原理可以用图7-1来定性描述,A和B分别代表光致变色物种的两种具有不同吸收光谱的异构体,λ_A、λ_B分别代表化合物A和化合物B的最大吸收波长。一种化合物质A在光的照射下,发生化学反应生成物质B,两者的吸收光谱具有明显的差异,物质 B 在光或热的作用下又可返回到 A。在光致变色过程中,A 只在紫外光谱区(<400 nm)有吸收,而在可见光谱区(400～700 nm)没有吸收,称之为隐色体;而 B 在可见光谱区有明显吸收,称之为显色体或呈色体。

不同颜色的光具有不同的波长。当光线照在某个物体上,如果这个物体吸收了可见区所有波段的光波,那它就是黑色的;如果这个物体吸收某些波长的光,它就会显示出所吸收光的互补光的颜色。不同颜色光的互补关系如表 7-1 所示,处于对角关系的两种光按一定比例混合,就会形成白光,它们称为互补光。

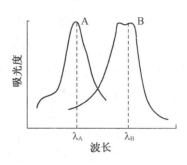

图 7-1 紫外可见光吸收光谱

表 7-1

序号	颜色名称	颜色波长
1	红色	605 nm～700 nm
2	红紫色	700 nm～400 nm
3	紫色	400 nm～435 nm
4	蓝色	435 nm～480 nm
5	青色	480 nm～490 nm
6	蓝光绿色	190 nm～500 nm
7	绿色	500 nm～560 nm
8	黄光绿色	560 nm～580 nm
9	黄色	580 nm～595 nm
10	橙色	590 nm～605 nm

光致变色机理是,在光线(特别是短波光)照射时,玻璃中的卤化银分子分解为银和卤素原子,许多银原子聚积在一起就呈现浅黑色,即灰色。这类似于照相底片的曝光过程,所不同的是照相底片中产生的卤素原子结合成卤素分子,从底片中逸出,而仅有银原子所组成的潜像;而玻璃是固体,在光照中产生的卤素原子仍存在于玻璃中银原子周围,当光照停止时立即可逆地恢复到原来卤化银状态而使镜片褪色,反应机理如下式:

$$nAgCl \underset{\text{光能}}{\overset{\text{光能}}{\rightleftharpoons}} nAg^+ + nCl^-$$

光致变色材料除了可以应用于光致变色眼镜以外,还有很多应用前景。如:利用光致变色化合物受不同强度和波长光照射时,可反复循环变色的特点,制成计算机的记忆存储元件,从而实现信息的存储和消除过程,这也是新型记忆存储材料的一个新的发展方向。此外,光致变色材料可以作为装饰和防护包装材料,为了适应不同的需要,可将光致变色化合物加入到一般油墨或涂料用的胶黏剂、稀释剂等助剂中混合制成一些涂料等。自显影全息记录照相就是利用光致变色材料的光敏性制作的一种新型自显影干法照相技术。光致变色材料对强光特别敏感,因此还可以用在国防上,制成多层滤光器,控制辐射光的强度。

二、光致变色镜片的历史

光致变色镜片的演变经历了一系列变化,从最初的光致变色玻璃镜片到后来的光致变色树脂镜片,以及复合型光致变色镜片,近几年来取得了突飞猛进的发展。1962 年第一代光致变色镜片玻璃材料诞生,此后性能不断得到改良,其主要是在玻璃材料中加入了卤化银晶体,这些晶体在紫外线辐射下起化学反应,使镜片的颜色变深。第一代光致变色镜片材料的变色原理是银原子和氯原子之间进行一种电子交换,通过氯化银和周围的环境来表现。

1964 年,美国 Corning(康宁)玻璃公司研发出变色镜片,1966 年在市场上推出了世界上第一种卤化银、卤化铜系列的光致变色玻璃镜片。光致变色镜片第一代原材料是专门为普通镜架设计的,主要包括板材镜架和金属镜架,有其柔和的色调,主要有灰色和茶色两种颜色。第二代原材料具有优秀的抗张强度,可达到 25 kg,第二代原材料除了适合板材架和金属架以外,还适用于无框眼镜架(占整个镜架市场的 20%)。第二代原材料是用一种重量超轻的材料所制成的,它具有现有的中折射(阿倍数)所具备的可靠特性,同时具有更强的抗张强度,100%防长波紫外线(UVA)和窄波紫外线(UVB),相对于第一代原料更适用于无框眼镜的设计。第二代原料具有纯灰色和浅棕色,在镜片的整个寿命中能够一直保持色彩稳定性,使用寿命更长。

光致变色材料大多是灰色和棕色的,俗称灰变和茶变,其特点是既可做矫正视力用镜片,又可以做太阳眼镜,适合野外工作者配戴。存在变茶和变灰颜色变化的主要原因是镜片中的添加剂不同,从而导致镜片的颜色不同,其他的颜色变化也可以通过特殊的工艺达到。变茶除了加入能够变色的卤化银以外,还加入了氧化硅、氧化铝、氧化硼、钴、镍、锰等,茶色适合对光线比较敏感的配戴者,因为茶色可以增强对比度。变灰主要加入的二氧化硅、氢氧化铝、硼酸、氧化锆、硝酸银、氧化钴、氧化铈、氧化镍等,变灰可以产生极佳的还原物体的色彩,看物体颜色比较逼真形象。现在,人们又用稀土元素的氧化物制成了各种变色玻璃,例如:加入氧化钬的玻璃,在日光照射下呈现紫红色,经过荧光灯照射后则呈现蓝紫色,如今市场上的一些七彩变色镜片,其原理和上述光致变色镜片一样,只是添加剂不同,相对变茶色和变灰色而言,七彩变色颜色相对不稳定。玻璃光致变色镜片拥有较高的折射率和极好的光学性能,玻璃光致变色镜片相对比较坚硬,耐久,耐磨性能非常好,但是易碎且对于高屈光力镜片会产生一定的负面影响,因为镜片越厚,透光率则越低。光致变色镜片的颜色浓度也随着镜片的厚度不同而发生改变。高度负镜片边缘比中间要厚,则颜色的密度也因此在边缘处增加,遇到这种情况,会出现高屈光力镜片中心色浅的现象,而且有非常深的周边色带。对正镜片的影响正好相反,中间区域颜色非常深,而周边色浅。玻璃光致变色镜片出现的这种颜色差异不仅造成了非常糟糕的镜片外观,而且也带来了不便的视觉影响,尤其是高度近视特别严重者,会出现眩光的问题。

1991 年,美国 Transitions 公司推出了第一代树脂镜片,在此之前,所有变色片都是玻璃变色片,在公司研发推出树脂变色片后,光致变色镜片市场迎来了新的增长点。

随着光致变色树脂材料的成功开发,第一代光致树脂镜片研制成功,取得了一定的成效,1990 年第一代全视线镜片上市,光致变色树脂镜片才真正意义上的开始普及。树脂光致变色片的光致效果是在镜片材料中加入了感光的混合物而获得的,在特殊波段的紫外线辐射作用下,这些感光的物质结构发生了改变,从而也改变了材料本身的吸收能力。这些混合物和材料的结合通过了一下两种方法：一种是在聚合前与液态单体混合，一种是在聚合后渗入材料当中。

1993 年，一种新型的光致变色树脂镜片投入市场，这种新型的树脂镜片是用渗透法在镜片的凸面渗透了一层光致变色材料，然后镀上一层抗磨损膜，起到保护和耐磨作用，这一切为以后的光致变色镜片打下了很好的基础。

三、光致变色镜片的分类

按照变色片的材料分类，可以分为玻璃变色片和树脂变色片。按照光致变色片的加工工艺分类，可以分为掺入式变色、膜层式变色、渗入式变色。

1. 玻璃光致变色片

玻璃光致变色片是将光致变色材料与玻璃材料一起混合溶解，通过镜片毛坯制造；传统的变色镜片主要是以卤化银为主要变色材料的玻璃镜片，变色原理是在制造变色镜片玻璃中，除了一般制造玻璃的原料外，还要加入适量的卤化银和氧化铜的微小晶粒，做成镜片后，其中的卤化银受强光照射时会分解成银和卤素单质。因为银和卤素单质呈深色，所以镜片颜色就变深。当光线变暗或者变弱时，银和卤素在催化剂氧化铜的作用下，又重新化合成透明的卤化银。

2. 树脂变色片

树脂光致变色镜片引入光致变色材料的方法，主要有镀膜和表面渗透两种，最理想的方法是表面渗透法。与无机玻璃镜片相比，它具有重量轻、透明度高、镜片尺寸大、韧性好、抗冲击性、可染色性等优点。理想的树脂镜片材料具有高折射率、低密度的特点，合成树脂的光学性能与其材料的化学结构有一定关系，材料分子中引入卤族元素（除氟外）、硫原子、磷原子、苯环、稠环和某些重金属离子等可显著提高树脂的折射率。光致变色树脂镜片是在树脂材料中加入了光致变色材料而获得的，在特殊波段的光线辐射作用下，这些光致变色材料的结构发生了改变，改变了材料本身的光吸收能力。光致变色树脂镜片的加工工艺的关键步骤是光致变色染料与树脂的结合。

光致变色树脂镜片的制作工艺具体有以下几种方法：

（1）镀膜法

这种方法是以醇类或者其他作为溶剂，以有机硅树脂，丙烯酸类树脂、碳酸酯或聚苯乙烯作为涂覆膜层，加热搅拌后溶解于溶剂中，再加入光致变色物质、紫外线吸收剂、抗氧剂，搅拌溶解均匀，制成光致变色涂覆液，将制得的涂覆液在温度、湿度适合的环境条件下，以一定的速度涂覆或浸蘸于镜片基片上，待溶剂挥发后，形成一层光致变色膜，进而制成具有耐老化、抗紫外线的光致变色眼镜。根据不同的光致变色染料的组合，树脂变色镜在强阳光和紫外线的照射下可产生令人满意的各种深颜色的变色效果，无光照或者无紫外线照射下又恢复到初始颜色。不同的溶剂组合，不同的温度、湿度、提升速度对眼镜的变色效果有明显的影响。

（2）渗透法

这种方法是镜片采用树脂材料作为片基，通过高温扩散使染料扩散至镜片基质材料内，具体加工工艺是将浸渍有一种或者多种光致变色染料的衬底贴在聚合物基质的凸面一侧，然后将混合物高温加热一段时间，最后再把衬底和基质分离。这样就在镜片的凸面渗透了一层光致变色材料，然后再镀上一层抗磨损膜，起到了耐磨和保护作用。这种方法是通过扩散法制得树脂变色镜片，呈现了基本恒定的光致变色特点（动力学、热的依赖性），并且可以使镜片的变色不因为镜片的屈光度数的改变而改变，如：镜片的屈光度数的加深而出现镜片中央与周围深浅不一的情况，弥补了玻璃变色镜片的不足。

（3）共混加工法

这种方法制作的光致变色树脂镜片一般是以丙烯酸类聚合物或聚苯乙烯类聚合物为基材，添加一种或者几种光致变色物质，再添加一定的抗氧化剂、光稳定剂、分散剂、偶联剂等等的一些添加剂，均匀混合后，制造成粒，最后再经过高温、高压的注塑成型。

（4）本体聚合法

这种方法是将树脂单体与光致变色染料及其他助剂成分在同一体系内共同聚合、成型而制成变色树脂镜片，由于一般的镜片材料是在过氧化物作为引发剂的条件下聚合而形成的，而过氧化物会使制得的树脂镜片产生强烈的原始着色，影响暗状态下的透光率，也容易破坏光致变色染料的化学结构从而影响最终变色树脂镜片的变色性能，甚至使光致变色效应消失，所以光致变色染料传统上只能在基质聚合完成后再进行热渗透或共混加工工艺。为了简化加工的步骤，得到变色均匀，热稳性更好的变色镜片，采用重氮基引发剂取代过氧化物引发剂的新工艺，就可以将一种或多种选自螺型嗪等光致变色染料直接掺入到聚合单体中进行本体聚合。这种方法可得到产生灰色或棕色的镜片，能减少变色染料的依赖性，具有较好的光响应性，能使配戴者在有阳光的天气时得到充分的保护。

3. 两者的区别

玻璃和树脂光致变色材料的区别是两者老化后的表现不同，玻璃光致变色镜片老化后镜片底色往往会加深，而树脂光致变色镜片老化后变色深度往往会变浅。光致变色玻璃镜片的关键在于不同条件下卤化银的分解和重新化合。光致变色镜片经过阳光照射 2 min 以后，通过镜片的强光可衰减为原来的 50%；当镜片离开阳光 2 min 以后，能恢复光线 23%；大约 20 min 以后，能完全恢复到本色。树脂光致变色镜片可以进行染色处理，与相同材料的树脂镜片的染色工艺相似。染色不会破坏光致变色的性能，但是因为染色改变了镜片的底色，可能会导致变色颜色的改变。

四、光致变色镜片的应用

光致变色镜片发展至今，产生了巨大的商业效益。在许多发达国家，光致变色镜片以其健康、方便、美观等诸多优点，得到了很高的认同；在国内，现在已经有很多人选择了优质的光致变色镜片来保护眼睛，特别是对于有近视或远视的人来讲，高质量的光致变色镜片是更好的选择，而且一年四季都适合佩戴。我国及世界发达国家的市场上流行的主要是树脂变色镜片，而在非洲、南美等一些国家，玻璃变色镜片仍然有一定的市场。总量上看，树脂变色镜片的销售量要远远超过玻璃变色镜片，玻璃镜片由于其质量、易碎等，正在逐渐退出主流市场。随着视光行业的不断发展，光致变色镜片的应用也随之越来越广泛，得到了好评，有一定的市场竞争力。

随着光致变色镜片技术的不断成熟和提高,1.499、1.56、1.60、PC等变色镜片系列已经在不断发展,但是更高折射率的变色镜片还会继续更新,其中1.499系列的变色镜片主要采用表面渗透法将变色染料渗透进去,现在的应用面会越来越小,目前,我国的光致变色镜片品种多数为1.56变色镜片,同时在原来的茶色和灰色的基础上,又新增了一些七彩变色镜片。在欧美、日本等发达国家和地区,变色镜片的主要品种为灰色及茶色两种。这两类变色镜片绝大多数品种对可见光的折光率均可达50%以上,最普通的品种折光率为70%。

目前,市场上光致变色镜片的分类如下:

表 7-2　光致变色镜法的分类

膜变	基变
一层变色膜	相当于 N 层膜
变色稍慢	变色快
回色快	灰色稍慢
寿命短	寿命长
表面变色膜	光变视
全视线采用表面渗透法将变色原料渗透入镜片中达到光致变色效果	将变色燃料与镜片原料混合后按照镜片制作工序制作
夹膜、膜层易破裂	变色分子平均分布于镜片材料的各涂层中,变色均匀,效果好

由于科学的发展和人类需要,现在已经有很多光致变色眼镜片,可分为灰色变色、浅黄或者橙黄色变色、防视网膜退化变色、茶色变色、蓝色变色、渐变色变色、液晶变色。灰色变色镜片分为变浅灰、中灰、深灰、黑灰多种,这种镜片人戴上很舒服,特别适合于青光眼、电光炎、角膜炎和老年人见光流泪等眼病患者配戴。浅黄、橙黄色变色镜片,由氧化硅、氧化硼、氧化锂、氧化钾、氧化锆、卤化银、氧化铝等熔制而成,这种镜片最适合于长时间在室外工作者配戴,也适用于视网膜患者配戴。防视网膜退化变色镜片适合两种情况:第一种是适用于患白内障而摘除晶体和光致视网膜炎患者配戴的变色镜片,这种镜片可完全阻截 440 nm 以下的有害射线;第二种是适合视网膜炎色素沉积症的患者使用的变色镜片,它可阻截 550 nm 以下射线。未用紫外线照射时,可见光透过率约过 25%,受紫外线照射变色后,可见光透过率小于 10%。茶色变色镜组成有氧化硅、氧化铝、氧化硼、卤化银等,同时还加入钴、镍和锰等着色剂。这种镜片光线的原始透过率为 85% 左右,变色后透过率为 30% 左右。还有一种茶色变色镜片,是在基础玻璃中添加了少量钯合金,其变色是由于卤化银晶体内含有或者在表面沉积有钯合金的微粒而产生了变色。蓝色变色镜片主要由二氧化硅、氢氧化铝、硼酸、氧化锆、硝酸银和添加剂氧化钴、氧化铈和氧化镍等制成,底色为纯正蓝色,在紫外线照射后变为深蓝色或蓝灰色,这种镜片褪色速度快,能吸收 380~400nm 的紫外线,配戴这种蓝色变色镜片,容易消除眼睛的疲劳。渐变色眼镜,又叫梯度变色镜,当接受紫外线或短波可见光照射后,镜片从上到下呈现由深到浅的变色,光线透过率呈梯度形分布。液晶变色镜片特别适合于气焊、电焊、汽车驾驶员以及患有怕强光的青光眼患者配戴。液晶是一种有机化合物,这种镜片的变色速度

比较快,其颜色能迅速的适应外界强光的变化。

目前,还有许多新型的光致变色镜片材料,PVK 变色片就是一种新型的非银盐图像记录材料,它由聚乙烯咔唑、四溴化碳等有机物和燃料无色基所组成的一种光敏变色材料,经过 360~450 nm 的紫外线曝光、定影,可获得多种颜色的燃料影响。PVK 变色片主要技术指标:分辨率 3000 线对/mm 等。

复合型光致变色树脂镜片是一种全新的变色镜片,它的主要用途包括:视力矫正及遮阳两用镜、作为防护镜用、作为时装镜用、作为汽车驾驶镜用。复合型光致变色镜片的生产工艺是首先要生产出相应品种规格的基层树脂镜片,可以选择不同的树脂单体材料。其次是对制作好的基层树脂镜片进行处理,采用上表面复合设计法。最后是将调配好的光致变色树脂镜片材料,注入准备好的模具和镜片之间,然后进行相应的热固化、脱模、清洗、二次固化等,进行产品的合理定型。

第二节　光致变色镜片市场分析

在 GFK(全球排名前三的数据咨询集团)的数据中,中国眼镜产业目前的零售规模大概为 234 亿人民币,包含了隐形、太阳镜、配镜等相关产业。6 亿多需矫正患者,4 亿近视患者,1.23 亿副镜片,经过调研与数据收集,我们大概知道了中国的光致变色镜片市场一年有 150 万副。全球大约有 10 多亿人口需要戴眼镜来矫正视力,这些都是光致变色镜片的潜在客户,市场潜力非常可观,2008 年光致变色镜片全球消费量约在 5 200 万副左右。光致变色的镜片在不断发展,还需要不断改进,尤其在提高现在有机变色因子的耐疲劳度和采用无机变色因子两个方面要加强,这样光致变色镜片的应用将更加广泛。

一、优点

光致变色镜片本身是集多种功能为一体的高科技产品。它不仅可以作为视力矫正及遮阳的两用眼镜,还可以作为防护镜、时装镜、汽车驾驶专用镜等。

光致变色镜片,在阳光照射的情况下,是一种可以代替太阳镜的黑色墨镜,浓黑的镜片可以挡住耀眼的光芒,防止强光的直射,起到保护眼睛的作用;在光线柔和的房间里,光致变色镜片又变得和普通镜片一样,透明无色,在弱光和强光的过渡中起到了很好的桥梁作用。变色镜片不仅能随着光线的强弱变暗变明,还能吸收对人眼有害的紫外线。超过 90%的与紫外线辐射相关的皮肤癌都发生在颈部以上区域,过度暴露于紫外线中会造成眼皮和眼睛周围发生皮肤癌,除了皮肤癌,紫外线辐射还会提高发生白内障、黄斑变性等眼部问题的机率,并破坏免疫系统,光致变色镜片可减少紫外线带来的这些损伤。光致变色镜片适合长期在野外工作或者在高原、雪地工作的人员,可以当作护目镜,因为在雪地、高山、水面这些场合紫外线的强度比一般场合的紫外线要强得多,对眼睛的伤害特别严重,同时处在这些场合下的人又要保证眼睛有足够的清晰度,这时光致变色镜片正好能满足这方面的要求。

在生活中,经常会遇到一些光线问题,如:太阳强光的辐射、反射物体的亮光、夜间行驶的远光灯等,这一切很容易造成光线错觉。光致变色镜片的炫目防护和在不同的光线条件下保持对比敏感度对人们具有特别重要的意义。光致变色镜片可以达到便利的视觉体验,它与偏光镜不同,光致变色镜片可以快速地从室内的透明变为室外的舒适颜色,以此来减少眩光带来的不适,让视觉更健康。光致变色镜片的光学性能相对更加优异,色泽柔美,阳光下颜色更深,更加悦目,夜间透射率更高,视野更清晰,与此同时,光致变色镜片更易加工,可用于加工所有种类的镜片并适用于各种镜片的处理工艺。

一副光致变色眼镜代替了太阳镜和单光镜两副眼镜的功能,避免了摘戴的麻烦,只需要一副眼镜可以达到两副眼镜的效果。光致变色镜片可适用于室内、旅游、外出等各种环境。爱美心理是顾客存在的一种普遍心理状态,希望产品既能保持自己的自然美,又可以增加修饰,从而也格外注重产品的外观、形象等,光致变色镜片满足了顾客的消费心理,这种镜片不仅是有度数的太阳镜,可以遮挡阳光,还可以矫正视力,此外还百分百防紫外线,外观依旧十分时尚。光致变色镜片可以适用于各种设计,包括单光片、双光片和渐进片。

另外,光变视变色片具有超强的紫外线过滤能力,还具有美观的暖色调系统,出色的外观同样适用于普通框架。如果在光致变色片的基础上对镜片进行有效处理,如双面加硬,变色片将会更加持久如新,在此基础上,可以进行多层减反射膜处理,可以有效的降低光线反射,产生轻松的视觉效果,可以缓解电脑等产生的光线反射引起的视觉疲劳。

二、缺点

一副好的光致变色镜片可以在规定的时间内达到变深变浅的效果,并且能有效地拦截紫外线,保证透过足够的可见光,然而,一些劣质的光致变色镜片却吸收可见光,还有一些伪劣产品甚至根本不变色,戴着这种镜片看物体格外吃力,导致瞳孔放大,使眼肌和视神经处于高度紧张状态,长此以往,戴这种不合格的光致变色眼镜反而会导致视力的下降。在制作光致变色镜片时需要保证每种镜片的颜色一致,镜片在透明状态下,透射率超过 80%,符合镜片国家标准,符合各种国际标准对安全驾驶的规定,对夜间驾驶没有影响。

表 7 - 3　光致变色镜片的优缺点对比

序号	光致变色镜片优点	光致度色镜片缺点	适应人群	非适应人群
1	灵活性强、持久的光致变色特征	稳定性不足	野地作业、高原、野外防沙等工作人员	对紫外线过敏
2	提高对比度,提供最佳视力和最佳舒适度	变粉色非常脆弱	在紫外线和短波长激光条件下的操作人员	老花严重者、高度远视患者
3	极其稳定的物理、化学特征,防紫外线性能好	技术不是很成熟	某些眼疾患者的护目镜,如:角膜炎、结膜炎、虹膜炎或者刚刚做过眼手术等	有白内障、青光眼眼疾患者
4	保护性	光致变色镜片不能代替成防护镜用	制作滑雪用镜	高度近视患者
5	很强的美化作用	平光的变色眼镜不必要整天架在鼻梁上	用于时装镜等	近视散光且矫正视力低于 1.0 的患者

以下一部分人群是不适合配戴光致变色眼镜的。

（1）中年老花患者不宜配戴光致变色镜片，因为如果戴上光致变色镜片在光线明亮的环境下看书或者工作，镜片颜色加深，会令光线变弱，使瞳孔散大，造成前方角狭窄，房水外流不畅，可以诱发青光眼等。老年人配戴光致变色眼镜要慎重，因为老年人的眼球的屈光系统，如角膜、晶状体、玻璃体都不如青年人的那样清澈透明，看物体时需要明亮的光线才能看清，光致变色眼镜本身的颜色会加深从而导致眼睛的疲劳，影响眼睛的视力。老花镜只是在看近处物体时，如读书、看报、写字、做家务等情况下应用，在室内无强烈的阳光，就可以不用戴光致变色镜片。

（2）有白内障、青光眼的患者，戴上光致变色镜片不仅不能解决问题，反而会加重病情，会导致眼压升高，促使青光眼的发作。

（3）眼睛正常的人可以配戴光致变色镜片，这样既矫正了视力，还解决了避免强光的刺激问题。但是近视要根据屈光状态进行分类，分别对待如下：轻度近视，即三百度以下的近视，可以配戴光致变色镜片，对眼睛有利；中度近视，即三百度以上至六百度的近视，可以允许配戴光致变色镜片，在配戴过程中，要考虑顾客自身的适应程度；高度近视，即六百度以上的近视，建议不要配戴光致变色镜片，因为高度近视的镜片边缘很厚，即使在室内看不到阳光，镜片也会呈现出明显的颜色，高度近视患者本身视力相对比较微弱，如果在眼前加上一层有颜色的暗影，这样会让高度近视患者更加吃力，对眼睛没有好处，反而有弊端。玻璃光致变色镜片对于高屈光力镜片会产生负面影响。镜片越厚，透光率越低，镜片的厚度不同，变色片的颜色浓度也随之不同，尤其高度负镜片边缘较中心厚，则颜色的密度也在边缘处增加。颜色的差异会给戴镜者带来视觉问题，颜色的高密度非常容易识别，高屈光力导致中心色浅现象，而有非常深的周边色带，对正镜片的影响正好相反，中间区域颜色非常深，而周边色浅，因此高度近视配戴光致变色镜片的时候一定要注意，颜色的差异会让高度近视者依旧存在眩光问题。

（4）对于近视散光且矫正视力低于1.0患者，也不宜配戴光致变色镜片。

此外，对于平光的变色眼镜没有必须整天架在鼻梁上，在周围光线不很强烈的环境下，可以摘掉它。光致变色眼镜虽然有很多优点，但是应用时必须结合自己的具体情况，具体问题具体分析，正确地掌握才能发挥其良好的作用。

第三节　光致变色镜片质量问题及检测方法

一、概述

为了规范光致变色镜片产品质量，1988年，国家制定了《光致变色玻璃镜片毛坯》标准，直到今天还有许多厂家在生产光致变色毛坯及镜片，光致变色玻璃镜片的发展也在不断改变，有色玻璃镜片就是根据这一原理，即在物色光学玻璃中加入各种着色剂使玻璃呈现不同颜色，对各种不同的单色光有选择性地吸收或过滤。其目的主要是用来做遮光和各种防护目镜，使眼睛不受有害射线以及风沙、化学药品、有毒气体等的侵害，起到保护眼睛的作用。常见有色玻璃镜片的特点和用途如下表7-4所示。

表7-4 有色玻璃镜片的特点和用图表

名称	着色剂	特点及用途
灰色	钴、铜、铁、镍等氧化物	均匀吸收光谱线、吸收紫外线、红外线,太阳镜、驾驶员配戴
绿色	钴、铜、铬、铁、铈等氧化物	吸收紫外线、红外线,护目镜(气焊、电焊、氩弧焊)
蓝色	钴、铁、铜、锰等氧化物	防眩光,护目镜(高温炉窑)
红色	硒化镉、硫化镉	防荧光刺眼,护目镜(医用X光)
黄色	硫化镉和铈、钛等氧化物	吸收紫外线,夜视镜或驾驶员阴雨、雾天配戴

二、相关术语

变色成分:变色成分的不同导致变色的颜色也因此不同,例如茶色变色片的组成部分包括氧化硅、氧化铝、氧化硼等,另外还加入了钴、镍、锰等着色剂溶制而成。光致变色镜片变色要均匀,变色反应要快速。

变色速度:镜片中的光敏剂种类不同,变色速度不一样。

变深速率:颜色变深速率主要取决于镜片材料的光学密度,通常从数秒至数分钟内就会从最大的透光率降至为最小透光率。

褪色速率:褪色速率取决于镜片的组成成分以及在制造变色时的热处理。同时它也要花数秒至数分钟从最小的透光率升至为最大透光率。

变色时热处理时的温度:变色的颜色随温度的高低有所改变。

变色时热处理时的速度:变色的速度随温度的高低有所改变。

镜片的透光率:光致变色镜片的变色主要是通过环境中的紫外线推动,因此,在没有紫外线存在的环境下,对可见光的透过率可达到84%,在这种情况下,光致变色镜片可以作为视力矫正镜片,就像普通的白色镜片。

紫外线吸收率:一般国际上通行的变灰或者变茶镜片对380 nm以下的紫外线吸收率可达95%以上,对400 nm以内的紫外线吸收率也可以达到85%以上。此外,目前大多数变色镜片都作多层真空镀膜处理及防电磁波处理,即所谓的EMI镀膜处理,经过这样处理的变色镜片看起来会更透明,透光率更好,对各种电器包括电脑、手机等发射出来的电磁波具有隔离作用。

三、主要检测项目

(1)色泽

① 有色眼镜镜片配对不得有明显色差;

② 光致变色玻璃镜片每副配对必须基色一致,变色后色泽一致。

(2)表面质量和内在瑕疵、顶焦度、棱镜度均应符合GB10810中规定的相应要求,即:

① 在以基准点为中心,直径30 mm的区域内不能有影响视力的霍光、螺旋形等缺陷;

② 镜片表面应光洁,透视清晰,表面不允许有桔皮和霉斑。

(3)光致变色镜片的变色速度要快、变色剂的使用寿命要长。

(4)光致变色镜片还须有较浅的底色,以便它在室内有足够的透明度。

（5）光致变色镜片当使用光源 D_{65}，发光透光率眼镜镜片不得低于 3％。额外的要求（适用于开车时镜片）：如有一个发光的透光率低于 8％，则不能用来驾驶或道路使用。白昼使用光源 D_{65}，白天驾驶透光率＞8％为设计参考；晚上使用光源 D_{65}，镜片为夜间开车使用，可见光透过率 75％以上为设计参考。光致变色镜片要求符合 ISO14899 标准、ANSI Z80.3标准，以及 AS 1067.1 标准。

（6）符合 GB10810.1 的要求，通过镜片观察红、黄、绿交通讯灯，标准中规定其相应的对于交通讯号的投射比为：对红色讯号应≥8％；对黄色和绿色讯号应≥6％。若各色交通讯号投射比太低，则降低了对讯号的识别能力，也是交通事故的隐患之一，因此这项标准比较重要。

表 7-5

交通信号识别	灰色	茶色
厚度	2 mm	2 mm
高能见度	0 mm	0 mm
低能见度	3 mm	2 mm

（7）光致变色镜片的其他性能应符合一般光学镜片的国家或行业的标准。

（8）镜架要求：应符合 GB/T14214 的全部要求（详见眼镜架国家标准）。

（9）装配精度与整形要求：应该符合 GB13511 中的规定要求。

第四节　光致变色镜片标准解析

首先，光致变色镜片要符合眼镜片的质量检测，如：标准 GB10810—2005 规定的测试条件为(23±5)℃（主要适用于各光学参数的测量），该标准规定了毛边眼镜镜片的光学、表面质量及几何特性的要求，在执行 96 版的标准时，需对标准中的术语有较透彻的理解。

此外，因光致变色镜片有其特殊的光学性质，所以，在检测的过程中，要注意以下方面：

1. 变色速度与褪色速度

变色速度和褪色速度是衡量变色眼镜质量优劣的主要指标。在检测一副变色镜片的时候，首先要检查眼镜片的变色速度，方法是在紫外线（阳光）照射后，观察多少时间后可以完全变色；离开紫外线的照射后，在正常温度下，多长时间可以褪色并达到半透明程度，即观察一下移到弱光环境镜片变淡色的时间，一般 2 min 即可恢复到原状，并且在镜片完全褪色后，检查下镜片表面是否无色透明，不留下任何色彩。一般情况下，把镜片置于太阳光下照射 1 min 以上，镜片的透光率就可以降到最大值的 80％以上；当把镜片从阳光处放到室内2 min，镜片的透光率则又回复到 60％以上，则说明这个光致变色镜片的技术相对比较成熟，变色速度极快，镜片的变色速度快于眼睛对光线的适应速度，但是并不是镜片变色速度快就说明该镜片是好镜片，速度过快甚至可能带来危险，开车用的镜片如果是即可变色的，则不是很理想，因为人眼需要几秒钟的时间去适应光照条件的变化，如果光致变色镜片变深的时间与眼睛适应光照变化的时间特别相近，则是非常理想的配比。光致变色镜片的变色能力与它本身的变色因子有关,在光照下,变色因子分解为有颜色的银和其他的元素,在没有光照的情况下,分解以后的银和其他的元素重新组合成没有颜色的变色因子,这也是光致变色镜片变色和回色能力快与慢的关键所在。另外,光致变色镜片的变色过程是在镜片本身内部发生的,是分子和原子的转化过程。

2. 变色后的色调均匀度

变色后的颜色是否均匀对称,变色的深浅与镜片热处理的温度以及使用时温度有关,因此,一定要在阳光下检查变色后色调是否均匀一致,有无不感光条纹的出现,即镜片变色后,镜面上出现一条不变的白条纹,使镜面色调不均匀,遇到这种情况则说明,光致变色镜片有质量问题,需要及时更换镜片。同时,要观察左右两个镜片,在同样的光度照射下,变色后是否颜色深浅相同,如果出现一片变色深,一片变色浅,或者一片为一种颜色,另外一片为其他颜色,则不是一副合格的光致变色镜片,这种现象被称为"鸳鸯片"。在这里要特别强调"鸳鸯片"在室内无色透明的时候是发现不出问题的,只有在阳光的照射下,才会发现它的问题,所以在检测光致变色镜片的时候一定要在光的照射下进行标准的检测。光致变色镜片因光照强度的不同而不同,光线越强,变色越深,主要是对光线的吸收效果,颜色均匀,减少颜色扭曲,需符合国家规定的交通讯号识别投射比。光致变色镜片是一种当遇到紫外线的照射时,由于光化反应的结果,感光变色因子在活跃的活动中,吸收可见光后重新排列组合,导致镜片颜色变深,当紫外线消失后,感光因子重新回到原来状态,镜片退回原色,因此光致变色镜片变色效果与紫外线强度有关,光致变色镜片能够提供最适合眼睛的紫外线和炫目防护,根据光线及时地调节镜片的颜色,在保护视力的同时,为眼睛提供了更好的健康防护。

3. 镜片的透光率

任何变色镜片应该能够在几秒内退回到 $60\% \sim 70\%$ 的透光率,在约 $15 \sim 20 \text{ min}$ 的时间内达到 85% 的透光率。面对强光的时候,我们的眼睛需要做出数百次的调整来适应光线的变化,这一切会导致人眼的疲劳和酸痛,光致变色镜片通过控制适量的入眼光线,自动减少了配戴者身上诸如斜视、眼部肌肉拉伤。光致变色的透光率因镜片颜色变深后会降低,但镜片表面的反射光依然存在,这样由镜片凹面的反射光和镜片前后表面的内反射所产生的"鬼影"和眩光依旧会干扰视觉,影响戴镜者视物的清晰度和舒适性。因此,镀有减反射膜的光致变色镜片相比没有镀减反射膜的镜片,可以提高戴镜者的舒适性和安全性。

4. 防紫外性功能

防紫外线的效果,应符合国家对平均透射比,变色镜片在生产过程中都加了一定量的紫外线吸收剂,所以这种镜片本身也具有防紫外线功能,再加上变色染料主要靠吸收紫外线变色,因此,变色镜片的防紫外线功能一般是比较好的。

5. 镜片本身的内在质量、使用寿命

其中包括镜片的使用寿命、抗眩光性、镜片硬度、光的反射功能等,使用寿命是光致变色镜片的一个重要性能之一。

光致变色镜片的使用寿命由两部分组成:一部分是镜片材料本身的使用寿命,这种寿命

要求和普通的镜片一样;另一部分的寿命由镜片中的变色剂寿命决定,变色镜寿命的长短决定光致变色镜片变色时间的长短,一般要求变色剂的有效性必须大于镜片本身的寿命。所谓变色剂的有效性是指变色剂在紫外线的照射下重复发生变色、褪色的可逆变化性能,如果变色剂不会发生变色了,我们就说变色剂失效,此时变色镜片的寿命也就终结了。一般而言,技术成熟的变色镜片的使用寿命更长,一些质量不好的光致变色镜片在使用一段时间后镜片材料出现开裂、变形等,这些都表明镜片的质量不过关。

　　光致变色镜片的变色速度与硬度有一定的关系,一般来说镜片的硬度高,变色速度慢;镜片的硬度低,变色速度快。光致变色镜片的变色速度快应该是优质光致变色镜片的一个主要标志,但是,如果镜片的材料太软,则会影响到镜片的使用寿命,因为太软的镜片往往是聚合反应不够完全,用久了之后,容易发生变形。

6. 镜片对温度的敏感度

　　光致变色镜片变色的深浅与镜片热处理的温度以及使用时的温度有关。光致变色镜片对温度比较敏感,温度导致光学密度以及速率的改变。温度升高,则镜片的变色速度快,同时温度低时,镜片的变色速度相对慢,褪色也慢,这就是光致变色镜片在夏天时的变色深度不如冬天变色深的原因,对于同一副镜片而言,冬天在户外的变色深度深,回到室内的褪色速度慢;夏天时,变色速度要快得多,但变色深度就没有冬天的深(夏天变色深度浅,只是对可见光的遮光率下降,但对紫外线的遮挡率并没有下降,因此防护效果并没有降低)。热处理的温度高,变色就深;温度低,变色就浅,使用时,光线强,则变色深,光线弱,则变色浅。温度对可见光的透过率影响很大,在同样条件下温度高变色浅,即可见光透过率大,温度低时正相反,变色深,可见光透过率小,这种光致变色镜片特别适合于在室外和雪地工作人员配戴,既可矫正视力,又可保护眼睛免受强光刺激,防止紫外线和红外线对眼睛造成伤害。光致变色镜片通常在紫外线及紫光下透光率较低,而在红光及红外线下有较高的透光率。

　　光致变色镜片在高温气候下变色较浅的现象是普遍存在的,但是有时候由于不感光条纹的出现,变色后,镜面上会出现一条不变色的白条纹,使镜面色调不均匀,因此一定要在阳光下检查变色后色调是否均匀,有无不感光线条纹的出现。目前的科学技术水平还不能完全解决这一问题,但是不同质量的变色镜片在这个方面还是有较大差别的,在这方面还是需要改进和不断调整,让光致变色镜片的质量更进一步。

参考文献

[1] 瞿佳.眼镜技术.高等教育出版社.2005
[2] 孙宾宾,扶正生,周怡婷等.丙烯酰氧基螺嗪衍生物的合成和光致变色性[J].化学研究,2006,(1):38~40
[3] 苏同等.会变色的玻璃——卤化银光致变色玻璃[J].中国教育技术装备 2010,(33):32
[4] 梅满海.视光眼镜问题集.天津科学出版社,2008
[5] 徐云媛,宋建.眼镜定配工职业资格培训教程 高级.海洋出版社,2002
[6] 徐云媛,宋建.眼镜验光员职业资格培训教程 初中级.海洋出版社,2002
[7] 贺建友,金一鸣,钟荣世.浅析复合型光致变色镜片.康耐特世界镜片知识之窗
[8] 国家质量技术监督局计量司.眼镜经营法规手册.中国计量出版社,2004

实验报告实例 7

一、实验目的

1. 掌握 721 型可见分光光度计的使用方法。
2. 利用分光光度计对光致变色镜片的变色性能进行测试。

二、实验内容

掌握 721 可见分光光度计的使用方法，能利用 721 可见分光光度计对光致变色镜片的基片透光率、变色后的透光率进行测试。

三、分光光度计的测试原理

分子吸收光谱法是基于测定在光程长度为 $b(\mathrm{cm})$ 的透明池中，溶液的透射比或吸光度 A 进行定量分析。通过被分析物质的浓度 c 与吸光度 A 成线性关系，可用下式表示：

$$A = -\lg T = \lg(I_0/I) = \varepsilon bc \quad \text{或} \quad A = -\lg T = \lg(I_0/I) = abc$$

式中：I_0 为入射光辐射强度；I 为透射光辐射强度；a 为吸光系数；ε 摩尔吸收系数。该式是朗伯一比尔定律的数学表达式，它指出：当一束单色光穿过透明介质时，光强度的降低同入射光的强度、吸收介质的厚度以及光路中吸光微粒的数目成正比。此即为 727 可见分光光度计的工作原理。

四、实验组织运行要求

根据本实验的特点、要求和具体条件，采用"以集中授课与学生自主训练为主的开放模式相结合的教学形式"。

五、实验条件

721 型分光光度计一台，光致变色镜片若干。

六、实验步骤

1. 练习使用分光光度计。
2. 测试镜片的透光率。
3. 填写相应实验记录表格。

七、思考题

如何判断光致变色镜片的变色性能？

八、实验记录、数据、表格、图表（见实验报告）

名称	光照不同时间的透过率										
	0 min	1 min	2 min	3 min	4 min	5 min	6 min	7 min	8 min	9 min	10 min

第八章 ISO9000 系列标准

ISO9000 质量管理和质量保证系列标准产生以来,正被世界上 100 多个国家和地区所采用,贯彻 ISO9000 系列标准并获得第三方质量体系认证,已成为当今社会的一股潮流。ISO9000 系列标准自 1987 年首次颁布以来,经过国际标准化组织按规定的程序进行了相应的修订,并于 1994 年颁布了 1994 版,现行的版本为 2000 版,企业通过贯彻实施 ISO9000 系列标准,可以获得持久的竞争力,获取竞争优势。

第一节 实施 ISO9000 系列标准的意义

一、完善企业内部管理,提高管理水平

(1) 实施 ISO9000 标准,可以提高员工的质量意识,并以实际行动参与到质量活动和管理之中,在全体员工中强化内部服务意识。

(2) 实施 ISO9000 标准,可以使现场管理得到更进一步完善。使在库品的标识、堆放、查找各方面更加规范,条理清楚;同时使产品在生产过程中的每一个环节都有有效的分辨标识,使产品在出现质量事故时能以最快的速度找出问题的原因,及时采取纠正和预防措施,保证生产效率的提高。

(3) 实施 ISO9000 标准,可以使质量管理制度得到进一步完善,各部门都有明确的责任制和规范化的操作程序,在组织内部确立文件化、规范化、体系化的质量管理制度。

(4) 实施 ISO9000 标准,可以使产品质量各个环节,特别是在原材料采购,进货检验及文件和资料控制方面得到有效的控制,使产品潜在的质量问题在产品质量环节的前几个阶段中就得以解决。

(5) 实施 ISO9000 标准,可以使岗位责任制更加细致,同时通过有效的控制,大大减少返工率、废品率,从而降低产品成本。

(6) 实施 ISO9000 标准,可以在组织内部建立一套完善的员工培训制度,使员工们在工作中能得到不断的提高,由于员工的素质是决定产品质量的一个重要因素,因此,员工素质的提高又对提高产品质量提供了保证。

(7) 实施 ISO9000 标准,可以建立一套高效率的服务制度,使顾客的意见,产品的市场反馈信息得到及时有效的处理。

(8) 实施 ISO9000 标准,可以使企业走内涵发展的道路,把企业管理成为质量效益型企业。

二、有利于取得供应商的信赖,在供应商的选择上具有更大的余地

企业贯彻 ISO9000 系列标准,能够保证取得质量可靠的产品,加强市场竞争力,提高市场

的占有率,这样一方面可以取得供应商的信赖,另一方面也增强了与供应商讨价还价的能力。

三、提高对顾客的服务水平,增大对顾客的吸引力

顾客对产品(服务)的要求,主要表现为产品(服务)的质量,产品(服务)的质量好,对顾客的吸引力就大。人们稍加留意就会发现,同类产品的价格差异很大,虽然材质上有些差异,但主要取决于产品(服务)的工艺质量,ISO9000 系列标准是产品工艺质量的有利保证。

四、有利于同国内同行业企业的竞争

我国的各类企业经过改革开放 20 年的发展,管理水平有所提高,但仍不令人十分满意,主要表现为经验管理,亦即我们常说的"拍脑门"管理,很不规范。特别是在产品质量(服务)的管理方面具有更大的主观性,如果企业按 ISO9000 质量体系运作就可以形成一套规范化的运作模式,使经验管理上升为科学管理(规范化管理)。这样就可以形成竞争优势,从而在激烈的市场竞争中处于优势地位。

五、有利于同行业质量管理水平的提高

ISO9000 系列,一旦被某一企业采用,取得竞争优势,同类行业的其他企业在竞争压力下不得不设法提高质量管理水平,其选择标准主要为 ISO9000 系列,这样就促进了整个行业的质量管理水平。

六、有利于企业参加国际竞争

当前世界经济发展的趋势是"全球经济一体化"。我国加入"WTO",使得各个行业不可避免地要受到国际同行业的冲击。作为服务来讲这方面的冲击将表现得更为明显,如不及早动手,加强企业管理,将来必然处于被动地位。贯彻 ISO9000 系列标准将为我们参与国际竞争打好基础。

第二节 ISO9000 质量管理体系基本原理

ISO9000:2000 标准给质量管理体系下了明确的定义:在质量方面指挥和控制组织的管理体系。管理体系是指建立方针和目标并实现这些目标的体系。组织要实现质量管理的方针和目标,要有效地开展各项质量管理活动,就必须建立相应的管理体系。质量管理体系是以八项质量管理原则为基础制定的。

一、质量管理体系的目的

质量管理体系的主要目的是帮助组织增强顾客满意度。

顾客要求产品具有满足其需求和期望的特性,这些需求和期望在产品规范中有表述。顾客要求可以以合同方式规定或由组织自己确定。在任何情况下,产品是否可接受最终是由顾客决定的。

二、质量管理体系要求与产品要求

ISO9000 系列标准区分了质量管理体系要求和产品要求。

ISO9001 规定了质量管理体系的基本要求。质量管理体系要求是通用的,适用于所有行业或经济领域,不论其提供何种类别的产品。ISO9001 本身并不规定产品要求。

三、管理体系方法

管理的系统方法应用在质量管理体系中就是质量管理体系方法。质量管理体系是组织为实现质量方针和质量目标而建立的,由一组相互关联或相互作用的过程组成的有机整体。评价质量管理体系的有效性和效率是以其能否顺利地达到质量目标来衡量的。2000 版 ISO9000 系列标准可以帮助组织采取合适的方法,有计划、有步骤地建立和实施质量管理体系,并取得预期效果。

四、过程方法

任何使用资源将输入转化为输出的活动或一组活动可视为一个过程。为使组织有效运行,必须识别和管理许多相互关联和相互作用的过程。系统地识别和管理组织所应用的过程,特别是这些过程之间的相互作用,称为"过程方法"。

五、质量方针和质量目标

建立质量方针和质量目标是质量管理的基础,二者确定了预期的结果,并帮助组织利用其资源达到这些结果。质量方针为建立和评审质量目标提供了框架。质量目标需要与质量方针和持续改进的承诺相一致,其现实是可测量的。质量目标的实现对产品质量、体系运行的有效性和财务业绩都会产生积极的影响,从而对相关方的满意和信任也产生积极影响。

质量方针和质量目标能够引导资源,尤其优势资源的投入方向;质量方针和质量目标能够引导组织全体员工形成共同奋斗的方向;方针为目标提供框架,目标是实现方针的度量。

六、最高管理者在质量管理体系中的作用

最高管理者通过其领导作用及各种措施可以创造一个员工充分参与的环境,并使质量管理体系能够在这种环境中有效运行。最高管理者可以运用基本的质量管理原则发挥以下作用:

(1) 制定并保持组织的质量方针和质量目标。

(2) 确保整个组织关注顾客需求。

(3) 确保实施适宜的过程实现质量目标,以满足顾客和其他相关方的要求。

(4) 确保建立、实施和保持一个有效的质量管理体系。

(5) 确保获得必要的资源。

(6) 定期评审质量管理体系。

(7) 决定实现质量方针和质量目标的措施。

(8) 决定改进质量管理体系的措施。

七、文件系统

ISO9000 质量管理体系通常是以文件的形式来体现的。

建立文件本身并不是目的,它应是一项增值的活动。每个组织可自行确定其所需文件的多少和详略程度及使用的媒体。这取决于以下因素:组织的类型和规模、过程的复杂性和相互作用、产品的复杂性、顾客要求、适用的法规要求、人员能力,以及满足质量管理体系要求所需证实的程度。

八、质量管理体系评价

评价质量管理体系时应对每一个被评价的过程提出如下四个基本问题:① 过程是否已被识别并适当规定? ② 职责是否已被分配? ③ 程序是否得到实施和保持? ④ 在实现所要求的结果方面、过程是否有效?

综合上述问题的答案可以确定评价结果。对质量管理体系的评价包括审核、管理评审和内审,各种审核在涉及的范围和要求上有所不同。

九、持续改进

改进是指为改善过程的特征及特性,提高组织的有效性和效率所开展的活动。持续改进是一种渐进的循环活动。持续改进的对象是质量管理体系,通过持续改进积极地寻求提升业绩的机会。在持续改进中常常使用各种审核手段和数据分析发现存在的问题,指明产生问题的原因,并采取纠正或预防措施。

十、统计技术的应用

在产品的整个寿命周期(从市场调研到顾客服务和最终处置)的各个阶段均存在各种变异。应用统计技术有助于发现这些变异,从而提高解决问题的有效性和效率。

十一、质量管理体系与其他管理体系的异同

一个组织的管理体系非常复杂,包括财务、人力资源、生产、供应、销售、服务等各方面的管理,质量管理体系仅是组织管理体系的一部分,它致力于使与质量目标有关的结果满足相关方的需求、期望和要求。组织的质量目标与其他目标,如业绩增长、资金、利润、环境、职业卫生与安全等相辅相成,共同组成一个有机的整体。使各种管理体系保持一致,将有利于提高组织的整体有效性。

十二、质量管理体系与优秀模式之间的关系

优秀模式的代表是美国波多里奇质量奖。ISO9000 系列标准与组织优秀模式具有以下共同的原则:

(1)使组织能够识别它的强项和弱项。

(2)包含对照通用模式进行评价的规定。

(3)为持续改进提供基础。

(4)包含社会认可的规定。

ISO9000 系列质量管理体系与优秀模式之间的差别在于它们的应用范围不同。ISO9000 系列标准提出了质量管理体系要求和业绩改进指南,质量管理体系评价可确定这些要求是否得到满足。优秀模式包含能够对组织业绩进行比较评价的准则,并能适用于组织的全部活动和所有相关方。优秀模式评定准则提供了一个组织与其他组织的业绩相比较的基础。

第三节　ISO9001:2000 标准简介

一、ISO9001:2000 的总体构成

ISO9001:2000 标准的内容包括:范围,引用标准,术语和定义,质量管理体系,管理职责,资源管理,产品实现,测量、分析和改进等八个方面的内容。

第一部分

1. 范围

(1) 总则。该部分阐述了组织运用质量管理体系的目的是:① 证实其有能力稳定地提供满足顾客和适用的法律法规要求的产品;② 通过体系的有效应用,包括体系持续改进的过程以及保证符合顾客与适用的法律法规的要求,旨在增强顾客的满意度。

(2) 应用。标准规定的所有要求是通用的,适用于各种类型、不同规模和提供不同产品的组织,组织可根据自己的要求对标准进行删减。

2. 引用标准

标准采用 ISO9000:2000 质量管理体系的概念和术语。

3. 术语和定义

标准采用 ISO9000:2000 质量管理体系的基本原则与术语中的词汇和定义。

4. 质量管理体系

(1) 总要求。组织应该按标准的要求建立质量管理体系,形成文件,加以实施和保持,并持续改进其有效性。组织应做到一下几点:① 识别质量管理体系所需的过程及其在组织中的应用。② 确定这些过程的顺序和相互作用。③ 确定为确保这些过程的有效运行和控制所需的准则和方法。④ 确保可以获得必要的资源和信息,以支持这些过程的运行和对这些过程的监视。⑤ 监视、测量和分析这些过程。⑥ 实施必要的措施,以实现对这些过程策划的结果和对这些过程的持续改进。组织应按本标准的要求管理以上过程。针对组织所选择的任何影响产品符合要求的外包过程,组织应确保对其实施控制。对此类外包过程的控制应在质量管理体系中加以识别。

(2) 文件要求

① 总则。质量管理体系文件应包括以下内容:a. 形成文件的质量方针和质量目标。

b. 质量手册。c. 本标准要求的形成文件的程序。d. 组织认为必要的以确保其各过程有效地策划、执行和控制所需的文件。e. 本标准要求的质量记录。

② 质量手册。组织应编制和保持质量手册。质量手册的内容包括：a. 质量管理体系的范围。b. 例外情况的详情及正当理由。c. 为质量管理体系编制的形成文件的程序或对其引用。d. 质量管理体系过程之间的相互作用的表述。

③ 文件控制。质量管理体系所需的文件应严格控制。应编制成文件的程序，并定以下方面所需的控制：a. 文件发布前得到批准，以确保文件是充分与适宜的。b. 必要时对文件进行评审与更新，并再次批准。c. 确保对文件的更改和现行修订状态得到识别。d. 确保在使用处可获得适用文件的有关版本。e. 确保文件清晰，易于识别。f. 确保外来文件得到识别，并控制其分发。g. 防止作废文件的非预防使用，若因任何原因而保留作废文件时，应对这些文件进行适当的标识。

④ 记录控制。应建立并保持记录，以提供符合要求和质量管理体系有效运行的证据。记录应保持清晰、易于识别和检索。应编制形成文件的程序，以规定记录的标识、储存、保护、检索、保存期限和处置所需的控制。

5. 管理职责

（1）管理承诺。最高管理者应通过以下活动，对其建立实施质量管理体系并持续改进其有效性的承诺提供证据：① 向组织传达满足顾客和法律法规要求的重要性；② 制定质量方针；③ 确保质量目标的实现；④ 进行管理评审；⑤ 确保资源的获得。

（2）以顾客为关注焦点。最高管理者应以增强顾客满意度为目的，确保顾客的要求得到确定并予以满足。

（3）质量方针。最高管理者应确保质量方针与组织的宗旨相适应，包括对满足要求和持续改进质量管理体系有效性的承诺，提供制定和评审质量目标的框架，在组织内得到沟通和理解，在持续适宜性方面得到评审。

（4）策划

① 质量目标。最高管理者应确保在组织的相关职能和层次上建立质量目标，质量目标包括满足产品要求所需的内容。质量目标应是可测量的，并与质量方针保持一致。

② 质量管理体系策划。最高管理者应确保对质量管理体系进行策划，以满足质量目标以及总要求的要求。还应确保在对质量管理体系的变更进行策划和实施时，保持质量管理体系的完整性。

（5）职责、权限与沟通

① 职责和权限。最高管理者应确保组织内的职责、权限得到规定和沟通。

② 管理者代表。最高管理者应指定一名管理者作为其代表，并向最高管理者报告质量管理体系的业绩和任何改进的需求；确保在整个组织内提高满足顾客要求的意识。

③ 内部沟通。最高管理者应确保在组织内建立适当的沟通渠道，并确保对质量管理体系的有效性进行沟通。

（6）管理评审

① 总则。最高管理者应按策划的时间间隔评审质量管理体系，以确保其持续的适宜性、充分性和有效性。评审应包括评价质量管理体系改进的机会和变更的需要，包括质量方

针和质量目标。

② 评审输入。评审输入应包括以下信息：审核结果、顾客反馈、过程业绩和产品的符合性、预防及纠正措施的状况、对以往管理评审活动的跟踪措施、可能影响质量管理体系的有计划的变化、关于改进的建议等。

③ 评审输出。评审输出包括：与质量管理体系及其过程有效性的改进、与顾客要求有关的产品的改进、与资源需求等活动有关的任何行动。

6. 资源管理

（1）资源提供。组织应确定并提供实施、保持质量管理体系并不断对其有效性进行改进的资源；通过提供满足顾客要求的资源来提高顾客的满意度。

（2）人力资源

① 总则。基于适当的教育、培训、技能和经验，从事影响产品质量工作的人员应是能够胜任的。

② 能力、意识和培训。组织应确定从事影响产品质量工作的人员必须的能力，提供培训或采取其他措施以满足这些需求，评价所采取措施的有效性，确保员工认识到所从事活动的相关性和重要性，以及如何为实现质量目标做出贡献，保持教育、培训、技能和经验的适当记录。

③ 基础设施。组织应确定、提供并维护为达到产品符合要求所需的基础设施。基础设施包括：建筑物、工作场所和相关设施、过程设备（硬件和软件）和支持性服务（如运输或通行）。

④ 工作环境。组织应确定并管理为达到产品符合要求所需的工作环境。

7. 产品实现

（1）产品实现的策划。组织应策划和开发产品实现所需的过程。产品实现的策划应与质量管理体系其他过程的要求相一致。在对产品进行策划时，组织应确定产品的质量目标和要求，针对产品确定过程、文件和资源的需要，产品所需要的验证、确认、监视、检验和试验活动以及产品接收准则，为实现过程及其产品满足要求提供证据所需的记录。

（2）与顾客有关的过程

① 与产品有关的要求的确定。组织应确定：顾客规定的要求，包括对交付及交付后活动的要求；顾客虽然没有明示，但规定的用途或已知的预期用途所必需的要求；与产品有关的法律法规的要求；组织明确的任何附加要求。

② 与产品有关的要求的评审。组织应评审与产品有关的要求。评审应在组织向顾客作出提供产品的承诺（如：提交标书、接受合同或订单及接受合同或订单的更改）之前进行，并应确保其有效性：对产品的要求应得到规定；与以前表述不一致的合同或订单的要求应予解决；组织有能力满足规定的要求。评审结果及评审所引起的措施的记录应予保存。若顾客提供的要求没有形成文件，组织在接受顾客要求应对顾客要求进行确认。若产品要求发生变更，组织应确保相关文件得到修改，并确保相关人员知道已变更的要求。

③ 顾客沟通。组织应对以下有关方面确定并实施与顾客沟通的有效安排：a. 产品信息。b. 问询、合同或订单的处理，包括对其进行的修改。c. 顾客反馈，包括顾客抱怨。

（3）设计和开发

① 设计和开发策划。组织应对产品的设计和开发进行策划与控制。在进行设计和开发策划时,组织应确定:设计和开发阶段;适合于每个设计和开发阶段的评审、验证和确认活动;设计和开发的职责和权限。组织应对参与设计和开发的不同小组之间的接口进行管理,确保有效的沟通,并明确职责分工。随着设计和开发的进展,策划的输出应予更新。

② 设计和开发输入。应确定与产品要求有关的输入,包括功能和性能要求;适用的法律法规要求;适用以前类似设计所提供的信息;设计和开发所必需的其他要求。应对这些输入进行评审,以确保输入是否充分与适宜。要求应完整、清楚,并且不能自相矛盾。

③ 设计和开发输出。设计和开发的输出应以能够针对设计和开发的输入进行验证的方式提出,并应在放行前得到批准。设计和开发输出应满足设计和开发输入的要求;为采购、生产和服务提供的适当信息;包含或引用产品的接受准则;规定对产品的安全和正常使用所必需的产品特性。

④ 设计和开发评审。在适宜的阶段,应依据所策划的安排对设计和开发进行系统的评审,以便评价设计和开发的结果满足要求的能力,识别任何问题并提出必要的改进措施。评审的参加者应包括与所评审的设计和开发阶段有关的职能代表。评审结果及任何必要措施的记录应予保存。

⑤ 设计和开发验证。为确保设计和开发输出满足输入的要求,应依据所策划的安排对设计和开发进行验证。验证结果及任何必要措施的记录应予保存。

⑥ 设计和开发确认。为确保产品能够满足规定的使用要求或已知的预期用途的要求,应根据所策划的安排对设计和开发进行确认。只要可行,确认应在产品交付或实施之前完成。确认结果及任何必要措施的记录应予保存。

⑦ 设计和开发更改控制。应识别设计和开发的更改,并保持记录。适当时,应对设计和开发的更改进行评审、验证和确认,并在实施前得到批准。设计和开发更改的评审应包括评价更改对产品组成部分和已交付产品的影响,更改的评审结果及任何必要措施的记录应予保存。

（4）采购

① 采购过程。组织应确保采购的产品符合规定的要求。对供方及采购的产品采用什么控制类型以及控制的程度应取决于采购的产品对随后产品实现或最终产品的影响。组织应按要求对供方提供产品的能力进行评价并选择供方。应制定选择、评价和重新评价的准则。评价结果及评价引起的任何必要措施的记录应予保存。

② 采购信息。采购信息应表述拟采购的产品,适当时包括:产品、程序、过程和设备的批准要求,人员资格的要求,质量管理体系的要求。在与供方沟通前,组织应确保所规定的采购要求是充分与适宜的。

③ 采购产品的验证。组织应确定并实施检验或其他必要的活动,以确保采购的产品满足规定的采购要求。当组织或其顾客拟在供方的现场实施验证时,组织应在采购信息中对拟验证的安排和产品放行的方法作出规定。

（5）生产和服务提供

① 生产和服务提供的控制。组织应策划并在受控条件下进行生产和服务提供。受控条件应包括:获得表述产品特性的信息;必要时,获得作业指导书;使用适宜的设备;获得和

使用监视和测量装置;实施监视和测量;放行、交付和交付后活动的实施。

② 生产和服务提供过程的确认。当生产和服务提供过程的输出不能由后续的监视或测量加以验证时,组织应对任何这样的过程实施确认。这包括仅在产品使用或服务已交付之后问题才显现的过程。确认应证实这些过程具备实现所策划的结果的能力。组织应对这些过程作出安排,适用时包括:a. 为过程的评审和批准所规定的准则。b. 设备的认可和人员资格的鉴定。c. 使用特定的方法和程序。d. 记录的要求。e. 再确认。

③ 标识和可追溯性。组织应在产品实现的全过程中使用适宜的方法识别产品。组织应针对监视和测量要求识别产品的状态。在有可追溯性要求的场合,组织应控制并记录产品的唯一性标识。

④ 顾客财产。组织应爱护在组织控制下或组织使用的顾客财产。组织应识别、验证、保护和维护供其使用或构成产品一部分的顾客财产。若顾客财产发生丢失。损坏或发现不适用的情况时,应报告顾客,并保持记录。

⑤ 产品防护。在内部处理和交付到预定的地点期间,组织应针对产品的符合性提供防护。这种防护应包括标识、搬运、包装、储存和保护。防护也应适用于产品的组成部分。

(6) 监视和测量装置的控制。组织应确定需实施的监视和测量,以及所需的监视和测量装置,为产品符合确定的要求提供证据。组织应建立过程,以确保监视和测量活动可行,并以与监视和测量的要求相一致的方式实施。此外,当发现设备不符合要求时,组织应对以往测量结果的有效性进行评价和记录。组织应对该设备和任何受影响的产品采取适当的措施。校准和验证结果的记录应予保持。当计算机软件用于规定要求的监视和测量时,应确认其满足预期用途的能力。确认应在初次使用前进行,必要时在确认。

8. 测量、分析和改进

(1) 总则。组织应策划和实施以下方面所需的监视、测量、分析和改进过程:① 证实产品的符合性。② 确保质量管理体系的符合性。③ 持续改进质量管理体系的有效性。其中应包括对统计技术在内的使用方法及应用程度的确定。

(2) 监视和测量

① 顾客满意。作为对质量管理体系业绩的一种测量,组织应对顾客及有关组织是否满足其要求的感受的信息进行监视,并确定获取和利用这种信息的方法。

② 内部审核。组织应按策划的时间间隔进行内部审核。考虑拟审核的过程。区域的情况和重要性以及以往审核的结果,再对审核方案进行策划。应规定审核的准则、范围、频次和方法。审核员的选择和审核的实施应确保审核过程的客观性和公正性。审核员不应该审核自己的工作。

③ 过程的监视和测量。组织应采用适宜的方法对质量管理体系过程进行监视,并在当时进行测量。当未能达到所策划的结果时,应采取适当的纠正措施,以确保产品的符合性。

④ 产品的监视和测量。组织对产品的特性进行监视和测量,以验证产品要求已得到满足。这种监视和测量应依据所策划的安排,在产品实现过程的适当阶段进行。应保留符合接受准则的证据。记录应指明有权放行产品的人员。除非得到有关授权人员的批准,使用时得到顾客的批准,否则在策划的安排已圆满完成之前,不应放行产品和交付服务。

(3) 不合格控制。组织应确保不符合要求的产品得到识别和控制,以防止其非预期的使用或交付。不合格控制和处置的有关职责与权限应在程序文件中作出规定。组织可以通过下列一种或几种途径处置不合格品：采取措施，消除已发现的不合格品；经有关授权人员批准，使用时经顾客批准，让步使用、放行不合格品；采取措施，防止其原预期的使用或应用。

应保持不合格的性质以及随后所采取的任何措施的记录，包括所批准的让步记录。在不合格产品得到纠正之后应对其再次进行验证，以证实符合要求。挡在交付或开始使用后发现不合格时，组织应采取与不合格的影响或潜在影响相适应的措施。

（4）数据分析。组织应确定、收集和分析适当的数据，以证实质量管理体系的适宜性和有效性，并评价在何处可以持续改进质量管理体系的有效性。这应包括来自监视和测量的结果以及其他有关来源的数据。数据分析应提供的信息包括：顾客满意度，与产品要求的符合性，过程和产品的特性及趋势，包括采取预防措施的机会。

（5）改进

① 持续改进。组织应利用质量方针、质量目标、审核结果、数据分析、纠正和预防措施以及管理评价，持续改进质量管理体系的有效性。

② 纠正措施。组织应采取措施，以消除不合格的原因，防止不合格的再发生。纠正措施应与所遇到的不合格的影响程度相适应。

③ 预防措施。组织应指定措施，以消除潜在不合格的原因，防止不合格的发生。预防措施应与潜在问题的影响程度相适应。

附　　录

附录一　中华人民共和国计量法

附录二　中华人民共和国标准化法

附录三　中华人民共和国产品质量法

附录四　中华人民共和国消费者权益保护法

附录五　产品标识标注规定

附录六　商品条码管理办法

附录电子资源